Mathieu, Émile

Cours de physique mathématique

Gauthier-Villars

Paris 1873

COURS

de

PHYSIQUE MATHÉMATIQUE.

L'Auteur et l'Éditeur de cet Ouvrage se réservent le droit de le traduire ou de le faire traduire en toutes langues. Ils poursuivront, en vertu des Lois, Décrets et Traités Internationaux, toutes contrefaçons, soit du texte, soit des gravures, et toutes traductions, faites au mépris de leurs droits.

Le dépôt légal de cet Ouvrage a été fait à Paris, et toutes les formalités prescrites par les Traités sont remplies dans les divers États avec lesquels la France a conclu des conventions littéraires.

Tout exemplaire du présent Ouvrage qui ne porterait pas, comme ci-dessous, la signature de l'Éditeur sera réputé contrefait. Les mesures nécessaires seront prises pour atteindre, conformément à la loi, les fabricants et les débitants de ces exemplaires.

Gauthier-Villars

COURS
DE
PHYSIQUE MATHÉMATIQUE,

PAR

M. ÉMILE MATHIEU,

PROFESSEUR A LA FACULTÉ DES SCIENCES DE BESANÇON.

PARIS,

GAUTHIER-VILLARS, IMPRIMEUR-LIBRAIRE
DE L'ÉCOLE POLYTECHNIQUE, DU BUREAU DES LONGITUDES,
SUCCESSEUR DE MALLET-BACHELIER,
Quai des Augustins, 55.
—
1873
(Tous droits réservés.)

PRÉFACE.

L'Ouvrage que nous publions pourrait servir de premier volume à un Traité de Physique mathématique qui renfermerait tout ce que l'on sait de plus rigoureux dans cette branche des Mathématiques. Alors on donnerait au volume actuel ce titre : *Méthodes d'intégrations en Physique mathématique.*

Les Traités qui se rapportent à ce sujet sont : la *Théorie analytique de la chaleur,* par Fourier ; la *Théorie mathématique de la chaleur,* par Poisson, et les Ouvrages de Lamé.

Ce fut Fourier qui, par son Livre, contribua le plus à attirer l'attention des géomètres sur les méthodes d'intégrations en Physique mathématique. Il est vrai que Laplace, dans ses recherches sur l'attraction des sphéroïdes (*Traité de Mécanique céleste,* liv. III, chap. II), avait auparavant fait des intégrations beaucoup plus difficiles, et qu'on en peut dire autant des calculs de Poisson pour la détermination de la couche électrique sur deux sphères en présence (*Mémoires de l'Académie des Sciences,* t. XII, 1811); mais on doit, ce me semble, remarquer que Laplace et Poisson, dans leurs intégrations, s'appuient sur la définition analytique du potentiel qui satisfait à leurs équations, tandis que la température dont s'occupait Fourier était assujettie seulement à une équation aux différences partielles et à des conditions pour la surface ou pour l'instant initial. D'ailleurs le nombre des cas considérés par Fourier et leur simplicité même étaient bien faits pour faire comprendre la nouvelle branche d'Analyse qui se présentait.

Poisson publia, quelques années après Fourier, en 1835, son Traité sur la *Théorie mathématique de la chaleur*. Il ne renferme rien d'important qui ne se trouve dans son remarquable Mémoire sur la *Distribution de la chaleur dans les corps solides*, imprimé dans le XIXe Cahier du *Journal de l'École Polytechnique*. Ce Traité est d'une lecture très-pénible; car l'auteur n'a pas toujours pris le soin de séparer nettement les principes et les méthodes d'avec les calculs qui en sont la conséquence. Au reste, c'est moins par ses Livres que par ses Mémoires qu'il faut juger ce grand géomètre.

Poisson termine son Traité par la recherche des températures du globe terrestre; on ne saurait aujourd'hui ajouter quelque perfectionnement à cette question qu'en réunissant toutes les nouvelles données que les physiciens pourraient y apporter.

Après Laplace, Fourier, Poisson, nous devons citer Lamé. Lamé a considérablement ajouté aux méthodes d'intégrations de la Physique; il a publié toutes ses recherches sur la Physique mathématique en quatre Ouvrages distincts et avec une grande clarté; mais, préoccupé surtout d'exposer ses propres travaux, il ne s'est pas imposé de présenter les résultats de ses prédécesseurs avec l'étendue qu'ils méritaient.

Comme on le verra, nous sommes revenu sur tous ces travaux, et nous avons cherché à exposer l'état actuel de la Science sur cette branche d'Analyse. Nous avons eu soin de traiter les questions qui se présentent successivement avec le plus d'uniformité possible, de mettre en relief les méthodes et d'éviter tout calcul qui soit sans intérêt mathématique.

En effet, à mesure que le domaine de la Science s'agrandit, il faut en exposer les principes avec plus de clarté et de concision et supprimer les calculs habiles pour leur substituer des transformations dont on doit rendre compte. C'est, par exemple, ce que l'on peut constater en comparant la *Mécanique analytique* de Lagrange aux *Leçons* de Jacobi sur le même sujet. Si l'on examine certains problèmes dans l'un et l'autre de ces Traités, on voit souvent que les résultats obtenus sont les mêmes ; mais ce qui fait la différence, c'est que, dans le second, les calculs sont faits entièrement d'après des règles posées d'avance.

Mais notre but, en publiant ce Livre, est moins de perfectionner la Science que de l'empêcher de reculer ; car il arrive parfois que la Science rétrograde. On ne pourrait donner d'exemple plus frappant que la théorie de la lumière. Fresnel a découvert la surface de l'onde lumineuse qui est du quatrième degré ; Mac-Cullagh, Neumann, Lamé ont placé la vibration parallèle au plan de polarisation ; tous ces géomètres sont d'accord ; mais maintenant, pour tous ceux qui écrivent sur cette question, ces résultats sont perdus ; chacun a sa théorie à soi et ne lit pas les autres. Pour eux, plus d'onde de Fresnel, plus de vibration située dans l'onde, plus de vibration parallèle au plan de polarisation ; et il n'y a pas deux auteurs qui puissent fournir les mêmes formules à l'expérience. Je dois dire, toutefois, que, la théorie de la lumière n'exigeant aucune intégration, il n'en est nullement question dans ce Livre.

J'ai exposé la substance principale de ce Livre pendant l'année scolaire 1867-1868, dans un cours complémentaire de la Faculté des Sciences de Paris ; mais il importe de remarquer qu'un Livre est toujours bien supérieur au cours qui en est l'origine ; et, d'ailleurs, en livrant cet Ouvrage à l'impression, j'ai mis tous mes soins pour en combler les lacunes et pour en faire un ensemble complet.

COURS
DE
PHYSIQUE MATHÉMATIQUE.

CHAPITRE PREMIER.

EMPLOI DES SÉRIES TRIGONOMÉTRIQUES.

CORDE VIBRANTE.

INTÉGRATION PAR LES FONCTIONS ARBITRAIRES.

1. La première question de la Physique que les Géomètres ont soumise au calcul et résolue consiste dans la recherche des vibrations d'une corde tendue ou dans celle de la propagation du son dans un tuyau cylindrique; car, au point de vue de l'Analyse, ces deux problèmes sont entièrement semblables. C'est aussi par le problème de la corde vibrante que nous commencerons ce Traité.

Considérons d'abord l'équilibre d'une corde quelconque. Désignons par s sa longueur, depuis son extrémité A jusqu'à un point arbitraire M; soient Xds, Yds, Zds les composantes, suivant les trois axes de coordonnées pris rectangulaires des forces qui agissent sur l'élément de la corde de longueur ds, et qui commence au point M; enfin représentons par T la tension au point M.

L'élément de la corde est non-seulement sollicité par les forces Xds, Yds, Zds, mais encore par les tensions T et $T + dT$ qui agissent en sens contraire à ses extrémités, et il faut, pour l'équilibre de cet élément, que l'on ait

$$X ds + d\left(T \frac{dx}{ds}\right) = 0, \quad Y ds + d\left(T \frac{dy}{ds}\right) = 0, \quad Z ds + d\left(T \frac{dz}{ds}\right) = 0.$$

Représentons-nous ensuite le mouvement d'une corde partout homogène et d'égale épaisseur; nommons ε la masse de la corde par unité de longueur, et, en appliquant le principe de d'Alembert, nous aurons pour les équations du mouvement, en désignant par t le temps,

$$\left(X - \varepsilon \frac{d^2 x}{dt^2}\right)ds + d\left(T\frac{dx}{ds}\right) = 0, \quad \left(Y - \varepsilon \frac{d^2 y}{dt^2}\right)ds + d\left(T\frac{dy}{ds}\right) = 0,$$

$$\left(Z - \varepsilon \frac{d^2 z}{dt^2}\right)ds + d\left(T\frac{dz}{ds}\right) = 0.$$

Concevons maintenant (*fig.* 1) une corde tendue d'abord suivant une droite que nous prenons pour l'axe des x. La corde est fixée par ses extrémités A et B, et on l'écarte très-peu de sa position primitive en imprimant

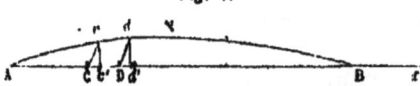

Fig. 1.

des vitesses à ses différents points. Si l'on fait abstraction des forces $X ds$, $Y ds$, $Z ds$ comme étant négligeables, les équations précédentes se réduisent à

$$(1) \quad \varepsilon \frac{d^2 x}{dt^2} ds - d\left(T\frac{dx}{ds}\right) = 0, \quad \varepsilon \frac{d^2 y}{dt^2} ds - d\left(T\frac{dy}{ds}\right) = 0,$$

$$\varepsilon \frac{d^2 z}{dt^2} ds - d\left(T\frac{dz}{ds}\right) = 0.$$

Cherchons à déterminer la tension. Désignons par h un élément CD de la corde en ligne droite; sur la courbe ANB les points C et D viennent en c et d; l'élément cd est à très-peu près parallèle à la droite AB. Des points c et d abaissons sur AB les perpendiculaires cc' et dd', et nous aurons pour l'accroissement de CD

$$cd - CD = c'd' - CD = Dd' - Cc'.$$

Or Cc' est la projection sur l'axe AB du déplacement du point C : nous le désignerons par u, et Dd' est la même quantité pour le point D infiniment voisin : nous le désignerons par u'; l'accroissement de la longueur h est donc

$$u' - u = \frac{du}{dx} h;$$

par suite, l'accroissement au point c par unité de longueur est

$$\frac{u'-u}{h} = \frac{du}{dx}.$$

L'accroissement de la tension au point c est proportionnel à l'allongement de la corde; donc, en désignant par θ la tension primitive qui était la même dans toute la longueur, on a

(2) $$T = \theta + b\frac{du}{dx}.$$

x, y, z sont les coordonnées variables du point c, et si l'on représente AC par α, la première coordonnée est

(3) $$x = \alpha + u.$$

Dans les équations (1), remplaçons T et x par les expressions (2) et (3); aux différentiations par rapport à s nous pourrons substituer des différentiations par rapport à x, et nous aurons les trois équations

$$\frac{d^2u}{dt^2} = \frac{b}{\varepsilon}\frac{d^2u}{dx^2}, \quad \frac{d^2y}{dt^2} = \frac{\theta}{\varepsilon}\frac{d^2y}{dx^2}, \quad \frac{d^2z}{dt^2} = \frac{\theta}{\varepsilon}\frac{d^2z}{dx^2}.$$

Les deux dernières équations se rapportent au mouvement transversal de la corde; la première se rapporte au mouvement longitudinal, c'est-à-dire dans la direction de la corde.

2. Ces trois équations étant entièrement semblables, il suffit d'intégrer l'une d'entre elles; considérons, par exemple, la troisième en l'écrivant

(4) $$\frac{d^2z}{dt^2} = a^2\frac{d^2z}{dx^2}.$$

Posons $t = \frac{y}{a}$ et elle deviendra

(5) $$\frac{d^2z}{dy^2} = \frac{d^2z}{dx^2}.$$

La première méthode que nous donnerons pour l'intégrer repose sur le lemme suivant :

Lemme. — Si x et y désignent deux coordonnées rectangles et qu'on passe à de nouvelles coordonnées rectangles, les coefficients de l'expression

$$(a) \quad A \frac{d^2v}{dx^2} + B \frac{d^2v}{dx\,dy} + C \frac{d^2v}{dy^2} + D \frac{dv}{dx} + E \frac{dv}{dy}.$$

se changeront comme ceux du polynôme

$$(b) \quad Ax^2 + Bxy + Cy^2 + Dx + Ey.$$

En effet, employons les formules de transformation de coordonnées

$$x = x' \cos\alpha - y' \sin\alpha, \quad y = x' \sin\alpha + y' \cos\alpha,$$

desquelles on tire

$$x' = x \cos\alpha + y \sin\alpha, \quad y' = -x \sin\alpha + y \cos\alpha;$$

alors on aura

$$\frac{dv}{dx} = \frac{dv}{dx'} \cos\alpha - \frac{dv}{dy'} \sin\alpha = \left(\cos\alpha \frac{d}{dx'} - \sin\alpha \frac{d}{dy'} \right) v,$$

$$\frac{dv}{dy} = \frac{dv}{dx'} \sin\alpha + \frac{dv}{dy'} \cos\alpha = \left(\sin\alpha \frac{d}{dx'} + \cos\alpha \frac{d}{dy'} \right) v.$$

Pour prendre les dérivées secondes, il faut faire les mêmes opérations deux fois, et l'on aura symboliquement

$$\frac{d^2v}{dx^2} = \left(\cos\alpha \frac{d}{dx'} - \sin\alpha \frac{d}{dy'} \right)\left(\cos\alpha \frac{d}{dx'} - \sin\alpha \frac{d}{dy'} \right) v$$

$$= \left(\cos\alpha \frac{d}{dx'} - \sin\alpha \frac{d}{dy'} \right)^2 v,$$

$$\frac{d^2v}{dx\,dy} = \left(\cos\alpha \frac{d}{dx'} - \sin\alpha \frac{d}{dy'} \right)\left(\sin\alpha \frac{d}{dx'} + \cos\alpha \frac{d}{dy'} \right) v,$$

$$\frac{d^2v}{dy^2} = \left(\sin\alpha \frac{d}{dx'} + \cos\alpha \frac{d}{dy'} \right)^2 v.$$

Ces dérivées secondes se déduisent des formules qui expriment x^2, xy, y^2 au moyen de x'^2, $x'y'$, y'^2, en changeant les quantités

$$x^2, \quad xy, \quad y^2, \quad x'^2, \quad x'y', \quad y'^2$$

en les dérivées secondes

$$\frac{d^2v}{dx^2}, \quad \frac{d^2v}{dx\,dy}, \quad \ldots, \quad \frac{d^2v}{dy^2}.$$

Il est aisé de conclure de là que si, par la transformation de coordonnées, le polynôme (b) se change en

$$A'x'^2 + B'x'y' + C'y'^2 + D'x' + E'y',$$

l'expression (a) se changera en

$$A'\frac{d^2v}{dx'^2} + B'\frac{d^2v}{dx'\,dy'} + \ldots$$

On pourrait généraliser ce lemme en prenant, au lieu de l'expression (a), une autre qui renfermerait linéairement des dérivées d'ordre quelconque, mais nous n'avons pas besoin ici de cette généralisation.

Première méthode. — Revenons à l'équation

(5) $$\frac{d^2z}{dy^2} - \frac{d^2z}{dx^2} = 0,$$

et regardant x et y comme deux coordonnées rectangulaires, passons à d'autres coordonnées semblables; nous avons à faire les mêmes calculs que s'il s'agissait de l'expression

$$y^2 - x^2 = (y-x)(y+x),$$

qui, en prenant pour nouveaux axes les droites

$$y - x = 0 \quad \text{et} \quad y + x = 0,$$

qui sont rectangulaires, se réduit à

$$mx' \times ny' = 0,$$

m et n étant des constantes.

Donc on a, au lieu de l'équation (5),

$$\frac{d^2z}{dx'dy'} = 0,$$

et l'on en conclut

$$z = \varphi(x') + \psi(y'),$$

φ et ψ étant deux fonctions arbitraires, ou

$$z = F(x - y) + f(x + y),$$

f et F étant deux autres fonctions arbitraires.

Seconde méthode. — D'Alembert, qui a le premier intégré l'équation de la corde vibrante et trouvé l'expression précédente, a employé la méthode suivante, qui se trouve en tête du premier volume de ses *Opuscules.*

Il met l'équation (5) sous cette forme

$$\frac{d\frac{dz}{dy}}{dy} = \frac{d\frac{dz}{dx}}{dx},$$

et remarque qu'elle exprime que la quantité

$$\frac{dz}{dy}dx + \frac{dz}{dx}dy$$

est la différentielle exacte d'une fonction de x et de y. On peut donc poser

$$\frac{dz}{dy}dx + \frac{dz}{dx}dy = du;$$

d'ailleurs on a

$$\frac{dz}{dx}dx + \frac{dz}{dy}dy = dz,$$

et en ajoutant ces deux équations, on obtient

$$\left(\frac{dz}{dy} + \frac{dz}{dx}\right)d(x + y) = d(u + z);$$

donc l'accroissement infiniment petit de $u+z$ est proportionnel à celui de $x+y$; ainsi $u+z$ ne dépend que de $x+y$, et l'on peut poser

$$u+z = \varphi(x+y).$$

En retranchant les deux équations que nous venons d'ajouter, on a aussi

$$\left(\frac{dz}{dy} - \frac{dz}{dx}\right)d(x-y) = d(u-z),$$

et l'on en conclut de même

$$u-z = \psi(x-y),$$

ψ désignant une seconde fonction arbitraire, et par suite on a

$$2z = \varphi(x+y) - \psi(x-y).$$

En remplaçant y par at, on a pour l'intégrale de l'équation (4)

(A) $\qquad z = f(x+at) + F(x-at),$

f et F désignant deux fonctions arbitraires, moitiés des précédentes.

3. Supposons que le déplacement et la vitesse de chaque point de la corde à l'instant initial soient situés dans le plan des zx, il ne restera plus qu'une équation pour le mouvement transversal, et nous allons déterminer les deux fonctions qui entrent dans l'expression de z au moyen des circonstances initiales. Dans le cas le plus général, on aurait à composer deux mouvements identiques à celui que nous considérons.

Si le déplacement z et la vitesse $\frac{dz}{dt}$ sont donnés à l'instant où t est nul, et qu'on ait alors

$$z = \varphi(x), \quad \frac{dz}{dt} = \psi(x),$$

il résulte de l'expression trouvée pour z qu'on a

$$f(x) + F(x) = \varphi(x), \quad f'(x) - F'(x) = \frac{1}{a}\psi(x).$$

De la seconde équation on conclut, c étant une certaine quantité arbitraire,
$$f(x) - F(x) = \frac{1}{a}\int_c^x \psi(x)dx,$$
et il en résulte
$$f(x) = \frac{1}{2}\left[\varphi(x) + \frac{1}{a}\int_c^x \psi(x)dx\right],$$
$$F(x) = \frac{1}{2}\left[\varphi(x) - \frac{1}{a}\int_c^x \psi(x)dx\right].$$

La corde est comprise entre les deux points A et B situés sur l'axe des x, lesquels ont pour abscisses $x = 0$ et $x = l$, et les deux fonctions $\varphi(x)$ et $\psi(x)$ ne sont données que de $x = 0$ à $x = l$; donc il faut supposer la limite c de l'intégrale précédente prise entre o et l, ou plus simplement $= 0$. Mais les deux fonctions $f(x)$ et $F(x)$, données par les deux dernières formules, ne sont également connues qu'entre les limites $x = 0$ et $x = l$.

4. Cependant, pour que l'expression (A) de z ait une signification pour toute valeur du temps t, il faut que les fonctions f et F soient connues en dehors de ces limites, et nous allons montrer que la condition de la fixité des extrémités de la corde détermine ces deux fonctions dans toute l'étendue de $x = -\infty$ à $x = +\infty$.

En exprimant que z est nul pour $x = 0$ et $x = l$, quel que soit t, nous avons
$$f(at) + F(-at) = 0,$$
$$f(l + at) + F(l - at) = 0,$$

et comme t a une valeur positive quelconque, nous pouvons remplacer at par la lettre u, et nous aurons, quelle que soit la quantité positive u,

(c) $$f(u) = -F(-u),$$
(d) $$f(l + u) = -F(l - u).$$

De l'équation (c) on conclut que, si l'on construit les deux courbes
(a) $$y = f(x),$$
(b) $$Y = F(x),$$

sur les mêmes axes rectangulaires des x et des y, l'une sera symétrique de l'autre par rapport à l'origine des coordonnées.

Représentons d'abord sur deux figures distinctes ces deux courbes. Les deux fonctions $f(x)$ et $F(x)$ sont données dans l'intervalle de $x = 0$ à $x = l$; nous pouvons donc tracer les deux arcs CD et GH de ces deux courbes entre $x = 0$ et $x = l$, et les ordonnées OC et ED sont égales et de sens contraire respectivement à O'G et FH, parce que le déplacement $\varphi(x)$ est nul aux extrémités, et qu'ainsi les deux fonctions $f(x)$ et $F(x)$ sont égales et de signe contraire pour $x = 0$ et $x = l$.

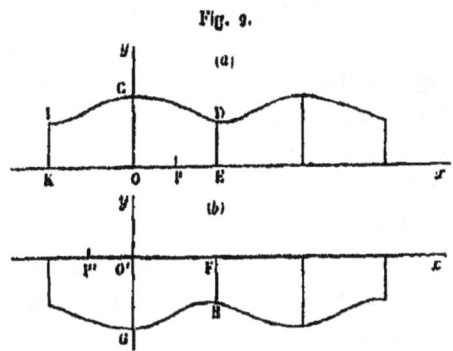

Fig. 9.

Si l'on fait coïncider les axes de coordonnées, les deux courbes (a) et (b) doivent être symétriques l'une de l'autre par rapport à l'origine O, et l'on en conclut l'arc IC symétrique de GH et dont l'ordonnée IK = DE; les deux courbes (a) et (b) sont donc maintenant connues de $x = -l$ à $x = l$.

Dans la formule (d) remplaçons u par $u + l$, et nous aurons

$$f(u + 2l) = -F(-u) = f(u),$$

et comme nous connaissons la fonction $f(u)$ quand u varie de $-l$ à $+l$, nous la connaîtrons aussi maintenant entre les mêmes limites augmentées de $2l$, c'est-à-dire entre $+l$ et $+3l$; en outre, la courbe entre ces limites se compose d'un second arc identique au premier avec les mêmes ordonnées. Remplaçons u par $u + 2l$ dans la dernière formule, nous aurons

$$f(u + 4l) = f(u + 2l) = f(u),$$

et ainsi de suite. La courbe (a) est donc composée d'une infinité de fois le même arc du côté des x positifs, et cette courbe n'a pas besoin d'être définie du côté des x négatifs au delà du point I, pour que la fonction $f(x+at)$ qui figure dans la formule (A) soit déterminée; car dans cette formule x et t sont positifs.

Les arcs identiques de la figure (a) se suivent bout à bout, mais aux points I, C, D et aux points homologues de cette figure il y a, en général, deux tangentes différentes.

Pour la figure (b), il suffit de rappeler qu'elle est la symétrique de la figure (a), ce qui la détermine entièrement du côté des x négatifs. Toutefois nous supposerons, comme il est permis, que les deux courbes (a), (b) sont prolongées dans les deux sens, du côté des x positifs et du côté des x négatifs, par la répétition du même arc.

Par les figures (a) et (b), les deux fonctions $f(x)$ et $F(x)$ sont actuellement définies depuis $x=-\infty$ jusqu'à $x=+\infty$, et l'on sait ce que représente l'équation (A) pour des valeurs quelconques de t; alors, comme les fonctions $f(x)$ et $F(x)$ conservent leur valeur quand on y remplace x par $x+2l$, il est clair que l'état vibratoire redeviendra le même après un temps T donné par

$$aT = 2l, \quad \text{ou} \quad T = \frac{2l}{a};$$

donc c'est la durée d'une vibration complète.

L'équation

(A) $\qquad z = f(x+at) + F(x-at)$

représente le mouvement d'une corde terminée aux points A et B; mais il nous est aussi commode de la considérer comme donnant celui d'une corde infinie dont les points A et B sont fixes, et qui se confond avec la corde finie entre les points A et B.

Pour avoir au temps t la forme de cette corde infinie, prenons dans la figure (a) sur les x positifs $OP = at$, et dans la figure (b) sur les x négatifs $O'P' = at$. Portons la figure (b) sur la figure (a), en faisant coïncider les axes des x et mettant le point P' au point P que nous prendrons pour origine des x; prenons une longueur x sur Ox à partir de P, les ordonnées correspondantes des deux courbes seront $f(x+at)$, $F(x-at)$, et leur somme donnera l'ordonnée z de la corde au temps t.

$f(x)$ et $F(x)$ sont deux fonctions qui ont $2l$ pour période ; donc z donné par l'équation (A) est une fonction périodique de x qui a la même période, et la courbe affectée par la corde est composée d'arcs identiques qui se projettent sur l'axe des x suivant une longueur $2l$, comme les courbes (a) et (b).

Cette courbe a l'origine des coordonnées pour centre, et elle possède une infinité d'autres centres situés sur l'axe des x et distants entre eux d'une longueur l.

En effet, dans l'équation (A), changeons x en $-x$, et désignons par z_1 la valeur correspondante de z, nous aurons

$$z_1 = f(-x+at) + F(-x-at) = -F(x-at) - f(x+at) = -z;$$

ce qui prouve que l'origine est un centre. Ensuite le point situé sur l'axe des x qui a l pour abscisse est un centre, parce qu'on a

$$f(l+x+at) + F(l+x-at) = -F(l-x-at) - f(l-x+at).$$

La courbe affectée par la corde, ayant ces deux centres, en a une infinité en ligne droite et distants de l.

INTÉGRATION AU MOYEN D'UNE SÉRIE TRIGONOMÉTRIQUE.

5. Nous venons d'intégrer l'équation

$$(1) \qquad \frac{d^2 z}{dt^2} = a^2 \frac{d^2 z}{dx^2}$$

à l'aide de fonctions arbitraires ; nous allons ensuite montrer comment on peut satisfaire à cette équation et aux conditions initiales au moyen d'une série de sinus.

Mais auparavant nous allons montrer comment on peut satisfaire à l'équation (1) par une solution particulière qui a été donnée d'abord par Taylor.

Si l'on prend pour z l'expression

$$z = (A \sin mx + B \cos mx) \cos ht,$$

et qu'on substitue dans l'équation (1), on trouve

$$-h^2 = -a^2 m^2, \quad \text{ou} \quad h = \pm am,$$

et l'on obtient la solution particulière suivante :

$$z = (A \sin mx + B \cos mx) \cos mat.$$

Exprimant que les deux extrémités de la corde sont fixes, c'est-à-dire que z ou son premier facteur est nul pour $x = 0$ et $x = l$, cette solution se réduit à

(2) $$z = A \sin \frac{i \pi x}{l} \cos \frac{i \pi a t}{l},$$

i étant un nombre entier quelconque.

Représentons-nous cet état vibratoire. Si l'on désigne par T la durée d'une vibration complète et par N le nombre des vibrations exécutées dans une seconde ou la hauteur du son, T sera donné par la formule

$$\frac{i \pi a T}{l} = 2\pi, \quad \text{ou} \quad T = \frac{2l}{ai},$$

et l'on a, pour la hauteur du son,

$$N = \frac{1}{T} = \frac{ai}{2l}.$$

Le son le plus grave ou fondamental correspond à $i = 1$ et a pour valeur $\frac{a}{2l}$, et, si l'on prend ce son pour base, tous les états vibratoires déterminés par la formule (2) donnent des sons qui sont représentés par les nombres 1, 2, 3, 4,....

On a obtenu l'équation (1) en posant

$$a^2 = \frac{\theta}{\varepsilon},$$

θ désignant la tension estimée sur toute la surface de la section droite, et ε la masse de l'unité de longueur de la corde.

Imaginons que la section droite de la corde soit circulaire, et que cette corde soit tendue par un poids P; le point A est supposé fixe, mais le point B mobile sur une petite poulie; toutefois son déplacement peut être négligé comme infiniment petit du second ordre, et il est permis d'appliquer les formules précédentes. Q est égal à P, et l'on a, pour la masse ε de l'unité de longueur de la corde,

$$\varepsilon = \frac{\pi r^2 \rho}{g},$$

en désignant par r le rayon de la section, ρ la densité de la corde, g l'accélération due à la pesanteur, et π le rapport de la circonférence au diamètre; donc

$$a^2 = \frac{Q}{\varepsilon} = \frac{Pg}{\pi r^2 \rho},$$

et l'on a, pour le son fondamental,

$$\mathcal{K} = \frac{a}{2l} = \frac{1}{2rl} \sqrt{\frac{Pg}{\pi \rho}},$$

formule que l'on vérifie dans les cours de physique.

Les nœuds sont les points pour lesquels z est nul quel que soit l'instant du mouvement, et ils sont donnés par

$$x = \frac{l}{i}, \quad \frac{2l}{i}, \quad \frac{3l}{i}, \ldots, \quad \frac{(i-1)l}{i};$$

enfin, pour une valeur quelconque de t, la forme de la corde donnée par l'équation (2) est celle d'une courbe appelée *trochoïde*.

La formule (2) de Taylor représente ce que l'on appelle un *état vibratoire simple*, et le son qui y correspond est un son *simple*.

6. Nous allons maintenant montrer comment on peut considérer un état vibratoire quelconque de la corde comme la superposition d'un nombre infini d'états vibratoires simples, et nous aurons alors intégré l'équation

(1) $$\frac{d^2 z}{dt^2} = a^2 \frac{d^2 z}{dx^2}$$

dans toute la généralité voulue. C'est Daniel Bernoulli qui a reconnu le premier que tout mouvement vibratoire d'une corde peut être regardé comme résultant de la coexistence d'une infinité de mouvements simples (*Mémoires de l'Académie de Berlin*, 1753).

Posons

(2) $$z = A_1 \sin \frac{\pi x}{l} \cos \frac{\pi a t}{l} + A_2 \sin \frac{2\pi x}{l} \cos \frac{2\pi a t}{l} + \ldots + A_i \sin \frac{i \pi x}{l} \cos \frac{i \pi a t}{l} + \ldots,$$

ou, pour abréger,

(2) $$z = \sum A_i \sin \frac{i \pi x}{l} \cos \frac{i \pi a t}{l},$$

le signe $\sum$ indiquant une sommation qui se rapporte à tous les entiers i, depuis 0 jusqu'à l'infini. Chacun des termes satisfait à l'équation (1), donc leur somme y satisfait également; de plus, tous ces termes s'annulent pour $x = 0$ et $x = l$; donc la série précédente est nulle aux deux extrémités de la corde, et les conditions pour la fixité de ses extrémités sont satisfaites.

Déterminons les coefficients A_i d'après la condition qu'à l'instant initial la corde affecte la forme représentée par l'équation

$$z = \varphi(x);$$

si nous faisons $t = 0$ dans la formule (2), nous aurons donc

(3) $$\varphi(x) = A_1 \sin \frac{\pi x}{l} + A_2 \sin \frac{2\pi x}{l} + \ldots + A_i \sin \frac{i \pi x}{l} + \ldots.$$

Pour obtenir un coefficient quelconque A_i, multiplions les deux membres par $\sin \frac{i \pi x}{l} dx$, et intégrons dans toute l'étendue de la corde ou de $x = 0$ à $x = l$; nous aurons

(4) $$\begin{aligned} \int_0^l \varphi(x) \sin \frac{i \pi x}{l} dx &= A_1 \int_0^l \sin \frac{\pi x}{l} \sin \frac{i \pi x}{l} dx \\ &+ A_2 \int_0^l \sin \frac{2\pi x}{l} \sin \frac{i \pi x}{l} dx + \ldots \\ &+ A_i \int_0^l \sin^2 \frac{i \pi x}{l} dx + \ldots, \end{aligned}$$

et nous allons démontrer que tous les termes du second membre sont nuls, excepté celui qui renferme A_i en facteur.

On a, en effet,

$$\sin\frac{i\pi x}{l}\sin\frac{i'\pi x}{l} = \frac{1}{2}\left[\cos\frac{(i-i')\pi x}{l} - \cos\frac{(i+i')\pi x}{l}\right];$$

donc

$$\int_0^l \sin\frac{i\pi x}{l}\sin\frac{i'\pi x}{l}\,dx = \frac{1}{2}\left[\sin\frac{(i-i')\pi x}{l} : \frac{(i-i')\pi}{l}\right.$$
$$\left. - \sin\frac{(i+i')\pi x}{l} : \frac{(i+i')\pi}{l}\right]_0^l,$$

quantité nulle si les deux nombres entiers i et i' sont inégaux.

Si i' est égal à i, on a

$$\int_0^l \sin^2\frac{i\pi x}{l}\,dx = \frac{1}{2}\int_0^l \left(1-\cos\frac{2i\pi x}{l}\right)dx = \frac{l}{2},$$

et l'on conclut de l'équation (4)

(5) $$A_i = \frac{2}{l}\int_0^l \varphi(x)\sin\frac{i\pi x}{l}\,dx;$$

donc l'expression (2) ne renferme plus rien d'inconnu, et représente la solution cherchée.

La formule (2) représente un mouvement vibratoire que l'on a obtenu en déplaçant la corde de la ligne droite sans imprimer des vitesses initiales. Car de la formule (2) on déduit

$$\frac{dz}{dt} = -\frac{\pi a}{l}\sum A_i\, i \sin\frac{i\pi x}{l}\sin\frac{i\pi at}{l},$$

et tous les termes de cette dérivée s'annulent pour $t = 0$.

Pour que $\frac{dz}{dt}$ ne s'annule pas pour $t = 0$, il faudra introduire dans z des termes de la forme

$$B_i \sin\frac{i\pi x}{l}\sin\frac{i\pi at}{l},$$

qui satisfont à l'équation (1) et aux conditions des extrémités, et nous poserons

$$z = \sum \sin \frac{i\pi x}{l} \left(A_i \cos \frac{i\pi a t}{l} + B_i \sin \frac{i\pi a t}{l} \right).$$

Si $\psi(x)$ désigne la vitesse de chaque point à l'instant initial, on aura

$$\psi(x) = \frac{\pi a}{l} \sum B_i i \sin \frac{i\pi x}{l}.$$

En changeant dans la formule (5) φ en ψ et A_i en $-\dfrac{\pi a i B_i}{l}$, on obtiendra

$$B_i = -\frac{2}{\pi a i} \int_0^l \psi(x) \sin \frac{i\pi x}{l} dx.$$

Lagrange a déterminé le premier les coefficients de cette série (*voir* le tome I de ses *Œuvres*, p. 97).

7. Si la fonction $\varphi(x)$ est exprimable entre les limites 0 et l par une série de sinus de multiples de l'arc $\dfrac{\pi x}{l}$, il est évident que les coefficients de la série $A_1, A_2, \ldots$ peuvent être obtenus par la méthode que nous venons de donner. Mais on peut douter que cette fonction soit développable suivant la série (3).

Nous allons donc montrer comment Lagrange a prouvé qu'une fonction arbitraire $\varphi(x)$ qui n'est assujettie à aucune définition analytique, mais qui n'a qu'une seule valeur pour chaque valeur de x entre 0 et l, et qui s'annule pour $x = 0$ et $x = l$, est développable entre 0 et l par une série de sinus d'arcs multiples de $\dfrac{\pi x}{l}$.

Désignons par m un nombre entier et par y la fonction périodique

$$(6) \quad y = A_1 \sin \frac{\pi x}{l} + A_2 \sin \frac{2\pi x}{l} + A_3 \sin \frac{3\pi x}{l} + \ldots + A_m \sin \frac{m\pi x}{l},$$

qui s'annule pour $x = 0$ et $x = l$, et cherchons à déterminer les coefficients $A_1, A_2, \ldots, A_m$ de manière que la courbe

$$(7) \quad y = \varphi(x)$$

ait $m+2$ points communs avec la courbe (6), savoir ceux qui correspondent aux abscisses équidistantes

$$x = 0, \quad x = \frac{l}{m+1}, \quad x = \frac{2l}{m+1}, \ldots, \quad x = \frac{ml}{m+1}, \quad x = l;$$

alors l'expression (6) représentera une formule d'interpolation.

Les m coefficients sont évidemment donnés par les équations suivantes :

$$\varphi\left(\frac{l}{m+1}\right) = A_1 \sin\frac{\pi}{m+1} + A_2 \sin\frac{2\pi}{m+1} + \ldots + A_r \sin\frac{r\pi}{m+1} + \ldots + A_m \sin\frac{m\pi}{m+1},$$

$$\varphi\left(\frac{2l}{m+1}\right) = A_1 \sin\frac{2\pi}{m+1} + A_2 \sin\frac{4\pi}{m+1} + \ldots + A_r \sin\frac{2r\pi}{m+1} + \ldots,$$

$$\varphi\left(\frac{3l}{m+1}\right) = A_1 \sin\frac{3\pi}{m+1} + A_2 \sin\frac{6\pi}{m+1} + \ldots + A_r \sin\frac{3r\pi}{m+1} + \ldots,$$

$$\ldots\ldots\ldots\ldots\ldots\ldots\ldots\ldots\ldots\ldots\ldots\ldots\ldots\ldots\ldots\ldots\ldots\ldots,$$

$$\varphi\left(\frac{ml}{m+1}\right) = A_1 \sin\frac{m\pi}{m+1} + A_2 \sin\frac{2m\pi}{m+1} + \ldots + A_r \sin\frac{mr\pi}{m+1} + \ldots.$$

Pour obtenir l'expression du coefficient A_r, on multipliera ces équations respectivement par

$$2\sin\frac{r\pi}{m+1}, \quad 2\sin\frac{2r\pi}{m+1}, \quad 2\sin\frac{3r\pi}{m+1}, \ldots, \quad 2\sin\frac{mr\pi}{m+1},$$

et on les ajoutera; alors on aura

$$2\varphi\left(\frac{l}{m+1}\right)\sin\frac{r\pi}{m+1} + 2\varphi\left(\frac{2l}{m+1}\right)\sin\frac{2r\pi}{m+1} + \ldots + 2\varphi\left(\frac{ml}{m+1}\right)\sin\frac{mr\pi}{m+1}$$

$$= A_1\left(2\sin\frac{\pi}{m+1}\sin\frac{r\pi}{m+1} + 2\sin\frac{2\pi}{m+1}\sin\frac{2r\pi}{m+1} + \ldots + 2\sin\frac{m\pi}{m+1}\sin\frac{rm\pi}{m+1}\right) + \ldots$$

$$+ A_r\left(2\sin^2\frac{r\pi}{m+1} + 2\sin^2\frac{2r\pi}{m+1} + \ldots + 2\sin^2\frac{mr\pi}{m+1}\right) + \ldots.$$

Or tous les coefficients disparaîtront du second membre, excepté A_r; car si r' est différent de r, l'expression

$$(8) \quad \begin{cases} 2\sin\dfrac{r\pi}{m+1}\sin\dfrac{r'\pi}{m+1} + 2\sin\dfrac{2r\pi}{m+1}\sin\dfrac{2r'\pi}{m+1} + \ldots \\ \qquad + 2\sin\dfrac{mr\pi}{m+1}\sin\dfrac{mr'\pi}{m+1} \end{cases}$$

est nulle. En effet cette expression est la différence des deux sommes

$$(9) \begin{cases} \cos\dfrac{(r-r')\pi}{m+1} + \cos\dfrac{2(r-r')\pi}{m+1} + \ldots + \cos\dfrac{m(r-r')\pi}{m+1}, \\ \cos\dfrac{(r+r')\pi}{m+1} + \cos\dfrac{2(r+r')\pi}{m+1} + \ldots + \cos\dfrac{m(r+r')\pi}{m+1}. \end{cases}$$

Or on a en général

$$\cos u + \cos 2u + \ldots + \cos mu = \frac{\sin\left(m+\dfrac{1}{2}\right)u}{2\sin\dfrac{1}{2}u} - \frac{1}{2},$$

comme il est aisé de le vérifier. Si nous faisons $u = \dfrac{s\pi}{m+1}$ en supposant s entier, nous avons

$$\cos\frac{s\pi}{m+1} + \cos\frac{2s\pi}{m+1} + \ldots + \cos\frac{ms\pi}{m+1} = \pm\frac{1}{2} - \frac{1}{2},$$

en prenant pour le signe ambigu $\pm$ le signe $-$ ou $+$ suivant que s est pair ou impair; or, remarquons que $r - r'$ et $r + r'$ sont de même parité; donc les sommes (9) sont égales, et l'expression (8), qui est leur différence, est nulle.

Mais, si r' est égal à r, la première somme (9) est égale à m, et la seconde se réduit à $-\frac{1}{2} - \frac{1}{2}$ ou à -1. Donc la formule qui donne A_r devient

$$A_r = \frac{2}{m+1}\left[\varphi\left(\frac{l}{m+1}\right)\sin\frac{r\pi}{m+1} + \varphi\left(\frac{2l}{m+1}\right)\sin\frac{2r\pi}{m+1} + \ldots \right.$$
$$\left. + \varphi\left(\frac{sl}{m+1}\right)\sin\frac{sr\pi}{m+1} + \ldots + \varphi\left(\frac{ml}{m+1}\right)\sin\frac{mr\pi}{m+1}\right].$$

Enfin portons les valeurs des coefficients déduits de cette formule dans l'expression (6), et nous aurons la formule d'interpolation cherchée, fort importante pour elle-même.

Si nous supposons que m devienne excessivement grand, les deux courbes (6) et (7) seront très-rapprochées l'une de l'autre entre l'abscisse $x = 0$ et l'abscisse $x = l$; enfin, si nous supposons m infini, les deux courbes auront un nombre infini de points communs infiniment rapprochés, et elles coïncideront entièrement dans cet intervalle. Or, à la limite, la formule (6) devient une série d'un nombre infini de termes, et l'expression de A_r devient une intégrale définie.

Posons

$$\frac{l}{m+1} = dx, \quad \frac{sl}{m+1} = x,$$

et nous aurons

$$A_r = \frac{2}{l}\int_0^l \varphi(x)\sin\frac{r\pi x}{l}\,dx;$$

en adoptant cette formule pour les coefficients, la fonction $\varphi(x)$ est donc exprimée par la série

$$A_1\sin\frac{\pi x}{l} + A_2\sin\frac{2\pi x}{l} + \ldots + A_r\sin\frac{r\pi x}{l} \ldots,$$

entre les limites $x = 0$ et $x = l$.

EXEMPLE D'UN MODE DE VIBRATION D'UNE CORDE.

8. Si à l'instant initial la corde a reçu un déplacement

$$z = \varphi(x),$$

sans aucune vitesse, le mouvement vibratoire est donné par les formules

$$(1) \qquad z = \sum A_i \sin\frac{i\pi x}{l}\cos\frac{i\pi a t}{l}, \quad A_i = \frac{2}{l}\int_0^l \varphi(x)\sin\frac{i\pi x}{l}\,dx,$$

et il n'est pas nécessaire, pour se représenter cette intégrale définie, que $\varphi(x)$ soit une fonction analytique. Supposons que $\varphi(x)$ soit donné par une courbe tracée entre $x = 0$ et $x = l$; puis construisons la trochoïde

$$s = \sin\frac{i\pi x}{l}$$

dans le même intervalle, et multiplions les ordonnées de cette courbe par les ordonnées correspondantes de la première, pour en faire celles d'une troisième courbe dont l'équation sera

$$z = \varphi(x)\sin\frac{i\pi x}{l},$$

et dont l'aire, s'étendant de $x=0$ à $x=l$, sera la valeur de l'intégrale qui se trouve dans A_i.

Imaginons, par exemple, que l'on pince la corde en son milieu, de manière qu'elle forme les deux côtés d'un triangle isoscèle dont la base est l et la hauteur est h. La ligne

$$z = \varphi(x)$$

représente les deux côtés de ce triangle; construisons-le, puis traçons la trochoïde

$$z = \sin\frac{i\pi x}{l}$$

entre 0 et l. Si i est pair, la trochoïde renferme un nombre pair de sinuosités; si i est impair, la trochoïde renferme un nombre impair de sinuosités. Il en résulte que, si l'on construit la ligne

$$z = \varphi(x)\sin\frac{i\pi x}{l},$$

dans le premier cas, l'aire de la courbe entre 0 et $\frac{l}{2}$ est égale et de signe contraire à l'aire comprise de $\frac{l}{2}$ à l; dans le second cas, ces deux aires sont égales et de même signe; donc on a

$$A_i = 0, \quad \text{si } i \text{ est pair,}$$

$$A_i = \frac{4}{l}\int_0^{\frac{l}{2}} \varphi(x)\sin\frac{i\pi x}{l}\,dx, \quad \text{si } i \text{ est impair.}$$

Or $\varphi(x)$ a une définition analytique entre 0 et $\frac{l}{2}$, et l'on a

$$\varphi(x) = \frac{2h}{l}x;$$

donc, si i est impair, on obtient

$$A_i = \frac{8h}{l^2} \int_0^{\frac{l}{2}} x \sin \frac{i\pi x}{l} dx.$$

On a ensuite

$$\int x \sin \frac{i\pi x}{l} dx = -\frac{l}{i\pi} \int x\, d\cos \frac{i\pi x}{l} = -\frac{l}{i\pi}\left(x \cos \frac{i\pi x}{l} - \frac{l}{i\pi} \sin \frac{i\pi x}{l}\right) + C;$$

prenant cette intégrale entre les limites o et $\frac{l}{2}$ et se rappelant que i est impair, on obtient

$$\frac{l^2}{i^2\pi^2} \sin \frac{i\pi}{2};$$

donc on a enfin

$$A_i = \frac{8h}{i^2 \pi^2} \sin \frac{i\pi}{2},$$

et la formule (1) devient

$$z = \frac{8h}{\pi^2}\left[\sin \frac{\pi x}{l} \cos \frac{\pi at}{l} - \frac{1}{3^2} \sin \frac{3\pi x}{l} \cos \frac{3\pi at}{l} + \frac{1}{5^2} \sin \frac{5\pi x}{l} \cos \frac{5\pi at}{l} - \ldots\right].$$

Cette série est très-convergente et l'on entendra surtout le son fondamental donné par le premier terme.

En général, quand on fait vibrer une corde, l'oreille entend non-seulement le son résultant, mais elle décompose ce son et perçoit les premiers harmoniques donnés par le premier terme, par le deuxième, par le troisième, etc., et elle en distingue un nombre plus ou moins grand selon les cas. Daniel Bernoulli a voulu expliquer ce fait par la coexistence des petits mouvements; la droite qui joint les extrémités de la corde servirait d'axe à un premier mouvement qui donnerait le son fondamental; mais, dans ce mouvement, la corde, s'écartant très-peu de la ligne droite, servirait d'axe au mouvement donné par le second terme, qui aurait un nœud sur cet axe; la nouvelle courbe servirait d'axe à un troisième mouvement donné par le troisième terme, et ainsi de suite. Mais cette explication n'est fondée sur aucune raison tirée de la Mécanique, et il faut tout simplement attribuer cette perception des sons à un effet physiologique produit dans notre oreille.

SUR LA CHALEUR DES CORPS SOLIDES.

DÉFINITIONS RELATIVES A LA THÉORIE DE LA CHALEUR.

9. Avant d'aborder aucun problème de la théorie de la chaleur, il importe d'indiquer quelques définitions et quelques principes.

Considérons un corps solide homogène isotrope, c'est-à-dire dans lequel la propagation de la chaleur s'effectue de la même manière dans tous les sens. Imaginons un mur de ce corps compris entre deux plans parallèles et indéfinis, d'épaisseur e, et dont les températures des faces sont constantes et désignées par a et b, a étant $> b$.

Si l'on désigne par q la conductibilité qui varie avec la substance du corps, la quantité de chaleur qui traverse dans l'unité de temps la surface A menée parallèlement entre les faces du mur est

$$(1) \qquad A q \frac{a-b}{e},$$

comme on l'explique dans les cours de Physique. Donc le coefficient de conductibilité q est la quantité de chaleur qui traverse, pendant l'unité de temps, l'unité de surface dans un mur d'épaisseur égale à l'unité, et dont la température des faces diffère de 1 degré.

Imaginons ensuite un corps quelconque dont la température V, variant d'un point à un autre, est, par conséquent, une fonction des coordonnées x, y, z du point auquel elle se rapporte. Considérons dans son intérieur un élément plan quelconque σ; désignons par N la normale abaissée d'un point fixe sur le plan de cet élément, et par dN l'accroissement de la normale pour l'élément parallèle infiniment voisin qui se projette sur σ. V étant la température sur l'élément σ, $V + dV$ est celle de l'élément parallèle, et il résulte de la formule (1) que le flux de chaleur qui traverse l'élément σ dans le sens de l'accroissement de la normale et pendant l'unité de temps est égal à

$$\sigma q \frac{V-(V+dV)}{dN} = -q \sigma \frac{dV}{dN},$$

si la température des points est permanente. Mais si la température varie à chaque instant, on considérera le flux de chaleur pendant l'instant dt qui est

(2) $$-q\sigma \frac{dV}{dN} dt.$$

ÉQUATION AUX DIFFÉRENCES PARTIELLES QUI RÉGIT LA TEMPÉRATURE D'UN CORPS ET ÉQUATION A LA SURFACE.

10. Les axes de coordonnées étant pris rectangulaires, considérons dans un corps isotrope un élément parallélépipédique dont les arêtes soient parallèles aux axes de coordonnées. Il résulte de la formule (2) que la quantité de chaleur qui traverse la face $dy\,dz$ la plus proche de l'origine est

$$-q\,dy\,dz\,\frac{dV}{dx}\,dt;$$

cette chaleur entre dans le volume élémentaire; la quantité de chaleur qui traverse la face parallèle et qui sort de ce volume est

$$-q\,dy\,dz\left(\frac{dV}{dx} + \frac{d^2V}{dx^2}\,dx\right)dt;$$

d'où résulte, pour l'élément parallélépipédique, un accroissement de chaleur égal à

$$q\,dx\,dy\,dz\,\frac{d^2V}{dx^2}\,dt.$$

De la même manière, en considérant les deux autres couples de faces parallèles, on trouve les deux accroissements de quantité de chaleur

$$q\,dx\,dy\,dz\,\frac{d^2V}{dy^2}\,dt, \quad q\,dx\,dy\,dz\,\frac{d^2V}{dz^2}\,dt.$$

Ce gain élève la température de l'élément de $\frac{dV}{dt}\,dt$, et l'accroissement de chaleur de l'élément est

$$C\rho\,\frac{dV}{dt}\,dt\,dx\,dy\,dz,$$

C étant la chaleur spécifique et ρ la densité. Et, en égalant l'expression de ce gain à la somme des trois premiers, on a l'équation de Fourier

$$(3) \qquad \frac{d^2V}{dx^2} + \frac{d^2V}{dy^2} + \frac{d^2V}{dz^2} = K\frac{dV}{dt},$$

dans laquelle on fait

$$K = \frac{C\rho}{q}.$$

Telle est l'équation aux différences partielles à laquelle satisfait la température. Si le corps est en équilibre de température, V ne varie plus avec t, et cette équation devient

$$\frac{d^2V}{dx^2} + \frac{d^2V}{dy^2} + \frac{d^2V}{dz^2} = 0.$$

11. Supposons un corps plongé dans un espace dont la température est θ; la température V en un point quelconque du corps satisfait à l'équation (3); mais il faut en outre exprimer la loi du rayonnement du corps dans l'espace où il est plongé.

Si nous considérons un élément σ de la surface du corps, ce corps perdra dans le temps dt par cet élément une quantité de chaleur égale à σdt multiplié par le pouvoir émissif η de l'élément, et par l'excès de la température de l'élément sur celle du milieu environnant, c'est-à-dire une quantité de chaleur

$$= \sigma dt \eta (V - \theta);$$

du moins tant que $V - \theta$ ne sera pas très-grand, on pourra admettre cette formule, en supposant η constant. D'ailleurs, cette quantité est égale à l'expression du flux de chaleur qui traverse l'élément $d\sigma$, et qui est, en désignant par dn l'élément de normale à la surface menée vers l'extérieur,

$$-q\sigma \frac{dV}{dn} dt.$$

On a donc sur toute la surface

$$\frac{dV}{dn} + \frac{\eta}{q}(V - \theta) = 0,$$

et cette équation, à laquelle V satisfait, est dite *la condition à la surface*.

PREMIER PROBLÈME RÉSOLU PAR FOURIER DANS LA THÉORIE DE LA CHALEUR.

12. Nous allons considérer le premier problème qui s'est présenté à Fourier dans la théorie de la chaleur; ce problème, très-simple, peut paraître d'abord peu intéressant par lui-même, mais il est au contraire beaucoup plus instructif que ne le serait une question plus compliquée.

On a une lame indéfinie d'une épaisseur uniforme, dont les deux côtés parallèles B et C (*fig.* 3) sont entretenus à la température zéro ; de plus, l'extrémité A rectangulaire sur B et C est constamment échauffée par une cause extérieure invariable, en sorte que la température d'un point quelconque de A est exprimée par une fonction donnée $f(x)$, x étant la distance de ce point à l'extrémité d. On suppose les deux surfaces imperméables à la chaleur; le corps tendra vers un certain état de température qui est celui de l'équilibre, et qu'on demande de déterminer.

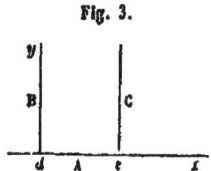

Fig. 3.

Les droites A et B étant prises pour axes des x et des y, désignons par V la température de la lame au point quelconque (x, y); comme nous n'avons que deux dimensions, cette température satisfait à l'équation

(1) $$\frac{d^2V}{dx^2} + \frac{d^2V}{dy^2} = 0.$$

En choisissant convenablement l'unité de longueur, on peut supposer $de = \pi$. Cherchons d'abord une solution qui satisfasse à l'équation (1) et qui s'annule sur les côtés B et C, ou pour $x = 0$ et $x = \pi$; la formule

$$V = a e^{-my} \sin mx,$$

dans laquelle on prend pour m un nombre entier positif quelconque, est une telle solution. Il est d'ailleurs évident qu'on ne peut y supposer m négatif qui donnerait à V une valeur infinie pour $y = \infty$.

Faisons la somme d'une infinité de ces solutions en posant

$$V = a_1 e^{-y}\sin x + a_2 e^{-2y}\sin 2x + \ldots + a_i e^{-iy}\sin ix + \ldots,$$

nous obtenons une nouvelle solution qui satisfait aux mêmes conditions, et prenant cette série pour solution générale, déterminons les coefficients $a_1, a_2, \ldots$ d'après la condition que pour $y = 0$ elle se réduise à $f(x)$ entre $x = 0$ et $x = \pi$, ou de manière qu'on ait

(2) $\qquad f(x) = a_1 \sin x + a_2 \sin 2x + \ldots + a_i \sin ix + \ldots,$

quand x varie de 0 à π. Nous savons (n° 6) que l'on obtient les coefficients a_i de cette série en multipliant les deux membres par $\sin ix\, dx$ et intégrant de 0 à π, et l'on a

$$a_i = \frac{2}{\pi}\int_0^\pi f(x)\sin ix\, dx,$$

ou, en remplaçant pour la commodité x par α,

(3) $\qquad a_i = \frac{2}{\pi}\int_0^\pi f(\alpha)\sin i\alpha\, d\alpha.$

On a par conséquent

(4) $\begin{cases} \dfrac{\pi}{2}V = e^{-y}\sin x \int_0^\pi f(\alpha)\sin\alpha\, d\alpha + e^{-2y}\sin 2x \int_0^\pi f(\alpha)\sin 2\alpha\, d\alpha + \ldots \\ \qquad + e^{-iy}\sin ix \int_0^\pi f(\alpha)\sin i\alpha\, d\alpha + \ldots. \end{cases}$

Avant d'étudier avec plus de soin le cas général, considérons le cas particulier où $f(x)$ se réduit à l'unité entre $x = 0$ et $x = \pi$, en sorte que tous les points du côté A sont entretenus à une même température que l'on prend pour unité.

On a alors

$$a_i = \frac{2}{\pi}\int_0^\pi \sin i\alpha\, d\alpha,$$

et par suite

$$a_i = 0 \text{ si } i \text{ est pair}; \quad a_i = \frac{4}{\pi i} \text{ si } i \text{ est impair,}$$

et il en résulte

(5) $\quad \dfrac{\pi}{4} V = e^{-y}\sin x + \dfrac{e^{-3y}}{3}\sin 3x + \dfrac{e^{-5y}}{5}\sin 5x + \dfrac{e^{-7y}}{7}\sin 7x + \ldots;$

en outre l'équation (2) devient

$$\frac{\pi}{4} = \sin x + \frac{1}{3}\sin 3x + \frac{1}{5}\sin 5x + \ldots$$

Nous avons vu (n° 2) que l'intégrale de l'équation

$$\frac{d^2z}{dy^2} - a^2\frac{d^2z}{dx^2} = 0$$

est

$$z = \varphi(y + ax) + \psi(y - ax),$$

φ et ψ désignant deux fonctions arbitraires; donc en changeant a en $\sqrt{-1}$, on voit que l'intégrale de l'équation (1) est

(6) $\quad V = \varphi(y + x\sqrt{-1}) + \psi(y - x\sqrt{-1}).$

Donc nous devons pouvoir mettre la solution (5) sous cette forme. Pour y arriver, écrivons-la ainsi

$$\frac{\pi}{4} V = e^{-y}\cos\left(\frac{\pi}{2} - x\right) - \frac{1}{3}e^{-3y}\cos 3\left(\frac{\pi}{2} - x\right) + \frac{1}{5}e^{-5y}\cos 5\left(\frac{\pi}{2} - x\right) - \ldots$$

Remplaçons les cosinus par leurs valeurs en exponentielles imaginaires, et nous avons

$$\frac{\pi}{2} V = e^{-y + \left(x - \frac{\pi}{2}\right)\sqrt{-1}} - \frac{1}{3}e^{-3y - 3\left(x - \frac{\pi}{2}\right)\sqrt{-1}} + \frac{1}{5}e^{-5y + 5\left(x - \frac{\pi}{2}\right)\sqrt{-1}} - \ldots$$
$$+ e^{-y - \left(x - \frac{\pi}{2}\right)\sqrt{-1}} - \frac{1}{3}e^{-3y - 3\left(x - \frac{\pi}{2}\right)\sqrt{-1}} + \ldots,$$

ou

$$\frac{\pi}{2}V = \arctan\left[e^{-y+\left(x-\frac{\pi}{2}\right)\sqrt{-1}}\right] + \arctan\left[e^{-y-\left(x-\frac{\pi}{2}\right)\sqrt{-1}}\right].$$

Donc V est de la forme (6). Désignons par p et q les deux termes du second membre de la dernière formule, et nous aurons

$$\frac{\pi}{2}V = p+q, \quad \tang p = e^{-y+\left(x-\frac{\pi}{2}\right)\sqrt{-1}}, \quad \tang q = e^{-y-\left(x-\frac{\pi}{2}\right)\sqrt{-1}},$$

$$\tang(p+q) = \frac{\tang p + \tang q}{1 - \tang p \tang q} = \frac{2e^{-y}\cos\left(x-\frac{\pi}{2}\right)}{1-e^{-2y}} = \frac{2\sin x}{e^y - e^{-y}},$$

et enfin

$$\frac{\pi}{2}V = \arctan\left(\frac{2\sin x}{e^y - e^{-y}}\right);$$

on parvient donc à une expression de V sous forme finie.

Il est bon de vérifier que cette formule satisfait aux conditions des limites. Or, on voit que le second membre se réduit à o pour $x=0$ et $x=\pi$, et à $\frac{\pi}{2}$ pour $y=0$; donc V est nul sur les côtés B et C, et égal à l'unité sur le côté A.

13. Revenons au cas général. La formule (4) peut s'écrire

$$\frac{\pi}{2}V = \int_0^\pi f(\alpha)[e^{-y}\sin x \sin \alpha + e^{-2y}\sin 2x \sin 2\alpha + \ldots + e^{-iy}\sin ix \sin i\alpha + \ldots]d\alpha,$$

ou

$$V = \frac{1}{\pi}\int_0^\pi \begin{bmatrix} e^{-y}[\cos(x-\alpha) - \cos(x+\alpha)] \\ + e^{-2y}[\cos 2(x-\alpha) - \cos 2(x+\alpha)] + \ldots \\ + e^{-iy}[\cos i(x-\alpha) - \cos i(x+\alpha)] + \ldots \end{bmatrix} d\alpha.$$

Pour abréger, posons

$$\frac{1}{2} + e^{-y}\cos k + e^{-2y}\cos 2k + e^{-3y}\cos 3k + \ldots = \varphi(k).$$

il en résultera

(7) $$V = \frac{1}{\pi}\int_0^\pi f(\alpha)[\varphi(x-\alpha) - \varphi(x+\alpha)]d\alpha.$$

Or on a

$$2\varphi(k) = 1 + e^{-(y+k\sqrt{-1})} + e^{-2(y-k\sqrt{-1})} + e^{-3(y-k\sqrt{-1})} + \ldots$$
$$+ e^{-(y-k\sqrt{-1})} + e^{-2(y+k\sqrt{-1})} + e^{-3(y+k\sqrt{-1})} + \ldots$$
$$= 1 + \frac{e^{-(y+k\sqrt{-1})}}{1 - e^{-(y+k\sqrt{-1})}} + \frac{e^{-(y-k\sqrt{-1})}}{1 - e^{-(y-k\sqrt{-1})}} = \frac{e^y - e^{-y}}{e^y - 2\cos k + e^{-y}}.$$

Donc, d'après la formule (7), on a pour V l'expression

(8) $$V = \frac{e^y - e^{-y}}{2\pi}\int_0^\pi f(\alpha)\left[\frac{1}{e^y - 2\cos(x-\alpha) + e^{-y}} - \frac{1}{e^y - 2\cos(x+\alpha) + e^{-y}}\right]d\alpha,$$

qui est la solution cherchée sous forme finie.

Cherchons à vérifier que cette expression de V se réduit à $f(x)$ sur toute la longueur du côté A, c'est-à-dire pour $y = 0$ et entre $x = 0$ et $x = \pi$.

Il semble d'abord que V soit nul pour $y = 0$, à cause du facteur

$$e^y - e^{-y}$$

qui s'annule; si donc V n'est pas égal à 0, c'est que l'un des éléments de l'intégrale est infini. Comme x est renfermé entre 0 et π, et que α est une quantité variable comprise dans les mêmes limites, on ne peut avoir

$$\cos(x+\alpha) = 1,$$

et la seconde fraction entre crochets ne peut devenir infinie pour $y = 0$; il suffit donc d'examiner la première partie de la formule (8)

$$\frac{1}{2\pi}\int_0^\pi f(\alpha)\frac{e^y - e^{-y}}{e^y - 2\cos(x-\alpha) + e^{-y}}d\alpha.$$

Si y est nul, le dénominateur ne sera nul que pour $\alpha = x$, et si y

est excessivement petit, le dénominateur le sera aussi, à condition qu'on fasse
$$\alpha - x = z$$
avec z très-petit; alors, prenant z pour variable, on aura
$$\frac{1}{2\pi}\int f(x+z)\frac{1-e^{-y}}{1-2e^{-y}\cos z + e^{-y}}\,dz.$$

Désignons par ε une quantité infiniment petite, il suffira de prendre cette intégrale entre les limites $-\varepsilon$ et $+\varepsilon$; on pourra donc aussi mettre $f(x)$ au lieu de $f(x+z)$, et l'on aura

(9) $$\frac{f(x)}{2\pi}\int_{-\varepsilon}^{+\varepsilon}\frac{1-e^{-y}}{1-2e^{-y}\cos z + e^{-y}}\,dz;$$

y étant infiniment petit, on peut poser
$$e^{-y}=1-y+\frac{y^2}{2};$$
et comme z est aussi infiniment petit, on peut prendre
$$\cos z = 1 - \frac{z^2}{2},$$
puis, en négligeant les infiniment petits d'ordres supérieurs, on a
$$1-e^{-y}=2y,$$
$$1-2e^{-y}\cos z + e^{-y}=y^2+z^2;$$
donc l'expression (9) devient

(10) $$\frac{f(x)}{\pi}\int_{-\varepsilon}^{+\varepsilon}\frac{y\,dz}{y^2+z^2}.$$

Comme y est infiniment petit, en général l'intégrale
$$\int\frac{y\,dz}{y^2+z^2}$$

ne peut avoir de valeur sensible que par l'élément qui renferme une valeur infiniment petite de z; à l'expression (10) on peut donc substituer

$$\frac{f(x)}{\pi} \int_{-\infty}^{\infty} \frac{y\,dz}{y^2 + z^2} = f(x).$$

Donc l'expression (8) se réduit effectivement à la fonction arbitraire $f(x)$ pour $y = 0$; or cette expression n'est pas autre chose qu'une transformation de la série (4) divisée par $\frac{\pi}{2}$, qui se réduit pour $y = 0$ à

$$\sin x \, \frac{2}{\pi} \int_0^{\pi} f(\alpha) \sin \alpha\, d\alpha + \sin 2x \, \frac{2}{\pi} \int_0^{\pi} f(\alpha) \sin 2\alpha\, d\alpha + \ldots;$$

donc il est prouvé *a posteriori* que cette série représente la fonction arbitraire $f(x)$. Ainsi nous reconnaissons de nouveau qu'une fonction arbitraire est exprimable par une série de sinus entre les limites 0 et π. Cette démonstration a été donnée par Poisson, mais sans la déduire du problème de Fourier.

14. Nous avons vu, dans l'étude de la corde vibrante, qu'une fonction arbitraire qui n'a qu'une valeur pour chaque valeur de x, et qui s'annule pour $x = 0$ et $x = l$, est exprimable entre 0 et l par la série

$$a_1 \sin \frac{\pi x}{l} + a_2 \sin \frac{2\pi x}{l} + \ldots + a_i \sin \frac{i\pi x}{l} + \ldots,$$

et, par conséquent, si $l = \pi$, par la série

$$a_1 \sin x + a_2 \sin 2x + \ldots.$$

On voit maintenant que la même propriété a lieu pour une fonction arbitraire quelconque donnée entre 0 et π, et quand même elle ne s'annule pas pour $x = 0$ et $x = \pi$.

Écrivons l'équation

$$y = a_1 \sin x + a_2 \sin 2x + \ldots + a_i \sin ix + \ldots;$$

elle représente entre o et π un arc AB (*fig.* 4), dont les ordonnées sont les valeurs données de la fonction $f(x)$ entre $x = 0$ et $x = \pi$; ensuite on a entre o et $-\pi$ un arc A'B' symétrique de l'arc AB par rapport à l'origine des coordonnées. Faisons glisser la figure formée par ces deux arcs suivant l'axe des x à une distance 2π, puis à une distance 4π, etc.; nous obtiendrons ainsi une infinité d'arcs identiques, et les ordonnées resteront les mêmes pour un accroissement 2π de l'abscisse. Enfin je dis que les droites AA', BD, EF, etc., perpendiculaires à l'axe des x, doivent être considérées comme faisant partie du lieu.

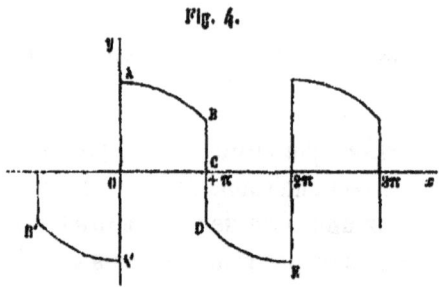

Fig. 4.

En effet l'équation (B) doit être regardée comme la limite de l'équation

$$y = a_1 \sin x + a_2 \sin 2x + \ldots + a_i \sin ix,$$

quand le nombre entier i croit indéfiniment. Or cette dernière équation appartient à une ligne courbe qui passe alternativement au-dessus et au-dessous de l'axe des x, en le rencontrant aux points qui ont pour abscisses

$$0, \quad \pm \pi, \quad \pm 2\pi, \quad \pm 3\pi, \ldots,$$

et à mesure que le nombre des termes augmente, la courbe se rapproche des arcs AB, DE, FG,...; à la limite, ce lieu doit joindre les points A', O, A; puis les points B, C, D, etc., et ce ne peut être que par les droites AA', BD, EF, etc.

La série

$$a_1 \sin x + a_2 \sin 2x + \ldots$$

représente $f(x)$ pour toutes les valeurs de x, de o à π, excepté pour les limites mêmes o et π, où elle s'annule, tandis que $f(x)$ prend les valeurs indiquées par les deux ordonnées OA et CB. Il faut s'expliquer cette variation brusque de la valeur de la série. Or cette série est égale à la limite de l'expression (8) quand y tend vers o, et pour ces valeurs extrêmes de x la seconde partie n'est plus à négliger; car pour $x = 0$ la seconde fraction entre crochets devient infinie si l'on fait $\alpha = 0$, et pour $x = \pi$ elle devient aussi infinie si l'on fait $\alpha = \pi$; donc sous le signe $\int$ on a deux éléments dont la valeur séparément n'est pas négligeable, mais qui s'entre-détruisent. On comprend donc comment la valeur de la série est nulle aux deux limites.

REPRÉSENTATION D'UNE FONCTION ARBITRAIRE PAR UNE SÉRIE TRIGONOMÉTRIQUE.

15. Montrons maintenant comment une fonction arbitraire $F(x)$ donnée entre les limites $-\pi$ et $+\pi$ de la variable peut se développer en une série de sinus et de cosinus, de manière qu'on ait

(a) $\quad F(x) = \begin{cases} A_1 \sin x + A_2 \sin 2x + \ldots + A_i \sin ix + \ldots \\ + B_0 + B_1 \cos x + B_2 \cos 2x + \ldots + B_i \cos ix + \ldots \end{cases}$

Pour déterminer les coefficients, multiplions d'abord par $\sin ix\, dx$ et intégrons de $-\pi$ à $+\pi$; on a les deux égalités

(b) $\quad \int_{-\pi}^{+\pi} \sin ix \sin i'x\, dx = 0, \quad \int_{-\pi}^{+\pi} \sin ix \cos i'x\, dx = 0,$

et dans la première i' est différent de i, mais la seconde subsiste même pour le cas de $i' = i$; on en conclut facilement pour le coefficient A_i

(c) $\quad A_i = \frac{1}{\pi} \int_{-\pi}^{+\pi} F(x) \sin ix\, dx.$

En multipliant les deux membres de la formule (a) par $\cos ix\, dx$, et intégrant de $-\pi$ à $+\pi$, on trouve de même

$$(d) \qquad B_i = \frac{1}{\pi}\int_{-\pi}^{+\pi} F(x)\cos ix\, dx,$$

en se fondant sur la seconde égalité (b), et sur cette autre

$$\int_{-\pi}^{+\pi} \cos ix \cos i'x\, dx = 0,$$

où l'on suppose le nombre entier i' différent de i. Toutefois B_0 s'obtient en multipliant par dx et intégrant entre les mêmes limites, de sorte qu'on a

$$B_0 = \frac{1}{2\pi}\int_{-\pi}^{+\pi} F(x)\, dx,$$

et que ce coefficient est moitié de la valeur que donnerait la formule (d).

Mettons dans les intégrales définies la lettre α au lieu de x, puis substituons dans la formule (a) à la place des coefficients leurs valeurs, et nous aurons la formule de Fourier, qui peut s'écrire

$$F(x) = \frac{1}{\pi}\int_{-\pi}^{+\pi} F(\alpha)\left[\begin{array}{l}\frac{1}{2} + \cos x\cos\alpha + \cos 2x\cos 2\alpha + \cos 3x\cos 3\alpha + \ldots \\ + \sin x\sin\alpha + \sin 2x\sin 2\alpha + \sin 3x\sin 3\alpha + \ldots\end{array}\right]d\alpha,$$

ou

$$(e) \quad F(x) = \frac{1}{\pi}\int_{-\pi}^{+\pi} F(\alpha)\left[\frac{1}{2} + \cos(\alpha - x) + \ldots + \cos n(\alpha - x) + \ldots\right]d\alpha.$$

Et, si $F(x)$ est développable entre $-\pi$ et $+\pi$ d'après la formule (a), on a aussi cette dernière formule; mais pour démontrer que ce développement est possible, il est nécessaire de prouver que le second membre de l'équation (e) est bien égal à $F(x)$.

Pour obtenir cette démonstration, cherchons la limite de l'expression

$$\frac{1}{\pi}\int_{-\pi}^{+\pi} F(\alpha)\left[\frac{1}{2} + e^{-r}\cos(\alpha - x) + e^{-2r}\cos 2(\alpha - x) + \ldots\right]d\alpha$$

ou de
$$\frac{1}{\pi}\int_{-\pi}^{\pi} F(\alpha)\varphi(\alpha - x)d\alpha,$$

quand y tend vers o. Remplaçant $\varphi(\alpha - x)$ par sa valeur (n° 13), on a pour cette intégrale

(P) $$\quad\frac{1}{2\pi}\int_{-\pi}^{\pi} \frac{F(\alpha)(1 - e^{-y})}{1 - 2e^{-y}\cos(\alpha - x) + e^{-2y}} d\alpha.$$

Pour prouver qu'elle représente $F(x)$ pour $y = o$, on n'a qu'à reprendre le raisonnement du n° 13. On remarque donc qu'il n'y a d'éléments qui puissent donner une valeur sensible à l'intégrale que ceux pour lesquels α est très-peu différent de x; en posant $\alpha = x + z$ on transforme l'expression (P) en

(R) $$\quad\frac{F(x)}{\pi}\int_{-\varepsilon}^{\varepsilon} \frac{2y\,dz}{y^2 + z^2},$$

quand y est infiniment petit, et l'on reconnaît comme précédemment que cette dernière formule se réduit alors à $F(x)$.

Si nous voulons nous représenter le lieu donné par l'équation
$$y = \begin{cases} A_1 \sin x + A_2 \sin 2x + \ldots \\ + B_0 + B_1 \cos x + B_2 \cos 2x + \ldots, \end{cases}$$

nous trouvons que ce lieu est composé d'une infinité d'arcs égaux (*fig.* 5) qui se projettent entre $-\pi$ et $+\pi$, π et 3π, 3π et 5π, etc.

Fig. 5.

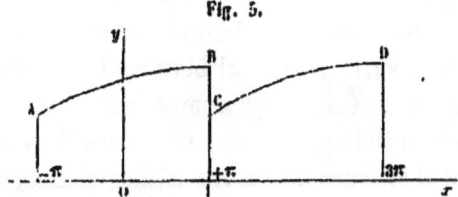

En général, les extrémités de ces arcs ne se touchent pas et alors la série ne représente plus $F(x)$ aux limites mêmes $x = -\pi$ et $x = +\pi$, mais $\dfrac{F(\pi) + F(-\pi)}{2}$ ou la demi-somme des ordonnées BI et CI.

En effet, si x est égal à π, le dénominateur de l'intégrale (P), où l'on fait $y = 0$, s'annule pour deux valeurs $\alpha = +\pi$ et $\alpha = -\pi$ et non plus pour une seule valeur de α, comprise entre $-\pi$ et $+\pi$; ainsi nous aurons à considérer deux portions élémentaires de l'intégrale : celle pour laquelle $\alpha = \pi - z$ et celle pour laquelle $\alpha = -\pi + z$, z étant un infiniment petit positif, et au lieu de l'expression (R) nous aurons

$$\frac{F(\pi)}{\pi}\int_{-\varepsilon}^{0}\frac{2y\,dz}{y^2+z^2} + \frac{F(-\pi)}{\pi}\int_{0}^{\varepsilon}\frac{2y\,dz}{y^2+z^2} = \frac{1}{2}[F(\pi) + F(-\pi)].$$

Si nous voulons exprimer une fonction arbitraire entre les limites $-l$ et $+l$ par une série trigonométrique, nous poserons dans la formule (e)

$$x = \frac{\pi z}{l}, \quad \alpha = \frac{\pi \beta}{l},$$

et nous aurons

$$F\left(\frac{\pi z}{l}\right) = \frac{1}{l}\int_{-l}^{l} F\left(\frac{\pi \beta}{l}\right)\left[\frac{1}{2} + \cos\frac{\pi}{l}(\beta - z) + \cos\frac{2\pi}{l}(\beta - z) + \ldots\right] d\beta;$$

remplaçons $F\left(\frac{\pi z}{l}\right)$ par $f(z)$, puis la lettre z par x, et nous aurons

$$f(x) = \frac{1}{l}\int_{-l}^{l} f(\beta)\left[\frac{1}{2} + \cos\frac{\pi}{l}(\beta - x) + \cos\frac{2\pi}{l}(\beta - x) + \ldots\right] d\beta.$$

Nous avons exposé dans ce qui précède les problèmes de Physique mathématique pour lesquels les séries trigonométriques ont été imaginées; elles y ont été considérées par Daniel Bernoulli, Euler, Lagrange, Fourier. Nous avons suivi pas à pas l'histoire de la science; c'est qu'en effet l'introduction des séries trigonométriques dans l'Analyse ne devait naître que de ces problèmes ou de semblables tirés de la Physique. Ces séries ne sont d'ailleurs qu'un cas très-particulier de celles que nous rencontrerons dans la suite de ce Traité.

CHAPITRE II.

DES SURFACES ISOTHERMES ET DES COORDONNÉES CURVILIGNES.

CARACTÈRES GÉNÉRAUX DES SURFACES ISOTHERMES.

16. Considérons un corps en équilibre de température, et désignons par V la température en un point quelconque (x, y, z); les axes de coordonnées étant rectangulaires, elle satisfait à l'équation

$$\frac{d^2V}{dx^2} + \frac{d^2V}{dy^2} + \frac{d^2V}{dz^2} = 0;$$

supposons que V soit connu, et que l'on ait

$$V = F(x, y, z);$$

alors en posant

$$F(x, y, z) = \epsilon,$$

si ϵ est une constante donnée, on aura une surface sur laquelle tous les points seront à la même température, et si l'on regarde ϵ comme un paramètre variable, on aura une famille de surfaces que M. Lamé appelle surfaces *isothermes*, et ϵ est dit par lui le *paramètre thermométrique*.

Il ne faudra pas perdre de vue que des surfaces que nous appellerons isothermes n'auront pas ordinairement, au moment où on les emploiera, chacune une même température; mais elles jouiront seulement de la propriété de pouvoir s'y trouver dans un certain équilibre de température.

Supposons une famille de surfaces donnée par une seule équation renfermant un paramètre k; résolvons cette équation par rapport à ce paramètre de manière à la mettre sous la forme

$$\varphi(x, y, z) = k;$$

si cette équation représente une famille de surfaces isothermes, k ne sera pas en général le paramètre thermométrique, mais une fonction de ce paramètre. Prenons des exemples.

Considérons les cylindres hyperboliques semblables donnés par l'équation

(1) $$x^2 - y^2 = a^2 \varepsilon;$$

si nous tirons de là la valeur de ε, nous trouvons qu'elle satisfait à l'équation

(2) $$\frac{d^2 V}{dx^2} + \frac{d^2 V}{dy^2} = 0,$$

et, par conséquent, non-seulement l'équation (1) représente une famille de surfaces isothermes, mais ε est un paramètre thermométrique, et tous ces cylindres pourraient se trouver à une température indiquée par ε.

Considérons ensuite les cylindres circulaires de même axe

$$x^2 + y^2 = a^2 k;$$

il est évident que tous ces cylindres sont isothermes, et cependant k n'est pas un paramètre thermométrique, puisque $x^2 + y^2$ ne satisfait pas à l'équation (2). Mais prenons les logarithmes des deux membres, nous aurons

$$\log(x^2 + y^2) = \log k + 2 \log a,$$

et $\log k$ représente un paramètre thermométrique; car en posant

$$V = \log(x^2 + y^2) - 2 \log a,$$

on a

$$\frac{d^2 V}{dx^2} = 2 \frac{y^2 - x^2}{(x^2 + y^2)^2}, \quad \frac{d^2 V}{dy^2} = 2 \frac{x^2 - y^2}{(x^2 + y^2)^2},$$

et, par conséquent, V satisfait à l'équation (2). Posons

$$\log k = t$$

et nous aurons, en désignant par e la base des logarithmes népériens, l'équation des cylindres isothermes

$$x^2 + y^2 = a^2 e^t,$$

dans laquelle t représente le paramètre thermométrique.

17. Il est donc important, lorsqu'une équation

(3) $$F(x, y, z, k) = 0$$

est donnée et qu'elle renferme un paramètre k, de savoir reconnaître si elle représente une famille de surfaces isothermes.

L'équation (3) représente une famille de surfaces isothermes, si l'on peut imaginer un corps solide en équilibre de température, et dans lequel chaque surface (3) ait une température stationnaire et la même dans toute son étendue. Donc, pour une de ces surfaces, la température V et le paramètre k sont invariables, et ces deux quantités varient au contraire toutes deux quand on passe d'une surface à la surface infiniment voisine; V ne dépend donc que de k.

Le corps imaginé étant en équilibre de température, on a

(4) $$\frac{d^2 V}{dx^2} + \frac{d^2 V}{dy^2} + \frac{d^2 V}{dz^2} = 0,$$

et l'on a ensuite

$$\frac{dV}{dx} = \frac{dV}{dk}\frac{dk}{dx}, \quad \frac{d^2V}{dx^2} = \frac{dV}{dk}\frac{d^2k}{dx^2} + \frac{d^2V}{dk^2}\left(\frac{dk}{dx}\right)^2;$$

l'équation (4) peut donc s'écrire

$$\frac{dV}{dk}\left(\frac{d^2k}{dx^2} + \frac{d^2k}{dy^2} + \frac{d^2k}{dz^2}\right) + \frac{d^2V}{dk^2}\left[\left(\frac{dk}{dx}\right)^2 + \left(\frac{dk}{dy}\right)^2 + \left(\frac{dk}{dz}\right)^2\right] = 0.$$

Posons en général, quel que soit u,

$$\frac{d^2 u}{dx^2} + \frac{d^2 u}{dy^2} + \frac{d^2 u}{dz^2} = \Delta u, \quad \sqrt{\left(\frac{du}{dx}\right)^2 + \left(\frac{du}{dy}\right)^2 + \left(\frac{du}{dz}\right)^2} = Du,$$

et nous aurons

$$\frac{\Delta k}{(Dk)^2} = -\frac{d^2V}{dk^2} : \frac{dV}{dk},$$

or, le second membre ne dépend que de k par hypothèse; donc le premier doit n'être aussi fonction que de k. Ainsi, la condition pour que l'équation (3) représente des familles isothermes est que le rapport

$$\frac{\Delta k}{(Dk)^2}$$

ne dépende que de k. Telle est la règle donnée par M. Lamé.

Proposons-nous ensuite de trouver le paramètre thermométrique.

Après avoir calculé le rapport précédent, posons, φ' étant la dérivée de φ, fonction de k,

$$\frac{\Delta k}{(Dk)^2} = \frac{\varphi'}{\varphi},$$

nous en déduirons φ, et nous aurons ensuite V par l'équation

$$\frac{\varphi'}{\varphi} + \frac{\dfrac{d^2V}{dk^2}}{\dfrac{dV}{dk}} = 0, \quad \text{ou} \quad \varphi'\frac{dV}{dk} + \varphi\frac{d^2V}{dk^2} = 0;$$

nous tirerons de là

$$\varphi\frac{dV}{dk} = C, \quad V = C\int\frac{dk}{\varphi} + C',$$

C et C' étant deux constantes arbitraires. Cette expression qui représente la température est, d'après ce que nous avons dit, le paramètre thermométrique; donc ce paramètre n'est pas entièrement déterminé; mais ε étant l'une de ses valeurs, elles sont toutes renfermées dans l'expression

$$C\varepsilon + C',$$

C et C' étant des constantes quelconques.

18. Pour donner une application simple et remarquable de la considération des surfaces isothermes, supposons un corps solide compris entre deux parois appartenant à une famille de surfaces isothermes dont on a déterminé le paramètre thermométrique

$$\varepsilon = f(x, y, z),$$

et supposons que la paroi intérieure se déduise de cette équation en faisant $\varepsilon = a$, et la paroi extérieure en faisant $\varepsilon = b$; la première est entretenue en tous ses points à une même température A, la seconde à une même température B, et l'on demande la température d'un point quelconque de ce corps solide.

Désignons par V la température en un point quelconque; on a

$$V = c\varepsilon + c',$$

et c et c' sont deux constantes qu'il faut déterminer d'après les conditions imposées aux parois, lesquelles donnent les deux équations

$$A = ca + c', \quad B = cb + c';$$

on en déduit

$$c = \frac{A - B}{a - b}, \quad c' = \frac{Ba - Ab}{a - b};$$

et l'on a pour la formule cherchée

$$V = \frac{(A - B)\varepsilon + Ba - Ab}{a - b}.$$

Considérons, par exemple, un tuyau indéfini dont les deux parois soient des cylindres droits de même axe, de rayons r et R, et entretenus aux températures A et B; puis cherchons la température d'un point quelconque de ce tuyau. Les deux parois appartiennent à une famille de surfaces isothermes dont l'équation est

$$x^2 + y^2 = m^2 e^{\varepsilon},$$

ε étant le paramètre thermométrique. En désignant par ρ la distance d'un point quelconque à l'axe, on a

$$\varepsilon = \log \frac{x^2 + y^2}{m^2} = 2 \log \frac{\rho}{m},$$

et, par conséquent, les nombres a et b ont ici pour valeurs

$$a = 2\log\frac{r}{m}, \quad b = 2\log\frac{R}{m};$$

on a donc la formule

$$V = \frac{(A - B)\log\rho + B\log r - A\log R}{\log r - \log R},$$

pour la température d'un point quelconque du tuyau à une distance ρ de l'axe.

ISOTHERMIE DES CYLINDRES HOMOFOCAUX DU SECOND DEGRÉ.

19. Les cylindres homofocaux du second degré sont renfermés dans l'équation

(1) $$\frac{x^2}{k^2} + \frac{y^2}{k^2 - c^2} = 1,$$

dans laquelle k représente un paramètre variable. On voit immédiatement que ces cylindres sont elliptiques ou hyperboliques, suivant que k est plus grand ou plus petit que c, et nous allons démontrer qu'ils sont isothermes.

En différentiant l'équation (1) par rapport à x et par rapport à y, on a

$$\frac{2x}{k^2} - \left(\frac{2x^2}{k^3} + \frac{2ky^2}{(k^2-c^2)^2}\right)\frac{dk}{dx} = 0,$$

$$\frac{2y}{k^2-c^2} - \left(\frac{2x^2}{k^3} + \frac{2ky^2}{(k^2-c^2)^2}\right)\frac{dk}{dy} = 0.$$

Posons

$$\frac{x^2}{k^4} + \frac{y^2}{(k^2-c^2)^2} = M,$$

et nous aurons

(2) $$kM\frac{dk}{dx} = \frac{x}{k^2}, \quad kM\frac{dk}{dy} = \frac{y}{k^2-c^2}.$$

Ajoutons la somme des carrés de ces deux équations, et nous aurons en divisant par M

(3) $\qquad k^2 M (Dk)^2 = 1.$

Différentions la première équation (2), et posons pour simplifier

$$\frac{x^2}{k^4} + \frac{y^2}{(k^2-c^2)^2} = P,$$

nous aurons, en faisant passer le terme $-\frac{2x}{k^2}\frac{dk}{dx}$ du second membre dans le premier

$$kM\frac{d^2k}{dx^2} + M\left(\frac{dk}{dx}\right)^2 + 4k\left[\frac{x}{k^4}\frac{dk}{dx} - kP\left(\frac{dk}{dx}\right)^2\right] = \frac{1}{k^2}.$$

Différentions la seconde équation (2), et nous aurons de même

$$kM\frac{d^2k}{dy^2} + M\left(\frac{dk}{dy}\right)^2 + 4k\left[\frac{y}{(k^2-c^2)^2}\frac{dk}{dy} - kP\left(\frac{dk}{dy}\right)^2\right] = \frac{1}{k^2-c^2}.$$

Ajoutons les deux équations que nous venons d'obtenir, et il en résulte

$$kM\Delta k + M(Dk)^2 + 4k\left(\frac{x}{k^4}\frac{dk}{dx} + \frac{y}{(k^2-c^2)^2}\frac{dk}{dy}\right) - 4k^2P(Dk)^2 = \frac{1}{k^2} + \frac{1}{k^2-c^2}.$$

Or on a, d'après les équations (2),

$$k\left(\frac{x}{k^4}\frac{dk}{dx} + \frac{y}{(k^2-c^2)^2}\frac{dk}{dy}\right) = \frac{P}{M},$$

et $(Dk)^2$ est donné par l'équation (3); la précédente équation devient donc après les réductions

$$kM\Delta k = \frac{1}{k^2-c^2};$$

et en la divisant par l'équation (3), on a enfin

$$\frac{\Delta k}{(Dk)^2} = \frac{k}{k^2-c^2}.$$

Ce rapport ne dépend que de k; donc tous les cylindres elliptiques homofocaux sont isothermes, et tous les cylindres hyperboliques homofocaux le sont aussi.

Posons, comme il a été dit (n° 17),

$$\frac{\varphi'}{\varphi} = \frac{k}{k^2 - c^2},$$

il en résulte

$$\log \varphi = \log C \sqrt{k^2 - c^2}, \quad \text{ou} \quad \varphi = C \sqrt{k^2 - c^2},$$

C désignant une constante quelconque.

Supposons d'abord $k > c$, on pourra prendre la constante C égale à l'unité, et l'on aura

$$\varphi = \sqrt{k^2 - c^2},$$

puis on pourra prendre

$$\varepsilon = \int_c^k \frac{dk}{\sqrt{k^2 - c^2}}.$$

Remplaçant cette intégrale définie par sa valeur, on a

$$\log\left(\frac{k + \sqrt{k^2 - c^2}}{c}\right) = \varepsilon;$$

on en déduit les deux équations

$$k + \sqrt{k^2 - c^2} = c e^\varepsilon, \quad k - \sqrt{k^2 - c^2} = c e^{-\varepsilon},$$

desquelles on tire

$$k = c \frac{e^\varepsilon + e^{-\varepsilon}}{2}, \quad \sqrt{k^2 - c^2} = c \frac{e^\varepsilon - e^{-\varepsilon}}{2}.$$

Représentons $\frac{e^\varepsilon + e^{-\varepsilon}}{2}$ qui est le *cosinus hyperbolique* de ε par $\mathrm{E}(\varepsilon)$, et $\frac{e^\varepsilon - e^{-\varepsilon}}{2}$ qui est le *sinus hyperbolique* de ε par $\mathcal{C}(\varepsilon)$, et l'équation des ellipses homofocales pourra s'écrire

$$\frac{x^2}{\mathrm{E}^2(\varepsilon)} + \frac{y^2}{\mathcal{C}^2(\varepsilon)} = c^2,$$

ε désignant leur paramètre thermométrique.

Si k est $< c$, afin que φ soit réel, on prendra $C = -\sqrt{-1}$ et l'on aura

$$\varphi = -\sqrt{c^2 - k^2}, \quad \epsilon = \int_k^{c} \frac{dk}{\sqrt{c^2 - k^2}};$$

remplaçant cette intégrale définie par sa valeur, on a

$$\arcsin \frac{k}{c} = \frac{\pi}{2} - \epsilon, \quad k = c \cos\epsilon, \quad \sqrt{c^2 - k^2} = c \sin\epsilon,$$

et l'équation des hyperboles homofocales est

$$\frac{x^2}{\cos^2\epsilon} - \frac{y^2}{\sin^2\epsilon} = c^2,$$

ϵ étant encore leur paramètre thermométrique.

20. Les ellipses homofocales se réduisent à des cercles concentriques quand c est nul. Pour que les formules précédentes puissent convenir à ce cas, nous poserons

$$\epsilon = \alpha - \log \frac{c}{2a},$$

et nous prendrons α pour le nouveau paramètre thermométrique (n° 17); alors nous aurons

$$k = c \frac{e^\epsilon + e^{-\epsilon}}{2} = a\left(e^\alpha + \frac{c^2}{4a^2} e^{-\alpha}\right),$$

$$\sqrt{k^2 - c^2} = a\left(e^\alpha - \frac{c^2}{4a^2} e^{-\alpha}\right);$$

k et $\sqrt{k^2 - c^2}$ se réduisent donc à ae^α lorsque c est nul, et l'équation des cylindres circulaires de même axe est

$$x^2 + y^2 = a^2 e^{2\alpha}.$$

Les mêmes ellipses peuvent se réduire à des paraboles homofocales; il faut alors faire $c = \infty$. Dans l'équation

$$\frac{x^2}{E^2(\epsilon)} + \frac{y^2}{C^2(\epsilon)} = c^2,$$

changeons d'abord x en $x-c$ afin de transporter l'origine au foyer, et nous aurons

$$\frac{x^2 - 2cx + c^2}{E^2(\varepsilon)} + \frac{y^2}{\mathcal{C}^2(\varepsilon)} = c^2,$$

ou

$$y^2 = \frac{2c\mathcal{C}^2(\varepsilon)}{E^2(\varepsilon)} x + \frac{c^2 \mathcal{C}^2(\varepsilon)}{E^2(\varepsilon)} - \frac{\mathcal{C}^2(\varepsilon)}{E^2(\varepsilon)} x^2.$$

Posons

$$\varepsilon = g\beta,$$

g étant une constante, et prenons β pour le paramètre thermométrique. On a

$$\mathcal{C}(\varepsilon) = \frac{e^\varepsilon - e^{-\varepsilon}}{2} = g\beta + \frac{g^3 \beta^3}{1.2.3} + \ldots,$$

$$E(\varepsilon) = \frac{e^\varepsilon + e^{-\varepsilon}}{2} = 1 + \frac{g^2 \beta^2}{1.2} + \ldots.$$

Supposons g infiniment petit et c infiniment grand, et de manière que cg^2 soit une quantité finie a; alors $\frac{\mathcal{C}^2(\varepsilon)}{E^2(\varepsilon)}$ s'annulera, et $\frac{c\mathcal{C}^2(\varepsilon)}{E^2(\varepsilon)}$ aura pour valeur $a\beta^2$. Donc on aura enfin pour l'équation des cylindres paraboliques homofocaux

$$y^2 = 2a\beta^2 x + a^2 \beta^4,$$

où β désigne le paramètre thermométrique.

ISOTHERMIE DES SURFACES HOMOFOCALES DU SECOND DEGRÉ.

21. Les surfaces homofocales du second degré sont données par l'équation

(1) $$\frac{x^2}{k^2} + \frac{y^2}{k^2 - b^2} + \frac{z^2}{k^2 - c^2} = 1,$$

dans laquelle k est un paramètre variable. Si k est $> b$ et $> c$, cette équation représente des ellipsoïdes; si k est compris entre b et c, ce sont des hyperboloïdes à une nappe; si k est moindre que b et c, ce sont des hyperboloïdes à deux nappes. Nous allons montrer, d'après M. Lamé, que ces trois familles de surfaces sont isothermes.

Différentions l'équation (1) par rapport à z, et nous aurons, en considérant k comme fonction de z,

$$k\left(\frac{x^2}{k^4} + \frac{y^2}{(k^2-b^2)^2} + \frac{z^2}{(k^2-c^2)^2}\right)\frac{dk}{dz} - \frac{z}{k^2-c^2} = 0,$$

et en posant

$$\frac{x^2}{k^4} + \frac{y^2}{(k^2-b^2)^2} + \frac{z^2}{(k^2-c^2)^2} = M,$$

nous aurons la première des trois équations

$$(2)\quad \begin{cases} kM\dfrac{dk}{dz} = \dfrac{z}{k^2-c^2}, \\ kM\dfrac{dk}{dy} = \dfrac{y}{k^2-b^2}, \\ kM\dfrac{dk}{dx} = \dfrac{x}{k^2}, \end{cases}$$

et les deux autres s'en déduisent par des changements de lettres. Ajoutons les carrés de ces trois équations, et nous aurons

$$(3)\qquad k^2 M (Dk)^2 = 1.$$

Multipliant les trois mêmes équations par $\dfrac{z}{(k^2-c^2)^2}$, $\dfrac{y}{(k^2-b^2)^2}$, $\dfrac{x}{k^4}$ et ajoutant, puis posant

$$\frac{x^2}{k^6} + \frac{y^2}{(k^2-b^2)^3} + \frac{z^2}{(k^2-c^2)^3} = P,$$

nous avons

$$(4)\qquad kM\left(\frac{x}{k^4}\frac{dk}{dx} + \frac{y}{(k^2-b^2)^2}\frac{dk}{dy} + \frac{z}{(k^2-c^2)^2}\frac{dk}{dz}\right) = P.$$

Différentions la première équation (2) par rapport à z, et nous aurons

$$kM\frac{d^2k}{dz^2} + M\left(\frac{dk}{dz}\right)^2 + 4k\frac{y}{(k^2-c^2)^2}\frac{dk}{dz} - 4k^2\left(\frac{dk}{dz}\right)^2 P = \frac{1}{k^2-c^2},$$

et par un changement de lettres on a les deux autres équations

$$k M \frac{d^2k}{dy^2} + M\left(\frac{dk}{dy}\right)^2 + 4k\frac{y}{(k^2-b^2)^2}\frac{dk}{dy} - 4k^2\left(\frac{dk}{dy}\right)^2 P = \frac{1}{k^2-b^2},$$

$$k M \frac{d^2k}{dx^2} + M\left(\frac{dk}{dx}\right)^2 + 4k\frac{x}{k^4}\frac{dk}{dx} - 4k^2\left(\frac{dk}{dx}\right)^2 P = \frac{1}{k^2}.$$

Ajoutons ces trois équations en ayant égard à la formule (4), et nous avons

$$k M \Delta k + M(Dk)^2 + 4\frac{P}{M} - 4k^2 P(Dk)^2 = \frac{1}{k^2} + \frac{1}{k^2-b^2} + \frac{1}{k^2-c^2}.$$

Remplaçant $(Dk)^2$ d'après l'équation (3) et réduisant, on a

$$k M \Delta k = \frac{1}{k^2-b^2} + \frac{1}{k^2-c^2}.$$

On a donc

$$\frac{\Delta k}{(Dk)^2} = \frac{k}{k^2-b^2} + \frac{k}{k^2-c^2}.$$

et comme cette quantité ne dépend que de k, les trois familles de surfaces renfermées dans l'équation (1) sont isothermes.

22. Nous posons donc

$$\frac{\varphi'}{\varphi} = \frac{k}{k^2-b^2} + \frac{k}{k^2-c^2};$$

nous en déduisons

$$\log\varphi = \log C\sqrt{(k^2-b^2)(k^2-c^2)}, \quad \text{ou} \quad \varphi = C\sqrt{(k^2-b^2)(k^2-c^2)},$$

et il en résulte pour le paramètre thermométrique

$$\varepsilon = \int \frac{dk}{C\sqrt{(k^2-b^2)(k^2-c^2)}}.$$

Remplaçons k par les lettres ρ, μ, ν suivant que ce paramètre se rapporte à la famille des ellipsoïdes, à celle des hyperboloïdes à une nappe, ou à celle des hyperboloïdes à deux nappes. Alors, au lieu de l'équation (1), nous aurons, en supposant $b < c$, les trois suivantes :

$$(5) \begin{cases} \dfrac{x^2}{\rho^2} + \dfrac{y^2}{\rho^2 - b^2} + \dfrac{z^2}{\rho^2 - c^2} = 1, \\ \dfrac{x^2}{\mu^2} + \dfrac{y^2}{\mu^2 - b^2} - \dfrac{z^2}{c^2 - \mu^2} = 1, \\ \dfrac{x^2}{\nu^2} - \dfrac{y^2}{b^2 - \nu^2} - \dfrac{z^2}{c^2 - \nu^2} = 1, \end{cases}$$

et il est facile de reconnaître que les trois familles de surfaces données par ces trois équations sont orthogonales entre elles.

1° Le paramètre ρ des ellipsoïdes est $> c$, et à plus forte raison $> b$. Dans l'expression de ε on pourra faire la constante C égale à $\dfrac{1}{c}$, afin que ε soit assimilé à un nombre et non à l'inverse d'une ligne. Puis, en prenant pour limite inférieure de l'intégrale la plus petite valeur que l'on puisse donner à ρ, nous aurons

$$(6) \qquad \varepsilon = c \int_{c}^{\rho} \dfrac{d\rho}{\sqrt{(\rho^2 - b^2)(\rho^2 - c^2)}} \cdot$$

2° Le paramètre μ des hyperboloïdes à une nappe est $> b$ et $< c$. Pour que le dénominateur soit réel, il faut que C soit imaginaire, et l'on fera $C = \dfrac{\sqrt{-1}}{c}$; on prendra pour limite inférieure la plus petite valeur que l'on puisse prendre pour μ, et le paramètre thermométrique aura pour valeur

$$\varepsilon_1 = c \int_{b}^{\mu} \dfrac{d\mu}{\sqrt{(\mu^2 - b^2)(c^2 - \mu^2)}} \cdot$$

3° Le paramètre ν des hyperboloïdes à deux nappes est compris entre 0 et ν, et le paramètre thermométrique sera, en faisant $C = 1$,

$$\varepsilon_2 = c \int_{0}^{\nu} \dfrac{d\nu}{\sqrt{(b^2 - \nu^2)(c^2 - \nu^2)}}$$

Cas où les surfaces sont de révolution.

23. *Ellipsoïde ovaire*. — Si l'on suppose $b=c$, le plus grand axe de l'ellipsoïde est un axe de révolution. Si l'on conservait pour limite de l'intégrale (6) la quantité c, ε serait infini; prenons ∞ pour limite et nous aurons

$$\varepsilon = c \int_\rho^\infty \frac{d\rho}{\rho^2 - c^2} = \frac{1}{2} \log \frac{\rho+c}{\rho-c},$$

ou

$$\rho = \frac{c(e^\varepsilon + e^{-\varepsilon})}{e^\varepsilon - e^{-\varepsilon}}.$$

μ est compris entre b et c, et puisque maintenant $b=c$, μ est égal à c; la deuxième équation (5) a deux termes infinis et se réduit à

$$y^2 = \frac{\mu^2 - b^2}{c^2 - \mu^2} z^2.$$

Posons en général

$$\frac{\mu^2 - b^2}{c^2 - \mu^2} = \tan^2\varphi,$$

ou

(7) $$\mu^2 = b^2 \cos^2\varphi + c^2 \sin^2\varphi;$$

alors, pour $b=c$, la deuxième équation (5) se réduit à celle de deux plans $y = \pm z \tan\varphi$, et la valeur générale de ε_1

$$\varepsilon_1 = c \int_0^\varphi \frac{d\varphi}{\sqrt{b^2 \cos^2\varphi + c^2 \sin^2\varphi}}$$

se réduit à

$$\varepsilon_1 = \varphi.$$

Enfin nous aurons

$$\varepsilon_? = c \int_0^\nu \frac{d\nu}{c^2-\nu^2} = \frac{1}{2}\log\left(\frac{c+\nu}{c-\nu}\right),$$

ou

$$\nu = c\,\frac{e^{\varepsilon_?} - e^{-\varepsilon_?}}{e^{\varepsilon_?} + e^{-\varepsilon_?}}.$$

Ellipsoïde planétaire. — Si l'on suppose $b = 0$, le plus petit axe de l'ellipsoïde est un axe de révolution, et l'on a

$$\varepsilon = c\int_c^\rho \frac{d\rho}{\rho\sqrt{\rho^2-c^2}} = \arccos\frac{c}{\rho}.$$

Si l'on prenait o pour limite inférieure de l'intégration dans ε_1, il deviendrait infini; mais on pourra prendre

$$\varepsilon_1 = c\int_\mu^c \frac{d\mu}{\mu\sqrt{c^2-\mu^2}} = \log\left(\frac{c}{\mu} + \sqrt{\frac{c^2}{\mu^2}-1}\right),$$

en changeant le signe de l'intégrale et ajoutant une constante qui devient infinie à la limite (n° **17**). Adoptant la formule (7), on a

$$\mu = c\sin\varphi,$$

$$\varepsilon_1 = \log\cot\frac{\varphi}{2}.$$

Calculons ensuite ε_2. Comme ν est compris entre o et b, quand b est nul, ν est nul; donc les deux premiers termes de l'équation

$$\frac{x^2}{\nu^2} - \frac{y^2}{b^2-\nu^2} - \frac{z^2}{c^2-\nu^2} = 1,$$

sont infinis; elle se réduit donc à

$$y^2 = \frac{b^2-\nu^2}{\nu^2}x^2,$$

et elle représente deux plans. Posons en général

$$\frac{b^2-y^2}{y^2}=\tang^2\psi,$$

il en résultera

(8) $\qquad y=b\cos\psi$ (¹),

et par suite on aura

$$s=c\int_\psi^{\frac{\pi}{2}}\frac{d\psi}{\sqrt{c^2-b^2\cos^2\psi}};$$

pour $b=0$, on aura $s_2=\frac{\pi}{2}-\psi$, et d'après le n° 17 on peut y substituer $s_2=\psi$.

Sphère. — Dans les dernières formules obtenues en faisant $b=0$, faisons maintenant $c=0$; nous aurons encore

$$s_2=\psi, \quad s_1=\log\cot\frac{\varphi}{2};$$

pour s, on aura

$$s=\frac{\pi}{2}-\frac{c}{\varrho}-\frac{1}{2.3}\frac{c^3}{\varrho^3}-\ldots;$$

retranchons-en la constante $\frac{\pi}{2}$, et multiplions par $-\frac{1}{c}$; puis faisons enfin $c=0$, et nous aurons

$$s=\frac{1}{\varrho}.$$

Il est aisé de voir que ψ représente la longitude, et φ le complément de la latitude; car les trois équations (5) se réduisent maintenant à

$$x^2+y^2+z^2=\varrho^2, \quad x^2+y^2-z^2\tang^2\varphi=0, \quad y^2-x^2\tang^2\psi=0.$$

(¹) Jacobi a adopté comme coordonnées de l'ellipsoïde les deux angles φ et ψ, en posant immédiatement les équations (7) et (8); on voit qu'ici ces deux angles se présentent pour ainsi dire d'eux-mêmes.

DE L'EMPLOI DES COORDONNÉES CURVILIGNES.

Considérations générales.

24. Concevons trois familles de surfaces représentées par les trois équations

$$f(x, y, z) = \rho,$$
$$f_1(x, y, z) = \rho_1,$$
$$f_2(x, y, z) = \rho_2,$$

où x, y, z représentent trois coordonnées rectangulaires. Nous supposons que ρ, ρ_1, ρ_2 soient trois paramètres variables, et que les trois familles de surfaces se rencontrent à angles droits et partagent l'espace en prismes rectangles élémentaires. A des valeurs données de x, y, z correspondent des valeurs des trois paramètres, et le point (x, y, z) peut être considéré comme déterminé aussi par les trois surfaces relatives à ces valeurs particulières de ρ, ρ_1, ρ_2 et qui passent par ce point.

Nous pourrons sans crainte de confusion représenter les fonctions f, f_1, f_2 par les lettres ρ, ρ_1, ρ_2 comme les paramètres, et nous leur donnerons, d'après M. Lamé, le nom de *coordonnées curvilignes*.

Posons

$$\left(\frac{d\rho}{dx}\right)^2 + \left(\frac{d\rho}{dy}\right)^2 + \left(\frac{d\rho}{dz}\right)^2 = h^2,$$

$$\left(\frac{d\rho_1}{dx}\right)^2 + \left(\frac{d\rho_1}{dy}\right)^2 + \left(\frac{d\rho_1}{dz}\right)^2 = h_1^2,$$

$$\left(\frac{d\rho_2}{dx}\right)^2 + \left(\frac{d\rho_2}{dy}\right)^2 + \left(\frac{d\rho_2}{dz}\right)^2 = h_2^2,$$

et désignons par

$$a, b, c; \quad a_1, b_1, c_1; \quad a_2, b_2, c_2$$

les cosinus des angles que forment, avec les trois axes de coordonnées, les normales menées par le point (x, y, z) aux trois surfaces qui passent par ce point; nous aurons

(1)
$$\begin{cases} a = \frac{1}{h} \frac{d\rho}{dx}, & b = \frac{1}{h} \frac{d\rho}{dy}, & c = \frac{1}{h} \frac{d\rho}{dz}, \\ a_1 = \frac{1}{h_1} \frac{d\rho_1}{dx}, & b_1 = \frac{1}{h_1} \frac{d\rho_1}{dy}, & c_1 = \frac{1}{h_1} \frac{d\rho_1}{dz}, \\ a_2 = \frac{1}{h_2} \frac{d\rho_2}{dx}, & b_2 = \frac{1}{h_2} \frac{d\rho_2}{dy}, & c_2 = \frac{1}{h_2} \frac{d\rho_2}{dz}. \end{cases}$$

Les trois normales sont rectangulaires entre elles; on a donc entre les neuf quantités $a, b, c, \ldots, c_2$ les relations connues des cosinus des angles que font entre eux deux systèmes d'axes rectangulaires.

En ayant égard aux dérivées de ρ, ρ_1, ρ_2 données par les formules précédentes, on obtient pour les dérivées d'une fonction quelconque V

$$\frac{dV}{dx} = \frac{dV}{d\rho} ah + \frac{dV}{d\rho_1} a_1 h_1 + \frac{dV}{d\rho_2} a_2 h_2,$$

$$\frac{dV}{dy} = \frac{dV}{d\rho} bh + \frac{dV}{d\rho_1} b_1 h_1 + \frac{dV}{d\rho_2} b_2 h_2,$$

$$\frac{dV}{dz} = \frac{dV}{d\rho} ch + \frac{dV}{d\rho_1} c_1 h_1 + \frac{dV}{d\rho_2} c_2 h_2.$$

Ajoutons les carrés de ces trois expressions, et ayant égard aux propriétés citées des cosinus qui donnent

$$a^2 + b^2 + c^2 = 1, \quad a_1^2 + b_1^2 + c_1^2 = 1, \quad a_2^2 + b_2^2 + c_2^2 = 1,$$
$$a_1 a_2 + b_1 b_2 + c_1 c_2 = 0, \quad a_2 a + b_2 b + c_2 c = 0, \quad a a_1 + b b_1 + c c_1 = 0,$$

nous obtiendrons

(2) $\quad \left(\dfrac{dV}{dx}\right)^2 + \left(\dfrac{dV}{dy}\right)^2 + \left(\dfrac{dV}{dz}\right)^2 = h^2 \left(\dfrac{dV}{d\rho}\right)^2 + h_1^2 \left(\dfrac{dV}{d\rho_1}\right)^2 + h_2^2 \left(\dfrac{dV}{d\rho_2}\right)^2.$

On a aussi, d'après les propriétés des cosinus $a, b, c, \ldots$,

$$\begin{vmatrix} a & b & c \\ a_1 & b_1 & c_1 \\ a_2 & b_2 & c_2 \end{vmatrix} = 1,$$

et en substituant les expressions (1), on a

$$\begin{vmatrix} \dfrac{d\rho}{dx}, & \dfrac{d\rho}{dy}, & \dfrac{d\rho}{dz} \\ \dfrac{d\rho_1}{dx}, & \dfrac{d\rho_1}{dy}, & \dfrac{d\rho_1}{dz} \\ \dfrac{d\rho_2}{dx}, & \dfrac{d\rho_2}{dy}, & \dfrac{d\rho_2}{dz} \end{vmatrix} \cdot hh_1h_2.$$

Des équations (1) on déduit

$$a\,dx + b\,dy + c\,dz = \frac{1}{h}\,d\rho,$$

$$a_1 dx + b_1 dy + c_1 dz = \frac{1}{h_1}\,d\rho_1,$$

$$a_2 dx + b_2 dy + c_2 dz = \frac{1}{h_2}\,d\rho_2,$$

et de ces dernières on tire

(3)
$$\begin{cases} dx = \dfrac{a}{h}\,d\rho + \dfrac{a_1}{h_1}\,d\rho_1 + \dfrac{a_2}{h_2}\,d\rho_2, \\ dy = \dfrac{b}{h}\,d\rho + \dfrac{b_1}{h_1}\,d\rho_1 + \dfrac{b_2}{h_2}\,d\rho_2, \\ dz = \dfrac{c}{h}\,d\rho + \dfrac{c_1}{h_1}\,d\rho_1 + \dfrac{c_2}{h_2}\,d\rho_2, \end{cases}$$

puis

$$dx^2 + dy^2 + dz^2 = \frac{1}{h^2}\,d\rho^2 + \frac{1}{h_1^2}\,d\rho_1^2 + \frac{1}{h_2^2}\,d\rho_2^2.$$

Désignons par s, s_1, s_2 les trois arcs suivant lesquels se coupent les trois surfaces orthogonales qui passent par le point M, les arcs s, s_1, s_2 étant respectivement perpendiculaires aux surfaces ρ, ρ_1, ρ_2. La formule précédente exprime le carré de la distance du point M à un point M' infiniment voisin. Si l'on place le point M' sur l'arc s, il se trouvera sur les mêmes surfaces ρ_1 et ρ_2 que le point M; $d\rho_1$ et $d\rho_2$ seront donc nuls, et cette formule donne la première des trois équations

$$ds = \frac{d\rho}{h}, \quad ds_1 = \frac{d\rho_1}{h_1}, \quad ds_2 = \frac{d\rho_2}{h_2};$$

les deux autres s'obtiennent d'une manière semblable.

On déduit des équations (3)

$$\frac{dx}{d\rho} = \frac{a}{h}, \quad \frac{dy}{d\rho} = \frac{b}{h}, \quad \frac{dz}{d\rho} = \frac{c}{h},$$

$$\frac{dx}{d\rho_1} = \frac{a_1}{h_1}, \quad \frac{dy}{d\rho_1} = \frac{b_1}{h_1}, \quad \frac{dz}{d\rho_1} = \frac{c_1}{h_1},$$

$$\frac{dx}{d\rho_2} = \frac{a_2}{h_2}, \quad \frac{dy}{d\rho_2} = \frac{b_2}{h_2}, \quad \frac{dz}{d\rho_2} = \frac{c_2}{h_2},$$

et l'on en conclut la valeur du déterminant suivant

$$N = \begin{vmatrix} \frac{dx}{d\rho} & \frac{dy}{d\rho} & \frac{dz}{d\rho} \\ \frac{dx}{d\rho_1} & \frac{dy}{d\rho_1} & \frac{dz}{d\rho_1} \\ \frac{dx}{d\rho_2} & \frac{dy}{d\rho_2} & \frac{dz}{d\rho_2} \end{vmatrix} = \frac{1}{hh_1h_2} \begin{vmatrix} a & b & c \\ a_1 & b_1 & c_1 \\ a_2 & b_2 & c_2 \end{vmatrix} = \frac{1}{hh_1h_2}.$$

TRANSFORMATION DE L'EXPRESSION ΔV EN COORDONNÉES CURVILIGNES.

25. Occupons-nous maintenant de transformer l'expression

$$\frac{d^2V}{dx^2} + \frac{d^2V}{dy^2} + \frac{d^2V}{dz^2},$$

en substituant aux coordonnées x, y, z les coordonnées curvilignes ρ, ρ_1, ρ_2. Nous allons employer un calcul que Jacobi a donné dans le second volume de ses *Œuvres*. Concevons une fonction F de

$$x, \ y, \ z, \ V, \ V'_x = \frac{dV}{dx}, \ V'_y = \frac{dV}{dy}, \ V'_z = \frac{dV}{dz},$$

qui, par la substitution des variables ρ, ρ_1, ρ_2 à x, y, z, se change en une fonction de

$$\rho, \ \rho_1, \ \rho_2, \ V, \ V'_\rho = \frac{dV}{d\rho}, \ V'_{\rho_1} = \frac{dV}{d\rho_1}, \ V'_{\rho_2} = \frac{dV}{d\rho_2},$$

et considérons l'intégrale triple

$$\int\int\int F\, dx\, dy\, dz;$$

si aux coordonnées x, y, z on veut substituer ρ, ρ_1, ρ_2 et avoir une intégrale triple par rapport à ces trois variables, il faut changer l'élément de volume $dx\,dy\,dz$ en l'élément de volume des coordonnées curvilignes

$$ds\,ds_1\,ds_2 = \frac{1}{h h_1 h_2} d\rho\, d\rho_1\, d\rho_2 = N\, d\rho\, d\rho_1\, d\rho_2;$$

ainsi l'on a

(4) $$\int\int\int F\,dx\,dy\,dz = \int\int\int FN\, d\rho\, d\rho_1\, d\rho_2;$$

si l'on remplace N par le déterminant donné ci-dessus, on a une formule générale qui a lieu, quelle que soit la manière dont x, y, z dépendent de ρ, ρ_1, ρ_2.

Prenons les variations des deux membres de cette formule; en prenant d'abord celle du second, on a

$$\delta \int\int\int FN\, d\rho\, d\rho_1\, d\rho_2 = \int\int\int \delta(NF) d\rho\, d\rho_1\, d\rho_2$$
$$+ \int\int\int NF(d\delta\rho\, d\rho_1\, d\rho_2 + d\delta\rho_1\, d\rho\, d\rho_2 + d\delta\rho_2\, d\rho\, d\rho_1),$$

et la variation de NF est

$$\delta(NF) = \frac{d(NF)}{d\rho}\delta\rho + \frac{d(NF)}{d\rho_1}\delta\rho_1 + \frac{d(NF)}{d\rho_2}\delta\rho_2$$
$$+ N \frac{dF}{dV}\delta V + N\frac{dF}{dV_\rho}\delta V_\rho + N\frac{dF}{dV_{\rho_1}}\delta V_{\rho_1} + N\frac{dF}{dV_{\rho_2}}\delta V_{\rho_2}.$$

On voit que la variation de l'intégrale contient le terme

(a) $$\int\int\int N\left(\frac{dF}{dV}\right)\delta V\, d\rho\, d\rho_1\, d\rho_2;$$

elle contient ensuite

$$\int\int\int N\left(\frac{dF}{dV_\rho}\right)\delta V_\rho\, d\rho\, d\rho_1\, d\rho_2;$$

or on a

$$\int N \frac{dF}{dV'_\rho} \partial V'_\rho \, d\rho = \int N \frac{dF}{dV'_\rho} \frac{d\partial V}{d\rho} d\rho = \partial V N \frac{dF}{dV'_\rho} - \int \partial V \frac{d\left(N \frac{dF}{dV'_\rho}\right)}{d\rho} d\rho;$$

la variation contient donc le terme

(b)
$$-\int\int\int \partial V \frac{d\left(N \frac{dF}{dV'_\rho}\right)}{d\rho} d\rho \, d\rho_1 \, d\rho_2;$$

elle contient de même deux autres termes que l'on déduit de celui-ci en remplaçant la lettre ρ par ρ_1 et ρ_2.

Les termes de la variation de la seconde intégrale (4) qui contiennent ∂V en facteur sous le signe $\int$ sont le terme (a) et les trois termes semblables à (b). Les termes qui contiennent ∂V en facteur dans la variation de la première intégrale (4) se déduisent des précédents en remplaçant N par 1 et ρ, ρ_1, ρ_2 par x, y, z. Égalant les coefficients de ∂V, de part et d'autre, on a

(d)
$$\begin{cases} \dfrac{dF}{dV} - \dfrac{d\frac{dF}{dV'_x}}{dx} - \dfrac{d\frac{dF}{dV'_y}}{dy} - \dfrac{d\frac{dF}{dV'_z}}{dz} \\ = \left(\dfrac{dF}{dV}\right) - \dfrac{1}{N}\dfrac{d\,N\left(\dfrac{dF}{dV'_\rho}\right)}{d\rho} - \dfrac{1}{N}\dfrac{d\,N\left(\dfrac{dF}{dV'_{\rho_1}}\right)}{d\rho_1} - \dfrac{1}{N}\dfrac{d\,N\left(\dfrac{dF}{dV'_{\rho_2}}\right)}{d\rho_2}. \end{cases}$$

Les parenthèses du second membre sont mises pour rappeler que les dérivées de F ont été prises en le regardant comme fonction de ρ, ρ_1, ρ_2, $V, V'_\rho, V'_{\rho_1}, V'_{\rho_2}$.

Prenons la fonction F égale à

$$\left(\frac{dV}{dx}\right)^2 + \left(\frac{dV}{dy}\right)^2 + \left(\frac{dV}{dz}\right)^2;$$

nous savons que, exprimée au moyen de ρ, ρ_1, ρ_2, elle a pour valeur

$$h^2\left(\frac{dV}{d\rho}\right)^2 + h_1^2\left(\frac{dV}{d\rho_1}\right)^2 + h_2^2\left(\frac{dV}{d\rho_2}\right)^2;$$

et l'équation (d) donne

$$\frac{d^2V}{dx^2} + \frac{d^2V}{dy^2} + \frac{d^2V}{dz^2} = \frac{1}{N}\left(\frac{d.Nh^2\frac{dV}{d\rho}}{d\rho} + \frac{d.Nh_1^2\frac{dV}{d\rho_1}}{d\rho_1} + \frac{d.Nh_2^2\frac{dV}{d\rho_2}}{d\rho_2}\right).$$

Désignons le premier membre de cette équation par ΔV, et remplaçons N par sa valeur $\frac{1}{hh_1h_2}$, nous aurons la formule de M. Lamé

$$(e) \quad \Delta V = hh_1h_2\left[\frac{d\left(\frac{h}{h_1h_2}\frac{dV}{d\rho}\right)}{d\rho} + \frac{d\left(\frac{h_1}{hh_2}\frac{dV}{d\rho_1}\right)}{d\rho_1} + \frac{d\left(\frac{h_2}{hh_1}\frac{dV}{d\rho_2}\right)}{d\rho_2}\right].$$

Si l'on veut exprimer l'équation du mouvement de la température en coordonnées curvilignes, il suffit de remplacer ΔV par l'expression précédente dans l'équation

$$\Delta V = k\frac{dV}{dt}.$$

Si l'on fait $V = \rho$ dans l'équation (e), on a

$$(f) \quad \Delta\rho = hh_1h_2\frac{d\frac{h}{h_1h_2}}{d\rho} = h^2\frac{d\log\frac{h}{h_1h_2}}{d\rho}.$$

Le premier terme du second membre de l'équation (e) peut se décomposer en les deux suivants

$$h^2\frac{d^2V}{d\rho^2} + hh_1h_2\frac{d\frac{h}{h_1h_2}}{d\rho}\frac{dV}{d\rho} = h^2\frac{d^2V}{d\rho^2} + \Delta\rho\frac{dV}{d\rho};$$

si les trois systèmes de surfaces orthogonales sont susceptibles d'isothermie, et que, de plus, ρ, ρ_1, ρ_2 désignent leurs paramètres thermométriques, on a

$$\Delta\rho = 0, \quad \Delta\rho_1 = 0, \quad \Delta\rho_2 = 0 \text{ (n° 16)},$$

et, par suite, on obtient la formule beaucoup plus simple

$$\Delta V = h^2\frac{d^2V}{d\rho^2} + h_1^2\frac{d^2V}{d\rho_1^2} + h_2^2\frac{d^2V}{d\rho_2^2}.$$

8.

Expression de ΔV quand deux des familles de surfaces orthogonales sont des familles de cylindres isothermes.

26. Supposons que l'une des trois familles de surfaces orthogonales se compose de plans parallèles dont l'équation est

$$z = \rho_2,$$

nous aurons

$$\Delta \rho_2 = 0, \quad D\rho_2 = h_2 = 1.$$

Les deux autres familles de surfaces seront des cylindres dont les équations sont

$$\varphi(x,y) = \rho, \quad \varphi_1(x,y) = \rho_1,$$

et leurs traces sur le plan des xy sont elles-mêmes des courbes orthogonales.

Si, dans l'équation (f), on fait $h_2 = 1$, et qu'on remplace h par $D\rho$, on a

$$\frac{\Delta\rho}{(D\rho)^2} = -\frac{d \log \frac{h}{h_1}}{d\rho};$$

de même, on a

$$\frac{\Delta\rho_1}{(D\rho_1)^2} = \frac{d \log \frac{h_1}{h}}{d\rho_1} = -\frac{d \log \frac{h}{h_1}}{d\rho_1},$$

et il en résulte

$$\frac{d \frac{\Delta\rho}{(D\rho)^2}}{d\rho_1} = \frac{d \frac{\Delta\rho_1}{(D\rho_1)^2}}{d\rho}.$$

La condition pour que la famille de cylindres au paramètre ρ soit isotherme est que $\frac{\Delta\rho}{h^2}$ ne dépende pas de ρ (n° 17), et que, par conséquent, sa dérivée par rapport à ρ_1 soit nulle. Le premier membre de l'équation précédente étant nul, le second l'est aussi ; donc, *si une famille de cylindres est isotherme, la famille de cylindres orthogonaux aux premiers l'est aussi.*

Ainsi, par exemple, les cylindres elliptiques homofocaux du second degré forment une famille de surfaces isothermes, et les cylindres hyperboliques qui leur sont orthogonaux forment une seconde famille de cylindres isothermes.

Si ρ et ρ_1 désignent les paramètres thermométriques, on aura

$$\Delta V = h^2 \frac{d^2 V}{d\rho^2} + h_1^2 \frac{d^2 V}{d\rho_1^2} + \frac{d^2 V}{dz^2};$$

mais cette expression peut encore se simplifier ; en effet, on a alors

$$\Delta \rho = 0, \quad \Delta \rho_1 = 0,$$

et il en résulte

$$\frac{d \log \frac{h}{h_1}}{d\rho} = 0, \quad \frac{d \log \frac{h}{h_1}}{d\rho_1} = 0;$$

donc le rapport de $\frac{h}{h_1}$ est une constante. Reportons-nous à l'expression de h_1 ; si l'on multiplie le paramètre thermométrique ρ_1 par un nombre, ce qui est permis (n° 17), l'expression de h_1 est multipliée par ce nombre ; en le choisissant, on peut donc rendre h_1 égal à h, et l'expression de ΔV devient

$$\Delta V = h^2 \left(\frac{d^2 V}{d\rho^2} + \frac{d^2 V}{d\rho_1^2} \right) + \frac{d^2 V}{dz^2}.$$

ÉQUATIONS QUI CARACTÉRISENT LES CYLINDRES ISOTHERMES.

27. Considérons deux familles de cylindres aux paramètres α et β, et pour lesquelles on ait les équations

(A) $$\frac{d\beta}{dx} = \frac{d\alpha}{dy}, \quad \frac{d\beta}{dy} = -\frac{d\alpha}{dx};$$

ces deux familles de surfaces sont orthogonales et isothermes, et ces paramètres sont thermométriques.

Ces cylindres sont orthogonaux, parce que, de ces équations, on déduit

$$\frac{d\alpha}{dx}\frac{d\beta}{dx} + \frac{d\alpha}{dy}\frac{d\beta}{dy} = 0.$$

Ils sont isothermes, et α et β sont des paramètres thermométriques, parce qu'on déduit des mêmes équations

$$\frac{d^2\alpha}{dx^2} + \frac{d^2\alpha}{dy^2} = 0, \quad \frac{d^2\beta}{dx^2} + \frac{d^2\beta}{dy^2} = 0.$$

On a aussi

$$\sqrt{\left(\frac{d\alpha}{dx}\right)^2 + \left(\frac{d\alpha}{dy}\right)^2} = \sqrt{\left(\frac{d\beta}{dx}\right)^2 + \left(\frac{d\beta}{dy}\right)^2},$$

ou $h = h_1$.

Démontrons maintenant que, réciproquement, deux systèmes de cylindres orthogonaux et isothermes étant donnés, on peut toujours assujettir leurs paramètres thermométriques aux équations (A).

En effet, nous avons vu (n° 26) que, pour deux systèmes de cylindres orthogonaux et isothermes aux paramètres thermométriques α et β, on peut toujours supposer que l'on ait

$$\sqrt{\left(\frac{d\alpha}{dx}\right)^2 + \left(\frac{d\alpha}{dy}\right)^2} = \sqrt{\left(\frac{d\beta}{dx}\right)^2 + \left(\frac{d\beta}{dy}\right)^2},$$

et je dis qu'alors les équations (A) ont lieu.

Élevons l'équation précédente au carré, et intervertissant les termes, nous avons

$$\left(\frac{d\beta}{dy}\right)^2 - \left(\frac{d\alpha}{dy}\right)^2 = \left(\frac{d\alpha}{dx}\right)^2 - \left(\frac{d\beta}{dx}\right)^2,$$

et comme les deux familles sont orthogonales, on a

$$\frac{d\beta}{dy}\frac{d\alpha}{dy} = -\frac{d\beta}{dx}\frac{d\alpha}{dx}.$$

Ajoutons ces deux équations après avoir multiplié la seconde par $2\sqrt{-1}$, et nous obtenons

$$\left(\frac{d\beta}{dy} + \frac{d\alpha}{dy}\sqrt{-1}\right)^2 = \left(-\frac{d\alpha}{dx} + \frac{d\beta}{dx}\sqrt{-1}\right)^2;$$

extrayons les racines, et nous obtenons les équations (A), ou ces équations avec le changement de α en $-\alpha$.

Les fonctions α et β, qui satisfont aux équations (A), sont fournies par la formule

$$\alpha - \beta\sqrt{-1} = F(x + y\sqrt{-1}),$$

où F désigne une fonction quelconque; car on a

$$\frac{dF}{dy} = \sqrt{-1}\frac{dF}{dx},$$

ou

$$\frac{d\alpha}{dy} - \frac{d\beta}{dy}\sqrt{-1} = \frac{d\alpha}{dx}\sqrt{-1} + \frac{d\beta}{dx};$$

d'où l'on conclut les équations (A).

Application de ce qui précède aux cylindres homofocaux du second ordre.

28. Posons

$$\alpha - \beta\sqrt{-1} = \arccos\frac{x + y\sqrt{-1}}{c},$$

nous en déduirons

$$\frac{x + y\sqrt{-1}}{c} = \cos(\alpha - \beta\sqrt{-1}),$$
$$= \cos\alpha\cos(\beta\sqrt{-1}) + \sin\alpha\sin(\beta\sqrt{-1}),$$
$$= E(\beta)\cos\alpha + \sqrt{-1}\,\mathcal{E}(\beta)\sin\alpha,$$

et nous en concluons les valeurs de x et y

(c) $\quad\begin{cases} x = c\mathrm{E}(\beta)\cos\alpha, \\ y = c\mathcal{E}(\beta)\sin\alpha. \end{cases}$

Si nous éliminons d'abord α, puis β, nous obtenons les équations des cylindres homofocaux

$$\frac{x^2}{\mathrm{E}^2(\beta)} + \frac{y^2}{\mathcal{E}^2(\beta)} = c^2, \quad \frac{x^2}{\cos^2\alpha} - \frac{y^2}{\sin^2\alpha} = c^2,$$

dans lesquelles α et β désignent les paramètres thermométriques.

Les formules (c) permettent de passer des coordonnées x et y aux coordonnées α et β, qui représentent les paramètres thermométriques de l'ellipse et de l'hyperbole appartenant à ces deux familles et qui passent par ce point.

Transformons l'expression

$$\frac{d^2\mathrm{V}}{dx^2} + \frac{d^2\mathrm{V}}{dy^2},$$

en y introduisant les coordonnées α et β.

En différentiant les équations (c), on a

$$1 = c\mathcal{E}(\beta)\cos\alpha\frac{d\beta}{dx} - c\mathrm{E}(\beta)\sin\alpha\frac{d\alpha}{dx},$$

$$0 = c\mathrm{E}(\beta)\sin\alpha\frac{d\beta}{dx} + c\mathcal{E}(\beta)\cos\alpha\frac{d\alpha}{dx},$$

$$0 = c\mathcal{E}(\beta)\cos\alpha\frac{d\beta}{dy} - c\mathrm{E}(\beta)\sin\alpha\frac{d\alpha}{dy},$$

$$1 = c\mathrm{E}(\beta)\sin\alpha\frac{d\beta}{dy} + c\mathcal{E}(\beta)\cos\alpha\frac{d\alpha}{dy}.$$

Si l'on compare les deux dernières équations aux deux précédentes, on trouve

$$\frac{d\beta}{dx} = \frac{d\alpha}{dy}, \quad \frac{d\alpha}{dx} = -\frac{d\beta}{dy},$$

et, des deux premières, on tire

$$\frac{d\beta}{dx} = \frac{\mathcal{E}(\beta)\cos\alpha}{c\mathrm{H}}, \quad \frac{d\beta}{dy} = \frac{\mathrm{E}(\beta)\sin\alpha}{c\mathrm{H}},$$

en posant
$$H = \frac{E(2\beta) - \cos 2\alpha}{2},$$

On a donc
$$h^2 = h_1^2 = \frac{1}{c^2 H},$$

et, d'après le n° 26,
$$\frac{d^2V}{dx^2} + \frac{d^2V}{dy^2} = \frac{1}{c^2 H}\left(\frac{d^2V}{d\alpha^2} + \frac{d^2V}{d\beta^2}\right).$$

29. Il est facile de nous rendre compte immédiatement de l'utilité de l'emploi des coordonnées curvilignes; elle consiste à disposer des coordonnées, de manière à exprimer facilement les conditions aux limites. Supposons, par exemple, que nous voulions trouver le refroidissement d'un cylindre indéfini à base elliptique, dont la surface est entretenue à zéro et dont la température ne varie pas avec z. On aura à satisfaire à l'équation

$$h^2\left(\frac{d^2V}{d\alpha^2} + \frac{d^2V}{d\beta^2}\right) = k\frac{dV}{dt},$$

et ensuite à exprimer que V est nul pour la valeur constante de β, relative à la section droite du cylindre.

On comprend, d'après cela, que la difficulté de la détermination d'une fonction qui satisfait à une équation aux différences partielles dans l'intérieur d'un corps doit beaucoup varier suivant les conditions aux limites que l'on s'impose et suivant la forme du contour du corps.

C'est ce que l'on peut reconnaître tout de suite par l'exemple suivant, qui nous fournira en même temps l'occasion de reproduire une question que nous avons examinée dans les *Comptes rendus de l'Académie des Sciences* (10 août 1863).

SUR L'ÉCOULEMENT DES LIQUIDES DANS LES TUBES DE TRÈS-PETITS DIAMÈTRES.

30. Quand un liquide coule dans un tube capillaire, il existe une couche de liquide adhérente au tube et plus dense que le reste du liquide; de plus, son contact avec le tube empêche que l'écoulement du liquide dépende de la nature du tube; cette adhérence tient à la force de cohésion du liquide et du verre, ou plutôt au frottement qui est proportionnel à cette force.

On a, depuis longtemps, examiné à l'aide du microscope le mouvement du sang dans les vaisseaux vivants des batraciens et des mammifères, et l'on a reconnu que la vitesse du sang diminuait de l'axe du vaisseau vers la paroi; mais il est assez singulier que ce soit seulement dans le Mémoire cité qu'on ait admis et démontré, par la conformité du résultat du calcul avec celui de l'expérience, qu'au contact d'un tube capillaire la vitesse d'un liquide qui le mouille est nulle.

Ainsi, la condition à la surface est que la vitesse du liquide soit nulle sur la paroi.

Prenons l'axe des z suivant l'axe du tube, et les trois axes de coordonnées rectangulaires entre eux. Désignons par v la vitesse du liquide, qui ne variera pas avec z, mais seulement avec x et y. Considérons dans ce tube un élément de volume $dx\,dy\,dz$; il sera sollicité par la face $dy\,dz$ la plus voisine de l'origine des coordonnées par une force de frottement égale à

$$- \mathrm{N}\,dz\,dy\,\frac{dv}{dx},$$

N désignant un coefficient constant qui ne dépend que de la nature du liquide. Par sa face opposée, l'élément est sollicité par la force

$$\mathrm{N}\,dz\,dy\left(\frac{dv}{dx} + \frac{d^2v}{dx^2}\,dx\right);$$

la résultante de ces deux actions est

$$\mathrm{N}\,dx\,dy\,dz\,\frac{d^2v}{dx^2}.$$

De même, ce cylindre est sollicité par la force

$$N\, dx\, dy\, dz\, \frac{d^2v}{dy^2}.$$

Supposons que le mouvement du liquide soit devenu uniforme; désignons par l la longueur du tube, et par Π la pression exercée sur le liquide. Si l'on considère le filet liquide qui a $dx\, dy$ pour base et pour longueur toute la longueur l du tube, les forces qui agissent sur lui sont

$$Nl\, dx\, dy\, \frac{d^2v}{dx^2}, \quad Nl\, dx\, dy\, \frac{d^2v}{dy^2}, \quad \Pi\, dx\, dy;$$

et comme elles sont en équilibre, on a l'équation

$$\frac{d^2v}{dx^2} + \frac{d^2v}{dy^2} + \frac{\Pi}{Nl} = 0.$$

Supposons que le tube soit circulaire; prenons des coordonnées polaires dont l'origine soit sur l'axe du tube; la vitesse v d'une molécule ne dépendra que de la distance r à l'axe de ce tube, et en posant

$$\frac{\Pi}{Nl} = f',$$

on aura

$$\frac{d^2v}{dr^2} + \frac{1}{r}\frac{dv}{dr} = -f'.$$

Multipliant par r, et intégrant, on a

$$r\frac{dv}{dr} = -\frac{f'r^2}{2} + C;$$

(a)
$$v = -\frac{f'r^2}{4} + C\log r + C';$$

v n'étant point infini pour $r = 0$, on a $C = 0$; désignons par R le rayon du tube, v est nul pour $r = R$, ce qui nous donne $C' = \frac{f'R^2}{4}$, et nous avons

$$v = \frac{\Pi}{4Nl}(R^2 - r^2).$$

Puis nous avons, pour la quantité du liquide qui s'écoule dans l'unité de temps,

$$Q = \int_0^R \int_0^{2\pi} vr\,dr\,d\theta = \frac{\pi}{8N} \frac{HR^4}{l};$$

donc cette quantité de liquide est proportionnelle à la pression, à la quatrième puissance du rayon et en raison inverse de la longueur du tube. Ces résultats avaient été obtenus expérimentalement par M. Poiseuille (*Mémoire des Savants étrangers*, t. IX).

Si le liquide coule entre deux tubes circulaires concentriques, on aura encore la formule (*a*); mais il n'y faudra plus faire $C = 0$, car v n'est plus assujetti à aucune condition pour $r = 0$; on obtiendra les deux constantes C et C′, en exprimant que v est nul pour des valeurs de r égales aux rayons des deux tubes.

Supposons ensuite que le tube soit elliptique et que l'équation de la section soit

$$\frac{x^2}{a^2} + \frac{y^2}{b^2} = 1,$$

on aura, pour la vitesse du liquide,

$$v = \frac{H}{2Nl(a^2 + b^2)} (a^2 b^2 - a^2 y^2 - b^2 x^2).$$

La quantité du liquide qui s'écoulera de ce tube dans l'unité de temps s'obtiendra en multipliant cette expression par $dx\,dy$ et en l'intégrant dans toute l'étendue de la section. Pour calculer l'intégrale

$$\iint (a^2 b^2 - a^2 y^2 - b^2 x^2)\,dx\,dy,$$

posons

$$x = al\cos\theta, \quad y = bl\sin\theta,$$

l étant variable de 0 à 1 dans l'intérieur du tube. On a en général, si F peut être regardé comme fonction de x et de y ou comme fonction de l et θ,

$$\iint F\,dx\,dy = \iint FN\,dl\,d\theta,$$

avec

$$N = \frac{dx}{dl}\frac{dy}{d\theta} - \frac{dx}{d\theta}\frac{dy}{dl} = abl.$$

Donc l'intégrale ci-dessus est égale à

$$a^2 b^2 \int_0^{2\pi} \int_0^1 (1-l^2) l\, dl\, d\theta = \frac{\pi a^2 b^2}{2},$$

et l'on a, pour la quantité de liquide qui s'écoule dans l'unité de temps dans le tube elliptique,

$$Q = \frac{\pi}{4N}\frac{H}{l}\frac{a^3 b^3}{a^2 + b^2}.$$

Supposons deux lames indéfinies dans le sens de la largeur, de longueur l, qui soient parfaitement planes et parallèles, et situées à une distance très-petite 2δ, v ne varie plus qu'avec la distance y au plan moyen entre les deux lames, et l'on a

$$v = \frac{H}{2Nl}(\delta^2 - y^2),$$
$$Q = 2\frac{H\delta^3}{Nl},$$

Q représentant la dépense du liquide par unité de largeur.

La couche de liquide au contact de la paroi est tellement mince qu'on peut la considérer comme nulle. Si l'on considérait un liquide qui, comme le mercure, ne soit pas susceptible de mouiller le tube, il est évident que l'on ne pourrait plus supposer qu'il existe au contact du tube une couche de liquide dont le mouvement soit nul; alors on n'aurait plus les formules précédentes; mais le mouvement du liquide dépendrait de la matière du tube, et l'on devrait recourir à des formules plus compliquées.

CHAPITRE III.

ÉQUILIBRE DE TEMPÉRATURE DES CYLINDRES INDÉFINIS.

SOLUTION GÉNÉRALE.

31. La question que nous allons examiner dans ce Chapitre est la plus simple de toutes celles que nous devons considérer dans la suite de ce Livre. On remarquera qu'elle ne peut guère se réaliser physiquement; mais elle prépare parfaitement à d'autres questions; car toutes les difficultés que nous allons rencontrer se retrouveront dans des questions plus compliquées, et comme elles seront ici isolées, il sera bien plus aisé d'en suivre la solution.

Ce sujet a d'abord été traité par Lamé; cependant le lecteur attentif trouvera une différence notable entre ce qui va suivre et les leçons XI, XII, XIII des *Coordonnées curvilignes*, où il l'a développé.

CAS D'UN CYLINDRE PRISMATIQUE.

Considérons d'abord un prisme rectangle indéfini dont deux faces appartiennent à une famille de cylindres isothermes, et les deux autres faces à une autre famille de cylindres isothermes orthogonale à la première. On entretient les quatre faces à des températures variables d'une génératrice à l'autre, mais qui restent les mêmes tout le long d'une même génératrice, et l'on demande de déterminer l'équilibre de température de ce prisme.

On a (n° **26**)

$$\Delta V = h^2 \left(\frac{d^2 V}{d\alpha^2} + \frac{d^2 V}{d\beta^2} \right) + \frac{d^2 V}{dz^2},$$

et, pour l'équilibre de température, il faut que l'on ait $\Delta V = 0$; or, comme cette température ne doit pas varier avec la coordonnée z qui est dirigée suivant les génératrices, il reste

(1) $$\frac{d^2 V}{d\alpha^2} + \frac{d^2 V}{d\beta^2} = 0.$$

Il s'agit donc de trouver une fonction V de α et β, qui satisfasse à l'équation (1), et de plus aux conditions imposées aux limites du corps qu'on peut supposer être les suivantes

(2) $$\begin{cases} V = f_1(\beta) \text{ pour } \alpha = \alpha_1, & V = f_2(\beta) \text{ pour } \alpha = \alpha_2, \\ V = \varphi_1(\alpha) \text{ pour } \beta = \beta_1, & V = \varphi_2(\alpha) \text{ pour } \beta = \beta_2, \end{cases}$$

$\alpha_1, \alpha_2, \beta_1, \beta_2$ étant des nombres constants.

Ainsi l'on voit que, par l'emploi des coordonnées curvilignes, la question n'offre maintenant pas plus de difficulté que s'il s'agissait d'un prisme indéfini à base rectangle dont les côtés seraient des lignes droites; les coordonnées rectilignes x et y sont simplement remplacées par α et β.

Imaginons que l'on cherche d'abord l'équilibre de température de ce prisme, en supposant trois des faces entretenues à la température zéro, tandis que la face restante est entretenue à la température indiquée par une des équations (2); selon celle des faces qui est entretenue à la température indiquée par une des formules (2), on aura quatre solutions différentes V_1, V_2, V_3 et V_4; et si l'on pose

$$V = V_1 + V_2 + V_3 + V_4,$$

cette fonction V satisfera évidemment à l'équation (1) en un point quelconque du cylindre et aux quatre conditions (2) à la surface de ce cylindre.

Nous allons donc chercher une fonction V_1, qui satisfasse en tous les points du corps à l'équation (1) et aux limites du corps aux conditions suivantes

$$V = f_1(\beta) \text{ pour } \alpha = \alpha_1, \quad V = 0 \text{ pour } \alpha = \alpha_2,$$
$$V = 0 \text{ pour } \beta = \beta_1, \quad V = 0 \text{ pour } \beta = \beta_2.$$

Désignons par U une fonction qui satisfasse à l'équation (1) et aux trois dernières conditions précédentes, et supposons-lui la forme

$$U = AB,$$

A étant fonction de α seul et B fonction de β seul; l'équation (1) donnera

$$\frac{1}{A}\frac{d^2A}{dx^2} + \frac{1}{B}\frac{d^2B}{d\beta^2} = 0.$$

Le premier terme ne renferme que α, le second que β; il faut donc qu'ils soient constants, et en désignant par l^2 et $-l^2$ leurs valeurs, nous aurons les deux équations

$$\frac{d^2A}{dx^2} - l^2A = 0, \quad \frac{d^2B}{d\beta^2} + l^2B = 0.$$

De là on tire

$$A = Ce^{l\alpha} + C'e^{-l\alpha}, \quad B = c\sin l\beta + c'\cos l\beta,$$

C, C', c, c' étant des constantes. D'après les conditions imposées à U, B doit s'annuler pour $\beta = \beta_1$ et $\beta = \beta_2$. B s'annulant pour $\beta = \beta_1$ peut s'écrire

$$B = M\sin l(\beta - \beta_1),$$

et comme il s'annule pour $\beta = \beta_2$, on a

$$l(\beta_2 - \beta_1) = n\pi \quad \text{ou} \quad l = \frac{n\pi}{\beta_2 - \beta_1},$$

en désignant par n un nombre entier. Ensuite A doit s'annuler pour $\alpha = \alpha_2$; on a donc

$$Ce^{l\alpha_2} + C'e^{-l\alpha_2} = 0,$$

et l'on en conclut que l'on a, en supprimant la constante inutile,

$$A = \mathcal{E}[l(\alpha_2 - \alpha)],$$

la lettre $\mathcal{E}$ représentant un sinus hyperbolique. On a donc enfin

$$V = M\mathcal{E}\left[\frac{n\pi}{\beta_2 - \beta_1}(\alpha_2 - \alpha)\right]\sin\frac{n\pi(\beta - \beta_1)}{\beta_2 - \beta_1},$$

qui est nul sur les trois dernières faces. Faisons la somme d'une infinité de ces solutions, et posons

$$V_1 = \sum_{n=1}^{n=\infty} M_n \frac{\mathcal{E}\left[\frac{n\pi}{\beta_2 - \beta_1}(\alpha_2 - \alpha)\right]}{\mathcal{E}\left[\frac{n\pi}{\beta_2 - \beta_1}(\alpha_2 - \alpha_1)\right]} \sin\frac{n\pi(\beta - \beta_1)}{\beta_2 - \beta_1};$$

le signe Σ s'étendant à tous les nombres entiers, depuis 1 jusqu'à ∞. Il reste à déterminer les coefficients M, de manière que V_1 se réduise à $f_1(\beta)$ pour $\alpha = \alpha_1$, et l'on a

$$f_1(\beta) = \sum_{n=1}^{n=\infty} M_n \sin\frac{n\pi(\beta - \beta_1)}{\beta_2 - \beta_1}.$$

Multiplions les deux membres par $\sin\frac{n\pi(\beta - \beta_1)}{\beta_2 - \beta_1} d\beta$ et intégrons de β_1 à β_2 ; tous les termes s'annulent dans le second nombre, sauf celui qui multiplie M_n, d'après ce qu'on a vu (n° 15) et il reste

$$M_n = \frac{2}{\beta_2 - \beta_1} \int_{\beta_1}^{\beta_2} f_1(\beta) \sin\frac{n\pi(\beta - \beta_1)}{\beta_2 - \beta_1} d\beta.$$

On obtiendrait de même V_2, V_3, V_4, et, en faisant la somme des quatre séries, on a la solution cherchée qui est

$$(A)\ \begin{cases} V = \sum_{n=1}^{n=\infty} \frac{M_n \mathcal{E}\left[\frac{n\pi}{\beta_2 - \beta_1}(\alpha_2 - \alpha)\right] + M'_n \mathcal{E}\left[\frac{n\pi}{\beta_2 - \beta_1}(\alpha - \alpha_1)\right]}{\mathcal{E}\left[\frac{n\pi}{\beta_2 - \beta_1}(\alpha_2 - \alpha_1)\right]} \sin\frac{n\pi(\beta - \beta_1)}{\beta_2 - \beta_1} \\ + \sum_{n=1}^{n=\infty} \frac{N_n \mathcal{E}\left[\frac{n\pi}{\alpha_2 - \alpha_1}(\beta_2 - \beta)\right] + N'_n \mathcal{E}\left[\frac{n\pi}{\alpha_2 - \alpha_1}(\beta - \beta_1)\right]}{\mathcal{E}\left[\frac{n\pi}{\alpha_2 - \alpha_1}(\beta_2 - \beta_1)\right]} \sin\frac{n\pi(\alpha - \alpha_1)}{\alpha_2 - \alpha_1} \end{cases}$$

où l'expression de M'_n se déduit de celle de M_n par le changement de la fonction f_1 en f_2 et les coefficients N_n et N'_n se déduisent des précédents par le changement de la lettre β en la lettre α, et des fonctions $f_1(\beta)$, $f_2(\beta)$ en $\varphi_1(\alpha)$ et $\varphi_2(\alpha)$.

Telle est la formule cherchée. Cependant elle n'est pas toujours applicable ; car, pour qu'elle puisse l'être, il faut que, dans toute l'étendue de la figure, β soit compris entre β_1 et β_2, et α entre α_1 et α_2 ; ce qui n'a pas toujours lieu d'après les données du problème. Nous verrons encore d'autres empêchements à l'appliquer dans certains cas ; mais c'est par des exemples qu'il convient de montrer ces difficultés.

CAS D'UN CORPS CYLINDRIQUE TERMINÉ PAR UNE OU DEUX SURFACES.

32. Nous venons de supposer que la section droite du corps cylindrique était renfermée entre deux courbes α et deux courbes β. Concevons maintenant que l'on supprime les deux courbes α et que l'on se propose de trouver l'équilibre de température du cylindre indéfini dont la base est comprise entre deux courbes β ou même dans une seule de ces courbes. Cependant ne nous arrêtons pas à ce problème dans toute sa généralité, et considérons plutôt un cas particulier qui nous montrera comment l'on doit agir dans chaque cas donné.

Cylindre elliptique. — Supposons donc un corps cylindrique dont la section droite est comprise entre deux ellipses homofocales dont les paramètres thermométriques sont $\beta = \beta_1$ et $\beta = \beta_2$. D'après ce que nous avons vu (n° 28), on passe des coordonnées x et y aux coordonnées α et β par les formules

(B) $\qquad x = c\mathrm{E}(\beta)\cos\alpha, \quad y = c\mathcal{E}(\beta)\sin\alpha,$

et l'on obtient tous les points du corps en faisant varier β de β_1 à β_2, et α de 0 à 2π ; toutefois, on se tromperait si l'on voulait appliquer la formule (A) en y faisant $\alpha_1 = 0$ et $\alpha_2 = 2\pi$.

Supposons que V soit égal à $f_1(\alpha)$ sur le contour $\beta = \beta_1$, et à $f_2(\alpha)$ sur le contour $\beta = \beta_2$. La température d'équilibre V du corps est la somme de deux autres V_1 et V_2, telles que la température V_1 soit égale à $f_1(\alpha)$ pour $\beta = \beta_1$ et nulle pour $\beta = \beta_2$, et V_2 égale à $f_2(\alpha)$ pour $\beta = \beta_2$ et nulle pour $\beta = \beta_1$.

Les formules qui donnent x et y restent invariables quand on remplace α par $\alpha + 2\pi$. D'après cela, prenons un point M dans l'intervalle des deux contours, et décrivons à partir de ce point entre ces deux courbes une ligne fermée; quand on sera revenu au point M, α se sera accru de 2π et la température devra redevenir la même; donc V_1 a par rapport à α la période 2π; donc chacun des termes qui le composent est de la forme

$$\mathscr{E}[n(\beta - \beta_1)](M \cos n\alpha + N \sin n\alpha).$$

n désignant un nombre entier. Le second facteur peut se réduire à une constante M; dans ce cas particulier, on prendra $\beta - \beta_2$ pour le premier facteur. On en conclut que l'on a

$$V_1 = \sum_{n=0}^{n=\infty} \frac{\mathscr{E}[n(\beta - \beta_2)]}{\mathscr{E}[n(\beta_1 - \beta_2)]} (M_n \cos n\alpha + N_n \sin n\alpha);$$

pour $n = 0$, on a le terme $\frac{\mathscr{E}[0(\beta - \beta_2)]}{\mathscr{E}[0(\beta_1 - \beta_2)]} M_0$ qu'on regardera comme se réduisant à $M_0 \frac{\beta - \beta_2}{\beta_1 - \beta_2}$.

Ensuite on déterminera les coefficients comme on sait, d'après l'équation

$$f(\alpha) = \sum (M_n \cos n\alpha + N_n \sin n\alpha);$$

V_2 se calculera de la même manière.

Considérons ensuite un cylindre plein à base elliptique. Reprenons le terme simple qui n'a plus à satisfaire à aucune condition relative aux limites; comme il doit avoir par rapport à α la période 2π, il est renfermé dans l'expression

$$(Ce^{n\beta} + C'e^{-n\beta})(M \cos n\alpha + N \sin n\alpha),$$

n désignant un nombre entier. Pour achever de le déterminer, remarquons que les formules (B) restent invariables par le changement de α et β en $-\alpha$ et $-\beta$; or la solution simple doit jouir de la même propriété, et elle se réduit par suite à l'une des deux expressions

$$M \mathscr{E}(n\beta) \cos n\alpha, \quad N \mathscr{E}(n\beta) \sin n\alpha.$$

Mais il faut s'expliquer pourquoi la solution doit satisfaire à cette dernière condition, à laquelle elle n'est pas astreinte dans le problème précédent; or cette condition résulte de ce que V, $\frac{dV}{dx}$, $\frac{dV}{dy}$ doivent varier d'une manière continue quand on traverse la droite qui joint les foyers, tandis que cette ligne droite n'est pas renfermée dans la section droite du cylindre creux du problème précédent.

Pour le reconnaître, regardons β comme ne prenant que des valeurs positives, et considérons deux points très-voisins m et m' de la ligne des foyers, et symétriques par rapport à cette droite; β pour ces deux points est le même et très-petit; mais α a deux valeurs égales et de signe contraire. Exprimons que V et ses dérivées par rapport à x et y ont des valeurs très-peu différentes en ces deux points. Or on a

$$\frac{dV}{dx} = -\frac{dV}{d\alpha} c E(\beta) \sin\alpha + \frac{dV}{dy} c \mathcal{E}(\beta) \cos\alpha,$$
$$\frac{dV}{d\beta} = \frac{dV}{dx} c \mathcal{E}(\beta) \cos\alpha + \frac{dV}{dy} c E(\beta) \sin\alpha;$$

donc, si β est nul ou infiniment petit, on peut écrire

$$\frac{dV}{dx} = \frac{-1}{c E(\beta)\sin\alpha} \frac{dV}{d\alpha}, \quad \frac{dV}{dy} = \frac{1}{c E(\beta)\sin\alpha} \frac{dV}{d\beta}.$$

V, $\frac{dV}{dx}$, $\frac{dV}{dy}$ doivent différer infiniment peu aux points m et m', et devenir égaux quand leur coordonnée β devient nulle; donc, représentant en général V par $V(\beta, \alpha)$, on a

$$V(o, \alpha) = V(o, -\alpha),$$
$$\frac{dV(o, \alpha)}{d\alpha} + \frac{dV(o, -\alpha)}{d\alpha}, \quad \frac{dV(o, \alpha)}{d\beta} = -\frac{dV(o, -\alpha)}{d\beta}.$$

En appliquant ces équations à la solution simple (C), on obtient

$$(C + C')(M\cos n\alpha + N\sin n\alpha) = (C + C')(M\cos n\alpha - N\sin n\alpha),$$
$$(C + C')(-M\sin n\alpha + N\cos n\alpha) = -(C + C')(M\sin n\alpha + N\cos n\alpha),$$
$$(C - C')(M\cos n\alpha + N\sin n\alpha) = -(C - C')(M\cos n\alpha - N\sin n\alpha);$$

on en tire soit $C + C' = o$, $M = o$, soit $C - C' = o$, $N = o$, et l'on retrouve les deux formes données à la solution simple.

Prenons maintenant la somme d'une infinité de ces solutions, et posons

$$V = \sum_{n=0}^{n=\infty} M_n \frac{E(n\beta)}{E(n\beta_1)} \cos n\alpha + \sum_{n=1}^{n=\infty} N_n \frac{\mathcal{E}(n\beta)}{\mathcal{E}(n\beta_1)} \sin n\alpha;$$

il faudra déterminer les coefficients d'après la condition que V soit une fonction donnée $f(\alpha)$ sur la surface $\beta = \beta_1$, ou que l'on ait

$$f(\alpha) = \sum_{n=0}^{n=\infty} M_n \cos n\alpha + \sum_{n=1}^{n=\infty} N_n \sin n\alpha.$$

On comprend maintenant qu'en général on doit déterminer la solution simple U qui représente un état possible de température d'un cylindre, d'après la condition qu'elle n'ait en chaque point de ce corps qu'une seule valeur, et que U et les quantités $\frac{dU}{dx}$, $\frac{dU}{dy}$, qui sont proportionnelles à des flux de chaleur suivant les axes des x et des y, varient d'une manière continue dans toute l'étendue du corps.

Il est bon de faire encore une remarque sur la démonstration précédente.

On a supposé que β était essentiellement positif, et que par suite la coordonnée α avait deux valeurs égales et de signe contraire pour deux points symétriques, par rapport à la droite qui joint les foyers, et prolongée indéfiniment dans les deux sens. Alors la forme de la solution simple a été déterminée par la condition que cette solution et ses deux dérivées par rapport à x et y varient d'une manière continue quand le point (x, y, z) traverse la distance des deux foyers. Mais on peut aussi supposer que deux points symétriques par rapport à l'axe focal aient la même coordonnée α, et la coordonnée β égale et de signe contraire. Alors la forme de la solution simple serait déterminée par la condition que cette solution et ses deux dérivées par rapport à x et y varient d'une manière continue, quand le point (x, y, z) traverse la droite qui joint les foyers, mais en dehors de leur distance. On arrive ainsi encore à la même forme de solution.

SYSTÈMES DE CYLINDRES ISOTHERMES.

33. M. Lamé a donné un système de deux familles de cylindres isothermes orthogonales entre elles, fournies par les équations

$$(a) \quad \begin{cases} Sm \log \dfrac{1}{\sqrt{(x-a)^2+(y-b)^2}} = \alpha, \\ Sm \operatorname{arc\,tang} \dfrac{y-b}{x-a} = \beta, \end{cases}$$

où l'on regarde a, b, m comme des constantes et S comme un signe qui indique la somme de plusieurs termes, en sorte que ces constantes varient d'un terme à l'autre; enfin α et β désignent des paramètres variables.

Démontrons que ces deux équations représentent deux familles de cylindres orthogonales et isothermes. Pour cela, posons

$$r = \sqrt{(x-a)^2+(y-b)^2},$$

et nous aurons

$$\frac{d\alpha}{dx} = -Sm\frac{x-a}{r^2}, \quad \frac{d\alpha}{dy} = -Sm\frac{y-b}{r^2},$$

$$\frac{d\beta}{dx} = -Sm\frac{y-b}{r^2}, \quad \frac{d\beta}{dy} = Sm\frac{x-a}{r^2}.$$

Donc on a

$$\frac{d\beta}{dx} = \frac{d\alpha}{dy}, \quad \frac{d\beta}{dy} = -\frac{d\alpha}{dx},$$

et d'après ce que nous avons vu (n° 27), les deux familles de cylindres jouissent de la propriété indiquée, et α et β représentent leurs paramètres thermométriques.

Nous allons examiner avec détail deux cas qu'on obtient en supposant que le nombre des termes, dans les premiers membres des équations (a), se réduit à deux; d'ailleurs, les mêmes considérations serviraient si l'on prenait plusieurs termes dans ces équations.

SYSTÈME DE DEUX FAMILLES DE CYLINDRES CIRCULAIRES ORTHOGONALES ENTRE ELLES.

34. Les deux équations

$$\alpha = \log\sqrt{(x+a)^2 + y^2} - \log\sqrt{(x-a)^2 + y^2},$$

$$\beta = \operatorname{arc\,tang} \frac{y}{x-a} - \operatorname{arc\,tang} \frac{y}{x+a}$$

sont un cas particulier des formules (a).

En passant des logarithmes aux nombres et des arcs à leurs tangentes, on a

$$\frac{(x+a)^2 + y^2}{(x-a)^2 + y^2} = e^{2\alpha}, \quad \operatorname{tang}\beta = \left(\frac{y}{x-a} - \frac{y}{x+a}\right) : \left(1 + \frac{y^2}{x^2-a^2}\right),$$

ou les deux équations qui donnent deux familles de cercles

$$(b) \quad \begin{cases} x^2 + y^2 - 2ax\dfrac{\mathrm{E}(\alpha)}{\mathcal{C}(\alpha)} + a^2 = 0, \\ x^2 + y^2 - \dfrac{2ay}{\operatorname{tang}\beta} - a^2 = 0. \end{cases}$$

Cherchons les expressions de x et y au moyen de α et β. Pour cela, retranchons entre elles ces deux équations, et nous aurons

$$(c) \qquad x\frac{\mathrm{E}(\alpha)}{\mathcal{C}(\alpha)} - y\frac{\cos\beta}{\sin\beta} = a.$$

Ajoutons les mêmes équations, nous obtenons

$$x^2 + y^2 = a\left[x\frac{\mathrm{E}(\alpha)}{\mathcal{C}(\alpha)} + y\frac{\cos\beta}{\sin\beta}\right] = x^2\frac{\mathrm{E}^2(\alpha)}{\mathcal{C}^2(\alpha)} - y^2\frac{\cos^2\beta}{\sin^2\beta}.$$

Faisons passer dans un membre les deux termes qui renferment x^2, et dans l'autre les deux qui renferment y^2; puis, extrayant les racines carrées, nous avons

$$(d) \qquad \frac{x}{\mathcal{C}(\alpha)} = \frac{y}{\sin\beta}.$$

Des équations (c) et (d), on tire enfin

(e) $\qquad x = \dfrac{a\mathcal{E}(\alpha)}{E(\alpha)-\cos\beta}, \quad y = \dfrac{a\sin\beta}{E(\alpha)-\cos\beta}.$

Indiquons quelques propriétés géométriques de ces cercles. Tous les cercles β donnés par la seconde équation (b) passent par deux mêmes points de l'axe des x, C et C' (*fig.* 6), qui ont pour abscisse $+a$ et $-a$; β, qui varie d'un de ces cercles à l'autre, désigne l'angle inscrit dans le segment qui se termine en C et C', et situé au-dessus de l'axe des x. D'après cela, $\beta = \pi$ représente la droite CC'; $\beta = \dfrac{\pi}{2}$ représente le demi-cercle décrit au-dessus de CC'; $\beta = 0$ donne tout l'axe des x, excepté la portion CC'.

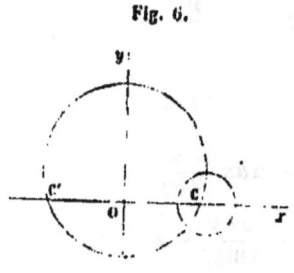

Fig. 6.

Il résulte des formules (e) que deux points symétriques par rapport à l'axe des x peuvent être considérés comme ayant la même coordonnée α et leur coordonnée β égale et de signe contraire; mais, en prenant ainsi la coordonnée β, elle varierait brusquement de $+\pi$ à $-\pi$ quand on traverserait l'axe des x; on évitera cet inconvénient en regardant deux points symétriques par rapport à l'axe des x comme ayant pour coordonnée l'un β, l'autre $2\pi - \beta$.

Quant aux cercles α donnés par la première équation (b), ils se coupent aux deux points imaginaires qui ont pour coordonnées $x = 0$, $y = \pm a\sqrt{-1}$. Pour $\alpha = +\infty$, le cercle se réduit au point C; à mesure que α diminue, le cercle grandit en entourant ses positions précédentes, et pour $\alpha = 0$, le cercle devient infini et se réduit à l'axe des y. Si l'on donne à α des valeurs négatives, on obtient des cercles symétriques des premiers par rapport à l'axe des y, et pour $\alpha = -\infty$, on a un cercle qui se réduit au point C'.

Enfin, les deux familles de cercles sont rectangulaires l'une sur l'autre.

35. Si l'on a un corps cylindrique dont la base est comprise entre deux arcs de cercle α et deux arcs de cercle β, on n'aura en général qu'à appliquer la formule (A) du n° 31, pour en conclure l'équilibre de température.

Supposons que les deux arcs α soient des demi-cercles terminés à l'axe des x (*fig.* 7); tous les points de CA satisfont à l'équation $\beta = 0$, et tous les points de CB à l'équation $\beta = \pi$; on devra donc faire, dans la formule citée, $\beta_1 = 0$ et $\beta_2 = \pi$, pour avoir l'équilibre de température du corps ADEB.

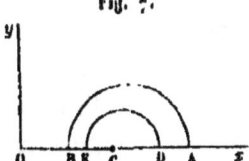

Fig. 7.

Supposons que les deux cercles β disparaissent et que l'on cherche l'équilibre de température du corps cylindrique qui a pour base la surface renfermée entre deux cercles α, qui peuvent être regardés comme deux cercles quelconques, dont l'un est situé dans l'autre.

Cette question est toute semblable à celle que nous avons traitée en prenant pour les deux courbes des ellipses homofocales. V est encore la somme de deux températures V_1 et V_2, dont la première est nulle pour $\alpha = \alpha_2$, et dont la seconde est nulle pour $\alpha = \alpha_1$. Le terme simple qui entre dans V_1 est

$$(A e^{n\alpha} + B e^{-n\alpha})(C \cos n\beta + D \sin n\beta),$$

où n est un nombre entier, afin que ce terme reste invariable par le changement de β en $\beta + 2\pi$; et comme il est nul pour $\alpha = \alpha_2$, il se réduit à

$$\mathcal{E}[n(\alpha - \alpha_2)](C \cos n\beta + D \sin n\beta).$$

On en conclut V_1, puis V_2, comme dans l'exemple cité.

Supposons que le cercle intérieur disparaisse, et que l'on ait un cylindre circulaire plein. Nous aurons encore à prendre pour solution simple

$$(Ae^{n\alpha} + Be^{-n\alpha})(C \cos n\beta + D \sin n\beta),$$

n étant un nombre entier; mais comme elle ne doit pas être infinie pour $\alpha = \infty$, c'est-à-dire au point C, ou plutôt sur la droite qui se projette en C, il faut y faire $A = 0$. En faisant la somme d'une infinité de ces solutions simples, nous aurons

$$V = \sum_{n=0}^{\infty} e^{-n\alpha}(C_n \cos n\beta + D_n \sin n\beta); \quad C_0 + \sum_{n=1}^{\infty} e^{-n\alpha}(C_n \cos n\beta + D_n \sin n\beta).$$

qui se réduit à C_0 au point C. On déterminera encore tous les coefficients, d'après la condition que V ait une valeur donnée sur chaque génératrice de la surface du cylindre.

Dans cette dernière question, le point C, qui a pour coordonnée $\alpha = \infty$, peut être pris arbitrairement dans l'intérieur du cercle donné, et le système des coordonnées α et β change avec ce point C. Si on le place au centre du cercle, on a le système des coordonnées polaires, composé de cercles concentriques et de diamètres, qui est donné par les équations

$$x = be^c \cos\beta, \quad y = be^c \sin\beta,$$

que l'on déduit aisément des équations (e), en remplaçant x par $x + a$, puis posant $\alpha = -z + c$, $e^{-c} = \delta$, et supposant que δ tende vers zéro, mais que $2a\delta$ reste fini et égal à b.

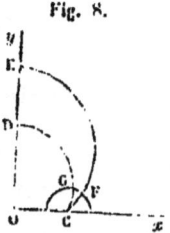

Fig. 8.

Cherchons l'équilibre de température du corps cylindrique dont la base est comprise entre les arcs de cercle CD et CE (*fig.* 8), qui ont pour équations $\beta = \beta_1$ et $\beta = \beta_2$ et la portion DE de l'axe des y interceptée.

Partageons la température V en trois températures d'équilibre V_1, V_2, V_3, définies comme il suit : V_1 est nul sur deux faces, mais égal sur CD ou pour $\beta = \beta_1$, à la température donnée $f_1(\alpha)$; V_2 est égal sur CE ou pour $\beta = \beta_2$ à une température donnée $f_2(\alpha)$, et il est nul sur les deux autres faces; enfin V_3 se réduit sur l'axe des y ou pour $\alpha = 0$ à $\varphi(\beta)$, et il est nul sur CD et CE.

Comme V_3 ne devient pas infini au point C pour lequel α est infini, son terme général ne doit pas renfermer l'exponentielle $e^{n\alpha}$, n étant entier et positif, et l'on en conclut, par des considérations déjà employées, que V_3 est donné par la série

$$V_3 = \sum_{n=1}^{n=\infty} A_n e^{-n\alpha} \sin \frac{n\pi(\beta - \beta_1)}{\beta_2 - \beta_1};$$

puis on détermine les coefficients A_n d'après la condition que V_3 se réduise à $\varphi(\beta)$ pour $\alpha = 0$, entre $\beta = \beta_1$ et $\beta = \beta_2$.

Pour former V_1, imaginons un cercle très-petit qui entoure le point C et qui appartient à la famille des cercles α; désignons par $\alpha = a$ l'équation de ce cercle, et remplaçons la portion GCF du contour par l'arc GF de ce cercle, sur lequel nous supposons la température nulle. Nous avons alors un quadrilatère rectangle curviligne DEFG, dont on trouve la température suivant ce qui a été dit au n° 31, et l'on a

$$V_1 = \sum_{n=1}^{n=\infty} N_n \frac{\mathcal{E}\left[\frac{n\pi}{a}(\beta_2 - \beta)\right]}{\mathcal{E}\left[\frac{n\pi}{a}(\beta_2 - \beta_1)\right]} \sin \frac{n\pi}{a}\alpha \quad \text{avec} \quad N_n = \frac{2}{a}\int_0^a f_1(\gamma) \sin \frac{n\pi\gamma}{a} d\gamma.$$

Donc V_1 peut s'écrire

$$V_1 = \sum_{n=1}^{n=\infty} \frac{2}{a} \frac{\mathcal{E}\left[\frac{n\pi}{a}(\beta_2 - \beta)\right]}{\mathcal{E}\left[\frac{n\pi}{a}(\beta_2 - \beta_1)\right]} \sin \frac{n\pi}{a}\alpha \int_0^a f_1(\gamma) \sin \frac{n\pi}{a}\gamma \, d\gamma.$$

a est excessivement grand si le cercle est très-petit, et infini si le cercle se réduit au point C. Faisons croître a jusqu'à l'infini; alors les termes de cette série deviendront infiniment petits et se changeront en les éléments d'une intégrale. On l'obtient en posant

$$\frac{n\pi}{a} = m, \quad \frac{\pi}{a} = dm \quad \text{ou} \quad \frac{2}{a} = \frac{2}{\pi} dm,$$

et V_1 nous est donné par l'intégrale double

$$V_1 = \frac{2}{\pi} \int_0^\infty \frac{\mathcal{C}[m(\beta_2 - \beta)]}{\mathcal{C}[m(\beta_2 - \beta_1)]} \sin m\alpha \, dm \int_0^\infty f_1(\gamma) \sin m\gamma \, d\gamma.$$

On déduira V_2 de V_1, en remplaçant f_1 par f_2, et permutant β_1 et β_2.

En faisant $\beta = \beta_1$, on doit obtenir $f_1(\alpha)$ pour V_1; on a donc la formule

$(f) \qquad f(\alpha) = \frac{2}{\pi} \int_0^\infty \int_0^\infty f(\gamma) \sin m\gamma \sin m\alpha \, dm \, d\gamma,$

que nous examinerons plus loin.

Considérons la figure double de la précédente, et dans laquelle les deux arcs de cercle $\beta = \beta_1$ et $\beta = \beta_2$ se terminent aux points C et C' (*fig.* 9), dont la coordonnée α est $+\infty$ et $-\infty$. On pourrait trouver V comme précédemment; mais nous nous contenterons de vérifier que cette solution est

$$V = \frac{1}{2\pi} \int_{-\infty}^\infty \int_{-\infty}^\infty f_1(\gamma) \frac{\mathcal{C}[m(\beta_2 - \beta)]}{\mathcal{C}[m(\beta_2 - \beta_1)]} \cos m(\gamma - \alpha) \, dm \, d\gamma$$

$$+ \frac{1}{2\pi} \int_{-\infty}^\infty \int_{-\infty}^\infty f_2(\gamma) \frac{\mathcal{C}[m(\beta_1 - \beta)]}{\mathcal{C}[m(\beta_1 - \beta_2)]} \cos m(\gamma - \alpha) \, dm \, d\gamma.$$

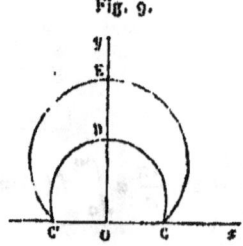

Fig. 9.

Or cette expression satisfait à l'équation aux différences partielles relative à l'équilibre, et l'on reconnaît qu'elle se réduit à $f_1(\beta)$ pour $\beta = \beta_1$ et à $f_2(\beta)$ pour $\beta = \beta_2$, d'après la formule de Fourier

$$f(\alpha) = \frac{1}{2\pi} \int_{-\infty}^{\infty} \int_{-\infty}^{\infty} f(\gamma) \cos m(\gamma - \alpha)\, dm\, d\gamma,$$

qui va nous occuper.

On peut remarquer que l'arc intérieur $\beta = \beta_1$ pourrait se réduire à CC'; il suffirait de faire $\beta_1 = \pi$ dans les formules précédentes.

FORMULE DE FOURIER.

36. Soit $f(x)$ une fonction de x complétement arbitraire, mais qui n'a qu'une seule valeur pour chaque valeur de x. Il s'agit de vérifier la formule

(g) $$f(x) = \frac{1}{2\pi} \int_{-\infty}^{\infty} \int_{-\infty}^{\infty} f(\gamma) \cos m(x - \gamma)\, dm\, d\gamma,$$

qui porte le nom de *Fourier*, et qu'il a obtenue par la considération d'une série trigonométrique, dont les termes décroissant indéfiniment se changent en les éléments d'une intégrale.

Effectuons d'abord l'intégration par rapport à m, mais entre les limites $-g$ et $+g$, g étant excessivement grand, et dans le résultat final nous supposerons que g devienne infini. Cette intégration donne

$$2 \frac{\sin g(x - \gamma)}{x - \gamma}.$$

Posons

$$\gamma - x = z,$$

et l'intégrale double se réduit à l'intégrale simple

(h) $$\frac{1}{\pi} \int_{-\infty}^{\infty} f(x + z) \frac{\sin g z}{z}\, dz.$$

Or je dis que cette intégrale n'a de valeurs sensibles que par des valeurs infiniment petites données à z. Car si z a une valeur sensible z_1, et qu'on fasse varier z depuis z_1 jusqu'à $z_1 + \frac{2\pi}{g}$, $\frac{2\pi}{g}$ est une quantité excessivement petite, et $\frac{f(x+z)}{z}$ peut être regardé comme constant dans cet intervalle; donc, comme $\int \sin gz\, dz$ est nul dans cet intervalle, la portion de l'intégrale (h) correspondant à cet intervalle est nulle aussi, et, par conséquent, on peut, aux limites $-\infty$ et $+\infty$, substituer les limites $-\varepsilon$ et $+\varepsilon$, en regardant ε comme infiniment petit, et écrire, pour l'intégrale (h),

$$\frac{f(x)}{\pi}\int_{-\varepsilon}^{\varepsilon}\frac{\sin gz}{z}\,dz.$$

Or, d'après le raisonnement qui précède, on peut inversement substituer aux limites $-\varepsilon$ et $+\varepsilon$ les limites $-\infty$ et $+\infty$, et comme on a

$$\int_{-\infty}^{\infty}\frac{\sin gz}{z}\,dz = \pi,$$

l'intégrale double est effectivement égale à $f(x)$.

Supposons que $f(x)$ ne soit donné que pour des valeurs positives de x, et depuis 0 jusqu'à $+\infty$; il sera alors permis de se donner les valeurs de $f(x)$ depuis 0 jusqu'à $-\infty$, en posant, quel que soit x,

(l) $$f(-x) = -f(x);$$

on pourra donc appliquer la formule (g). D'ailleurs l'équation (l) permet de l'écrire ainsi

$$f(x) = \frac{1}{2\pi}\int_0^{\infty}\int_{-\infty}^{\infty}f(\gamma)[\cos m(\gamma - x) - \cos m(\gamma + x)]\,dm\,d\gamma.$$

Remplaçons la différence des cosinus par un produit de sinus, puis intégrons par rapport à m seulement de 0 à $+\infty$, en multipliant par 2, et nous aurons

$$f(x) = \frac{2}{\pi}\int_0^{\infty}\int_0^{\infty}f(\gamma)\sin m\gamma \sin mx\,dm\,d\gamma,$$

ou la formule (f) du n° 35.

ÉQUILIBRE DE TEMPÉRATURE DANS DES CYLINDRES LEMNISCATIQUES.

37. Considérons maintenant un autre système de deux familles de cylindres, isothermes et orthogonales entre elles. Pour cela, prenons

(1)
$$\begin{cases} \alpha \cdot \log \dfrac{c^2}{\sqrt{(x+c)^2+y^2}\sqrt{(x-c)^2+y^2}}, \\ \beta \cdot \operatorname{arc\,tang} \dfrac{y}{x+c} + \operatorname{arc\,tang} \dfrac{y}{x-c}, \end{cases}$$

qui se déduisent des formules générales (a) du n° 33. La première équation peut s'écrire

$$[(x+c)^2+y^2][(x-c)^2+y^2] = c^4 e^{-2\alpha},$$

ou

(2) $$(x^2+y^2+c^2)^2 - 4c^2 x^2 = c^4 e^{-2\alpha},$$

et la seconde

(3) $$x^2 - y^2 - \dfrac{2xy}{\operatorname{tang}\beta} + c^2.$$

Les équations (2) et (3) représentent des courbes qui sont les bases des deux familles de cylindres que nous avons à considérer.

Prenons sur l'axe des x deux points $(y=0, x=c)$ et $(y=0, x=-c)$, et désignons-les par C et C' (*fig.* 10); chaque courbe de la première fa-

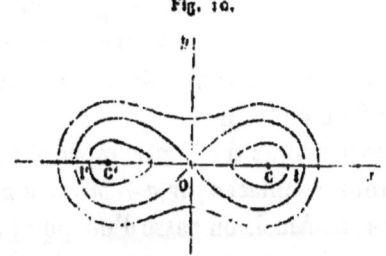

Fig. 10.

mille est telle que le produit des distances de chaque point de la courbe aux points C et C' est constant; ces courbes sont donc des lemniscates, dont les axes des x et des y sont des axes de symétrie.

Quand $\alpha = +\infty$, on a $y = 0$, $x = \pm c$; donc la lemniscate se réduit aux points C et C'. Si l'on suppose α très-grand et positif, on a deux petits ovales qui entourent les points C et C' et croissent à mesure que α diminue. Pour $\alpha = 0$, les deux ovales se joignent au centre, et l'on a la courbe I'OI à laquelle on donne plus particulièrement le nom de lemniscate.

Donnons ensuite à α des valeurs négatives; nous aurons des courbes qui ne se partageront plus en deux parties, mais seront d'une seule pièce. A mesure que α prendra des valeurs négatives de plus en plus grandes, la lemniscate croîtra en s'approchant de plus en plus d'un cercle.

Examinons les hyperboles équilatères données par l'équation (3). D'après la seconde équation (1), chacune de ces hyperboles représente le lieu des points M (*fig.* 11), tels que $MCx + MC'x$ soit constant et égal à β. Ces courbes passent toutes par C et C'.

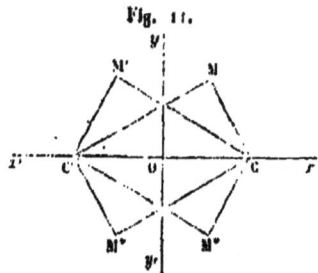

Fig. 11.

Quand le point M est dans l'angle yOx, l'angle β ne varie que de 0 à π. Prenons le point M' symétrique de M par rapport à l'axe des y, l'angle β sera égal à $M'Cx + M'C'x = \pi - MC'x + \pi - MCx = 2\pi - b$, b désignant la valeur de β au point M.

Prenons le point M" symétrique de M par rapport au point O; les angles MCx et $MC'x$ seront remplacés par $\pi + MC'x$ et $\pi + MCx$; donc sa coordonnée β est $2\pi + b$. Ainsi, on passe d'un point à un point symétrique par rapport au point O, en augmentant la coordonnée β de 2π; donc aussi la coordonnée β de M'" est $4\pi - b$.

Si l'on augmente β de 4π, en laissant α le même, ces coordonnées continuent à représenter le même point. Ainsi β varie dans l'angle xOy de 0 à π, dans yOx' de π à 2π, dans $x'Oy'$ de 2π à 3π, dans $y'Ox$ de

3π à 4π. De plus, on voit aisément que β se réduit à o sur Cx, à π sur Oy et CC', à 2π sur $C'x'$, à 3π sur Oy' et CC'.

Considérons l'hyperbole équilatère dont le paramètre β est égal à b dans l'angle yOx. Elle passe par les points C et C' (*fig.* 12), et a une asymptote qui fait avec l'axe des x l'angle $\frac{b}{2}$; l'angle β est égal à b sur CD, à $\pi + b$ sur C'E, à $2\pi + b$ sur C'F et à $3\pi + b$ sur CG.

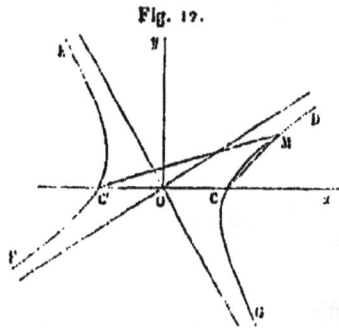

Fig. 12.

38. Supposons que nous ayons à chercher l'équilibre de température d'un cylindre dont la base est un rectangle curviligne déterminé par deux arcs de lemniscates dont les paramètres sont α_1 et α_2, et deux branches d'hyperboles passant par le même point C, et dont les paramètres sont β_1 et β_2. Il suffira en général d'appliquer la formule (A) du n° 31.

Imaginons un cylindre dont la base est comprise entre deux lemniscates (*fig.* 13) dont les équations sont $\alpha = \alpha_1$ et $\alpha = \alpha_2$, α_1 et α_2 étant positifs.

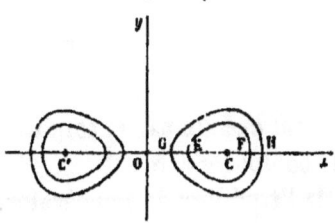

Fig. 13.

Comme $\alpha = a$ représente, quand a est positif, deux lignes identiques et symétriques par rapport à l'axe des y, on a deux tuyaux identiques indépendants l'un de l'autre, et il suffit de traiter celui qui se trouve du côté des x positifs. Cependant, pour la commodité du calcul, nous rétablirons par la pensée le second tuyau, et nous imaginerons, comme il nous est permis, que les températures soient les mêmes en deux points symétriques par rapport au point O.

Or ces deux points ont leur coordonnée β qui diffère de 2π, et ils ont la même coordonnée α. Donc, la température d'équilibre V du corps reste la même, quand on y change β en $\beta + 2\pi$.

Ainsi, d'après ce qu'on a vu au n° 32, on aura

$$(d) \quad \begin{cases} V = \sum_{n=0}^{n=\infty} \frac{\mathcal{E}[n(\alpha - \alpha_1)]}{\mathcal{E}[n(\alpha_1 - \alpha_2)]} (M_n \cos n\beta + N_n \sin n\beta) \\ \quad - \sum_{n=0}^{n=\infty} \frac{\mathcal{E}[n(\alpha - \alpha_2)]}{\mathcal{E}[n(\alpha_1 - \alpha_2)]} (P_n \cos n\beta + Q_n \sin n\beta). \end{cases}$$

et l'on déterminera les coefficients, d'après la condition que V ait des valeurs données sur les contours des deux lemniscates.

Supposons que, dans le dernier problème, la lemniscate intérieure $\alpha = \alpha_2$ disparaisse ou se réduise au point C, et que le cylindre soit plein et ait pour base la courbe GH. Le terme général de la solution, ne devant pas être infini au point C ou pour $\alpha = \infty$, se réduira à

$$e^{-n\alpha}(M \cos n\beta + N \sin n\beta),$$

n étant un nombre entier, et la température d'équilibre sera

$$V = \sum_{n=0}^{n=\infty} e^{-n\alpha}(M_n \cos n\beta + N_n \sin n\beta);$$

les coefficients se détermineront ensuite par la condition que V soit une fonction donnée de β sur le contour $\alpha = \alpha_1$.

Occupons-nous ensuite de l'équilibre de température dans un tuyau compris entre deux cylindres lemniscatiques (*fig.* 14) dont le paramètre est négatif.

Nous savons que, si l'on augmente β de 4π en laissant α le même, les deux coordonnées continuent à représenter le même point. Faisons parcourir au point M, situé entre les deux lemniscates, la courbe α sur laquelle il se trouve, et en tournant de Ox vers Oy, jusqu'à ce qu'il revienne à sa première position; dans ce mouvement il ne sera pas sorti du corps, et si l'on assujettit β à varier d'une manière continue, il aura augmenté de 4π; donc V doit avoir 4π pour période, et en changeant n en $\dfrac{n}{2}$ dans la formule (d), on a

$$(e) \begin{cases} \displaystyle\sum_{n=0}^{n=\infty} \dfrac{\mathcal{E}\left[\dfrac{n}{2}(\alpha-\alpha_1)\right]}{\mathcal{E}\left[\dfrac{n}{2}(\alpha_1-\alpha_1)\right]} \left(M_n \cos\dfrac{n\beta}{2} + N_n \sin\dfrac{n\beta}{2}\right) \\ + \displaystyle\sum_{n=0}^{n=\infty} \dfrac{\mathcal{E}\left[\dfrac{n}{2}(\alpha-\alpha_1)\right]}{\mathcal{E}\left[\dfrac{n}{2}(\alpha_1-\alpha_1)\right]} \left(P_n \cos\dfrac{n\beta}{2} + Q_n \sin\dfrac{n\beta}{2}\right), \end{cases}$$

et les coefficients se déterminent toujours de la même manière.

Fig. 14.

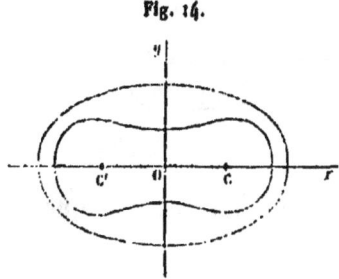

39. Enfin supposons que la section soit comprise entre deux lemniscates, dont l'une ait un paramètre positif et l'autre un paramètre négatif.

Il semble, au premier abord, que la formule (e) puisse encore être admise pour représenter la température d'équilibre de ce corps; car le raisonnement précédent est encore applicable. Cependant cette formule est inexacte. Nous allons d'abord constater cette inexactitude; ensuite nous montrerons d'où elle provient.

Considérons deux points p et p' (fig. 15) symétriques par rapport à l'axe des x et très-voisins de la partie de cet axe comprise entre les deux points C et C'; de plus, supposons ces deux points situés entre les deux lemniscates qui servent de contour. Pour ces deux points, la coordonnée α est la même, la coordonnée β est $\pi - \varepsilon$ pour p et $3\pi + \varepsilon$ pour p', ε désignant une quantité très-petite, et il résulte de la formule (e) que V aurait en général une valeur fort différente pour les deux points p et p', tandis qu'elles doivent évidemment différer infiniment peu. Si l'on considère, au contraire, les deux points p et q très-rapprochés de la droite CC', qui ont la même coordonnée α, et dont la coordonnée β est $\pi - \varepsilon$ pour l'un et $\pi + \varepsilon$ pour l'autre, et diffère infiniment peu, la formule (e) donnerait, pour la température de ces deux points, des valeurs qui différeraient infiniment peu, bien qu'ils soient à une distance finie, et cela quelle que soit la température $f(\beta)$ de la surface extérieure; ce qui est impossible.

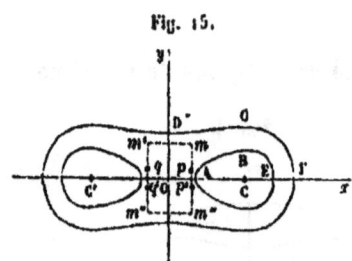

Fig. 15.

Ainsi nous arrivons à une contradiction, quoique nous ayons satisfait à l'équation

(f) $$\frac{d^2V}{d\alpha^2} + \frac{d^2V}{d\beta^2} = 0,$$

aux conditions aux limites, et à la condition voulue de périodicité.

Or remarquons que, si l'on exprime l'équilibre de température d'un cylindre élémentaire dont la section droite est comprise entre deux courbes α et deux courbes β infiniment voisines, on est bien conduit en général à l'équation (f); mais si l'élément de la section est situé sur la droite CC', entre les points C et C', en sorte que cette droite soit comprise entre les deux éléments des courbes β de la section droite, la coordonnée β varie brusquement pour des points infiniment voisins, et l'équation (f) n'a pas lieu sur CC'.

L'équation (f) n'ayant plus lieu sur CC', il faut qu'une autre condition la remplace. Or, sur la droite CC', la coordonnée β est à volonté

π ou 3π; cette condition est donc que la fonction V ait la même valeur pour toute valeur positive de α, comprise de o à α_2, paramètre de la lemniscate intérieure, soit qu'on fasse $\beta = \pi$ ou $\beta = 3\pi$.

Ainsi nous sommes conduits tout naturellement à une remarque importante : c'est que, lorsqu'on transformera en coordonnées curvilignes les équations aux différences partielles qui régissent l'équilibre ou le mouvement de température des corps, ou leurs mouvements vibratoires, ces équations transformées pourront cesser d'avoir lieu sur certaines lignes ou certaines surfaces de l'intérieur de ces corps, et que, si on les intégrait sans y prendre attention, on arriverait à des formules tout à fait inexactes.

Cherchons maintenant à obtenir la véritable solution de notre problème. Remarquons d'abord qu'il ne se présente plus de difficulté dans le cas où les températures données sur les contours des lemniscates sont symétriques par rapport au centre. Alors la même symétrie a lieu dans l'intérieur du corps, et en représentant V par $F(\alpha, \beta)$, on a

$$F(\alpha, \beta + 2\pi) = F(\alpha, \beta).$$

Dans ce cas, la formule (e) ne conserve que des termes dans lesquels le nombre n est pair, et les contradictions que nous avons signalées tout à l'heure disparaissent.

Dans le cas le plus général, V est une fonction qui a 4π pour période, de sorte que l'on a

$$F(\alpha, \beta + 4\pi) = F(\alpha, \beta)$$

et en posant

$$(g) \quad F(\alpha, \beta) = \frac{F(\alpha, \beta) + F(\alpha, \beta + 2\pi)}{2} + \frac{F(\alpha, \beta) - F(\alpha, \beta + 2\pi)}{2},$$

on décompose V en deux parties, dont l'une reste invariable quand on remplace β par $\beta + 2\pi$, et dont l'autre change seulement de signe.

On examinera séparément ces deux états de température, et pour cela on partagera les températures données des deux contours en deux parties, d'après la formule (g).

D'après ce que nous venons de dire, le premier état de température peut aisément se calculer, et il reste à nous occuper du second.

Ainsi cherchons la température V du corps, en supposant qu'elle soit égale et de signe contraire pour deux points m et m'' symétriques par rapport au centre.

Nous pouvons considérer cet état de température comme la superposition de deux états V_1 et V_2 ainsi définis.

Soit m un point quelconque dans l'angle yox, et m', m'', m''' les trois points dont les coordonnées rectilignes ont la même valeur absolue dans les trois angles de coordonnées : 1° V_1 est une fonction qui a la même valeur en m et m', des valeurs égales et de signe contraire en m et m'', et en m et m''' ; 2° V_2 est une fonction qui a des valeurs égales et de signe contraire en m et m' ou en m et m''', et la même valeur en m et m''.

En effet, en désignant V par $F(\alpha, \beta)$, on a

$$(h) \qquad F(\alpha, \beta + 2\pi) = - F(\alpha, \beta),$$

quel que soit β : partageons cette fonction en deux parties de cette sorte

$$(i) \qquad F(\alpha, \beta) = \frac{F(\alpha, \beta) + F(\alpha, 2\pi - \beta)}{2} + \frac{F(\alpha, \beta) - F(\alpha, 2\pi - \beta)}{2}.$$

La première partie remplit les conditions de la fonction V_1, et la seconde celle de la fonction V_2, comme il résulte de l'équation (h), en observant que, si b est la coordonnée β de m, celles de m', m'', m''' sont respectivement $2\pi - b$, $2\pi + b$, $4\pi - b$.

D'ailleurs, pour examiner ces deux états de température, il est clair qu'il faudra partager les températures données des contours en deux parties, d'après la formule (i).

L'avantage que nous obtenons à considérer les deux états V_1 et V_2 résulte de ce que, pour les étudier, il suffit de s'occuper du quart du corps, et que l'équation

$$\frac{d^2 V}{d\alpha^2} + \frac{d^2 V}{d\beta^2} = 0,$$

y est exacte dans toute son étendue.

En effet, considérons le quart du corps OABEFGD. La température V_1 est donnée sur ABE et DGF, qui sont des parties des surfaces $\alpha = \alpha_1$ et $\alpha = \alpha_2$; elle est nulle sur OA et EF, et $\frac{dV_1}{d\beta}$ est nul sur OD, en sorte que cette surface peut être regardée comme imperméable à la chaleur. Ces conditions aux limites déterminent évidemment la température du corps OABEFGD.

Dans l'état V_2, cette température est nulle sur OD, tandis que OA et EF peuvent être supposés imperméables à la chaleur.

Cherchons la température V_1. On peut supposer successivement la température nulle sur les deux courbes $\alpha = \alpha_1$ et $\alpha = \alpha_2$, calculer, dans chacun de ces deux cas, les valeurs de V_1, et leur somme donnera la valeur de V_1.

Supposons donc que V_1 soit nul sur la courbe ABE ou $\alpha = \alpha_2$. Désignons par $\varphi(\alpha)$ la température inconnue le long de OD. En appliquant la formule (A) du n° 31, nous aurons

$$V_1 = \sum_{n=1}^{n=\infty} A_n \frac{\mathcal{E}[n(\alpha - \alpha_2)]}{\mathcal{E}[n(\alpha_1 - \alpha_2)]} \sin n\beta$$

$$+ \sum_{m=1}^{m=\infty} B_m \frac{\mathcal{E}\left(\frac{m\pi}{\alpha_2 - \alpha_1} \beta\right)}{\mathcal{E}\left(\frac{m\pi^2}{\alpha_2 - \alpha_1}\right)} \sin\left[\frac{m\pi}{\alpha_2 - \alpha_1}(\alpha - \alpha_1)\right],$$

les coefficients A et B ayant pour valeurs

$$A_n = \frac{2}{\pi} \int_0^\pi f(\beta) \sin n\beta \, d\beta, \quad B_m = \frac{2}{\alpha_2 - \alpha_1} \int_0^{\alpha_1} \varphi(\alpha) \sin \frac{m\pi(\alpha - \alpha_1)}{\alpha_2 - \alpha_1} d\alpha,$$

$f(\beta)$ étant la température donnée sur DGF.

Donc les coefficients A_n sont connus, tandis que les coefficients B_m sont à déterminer. Comme $\frac{dV_1}{d\beta}$ est nul sur OD ou pour $\beta = \pi$, entre $\alpha = 0$ et $\alpha = \alpha_1$, on a, entre ces limites,

$$\sum_{n=1}^{n=\infty} B_m \frac{m\pi}{\alpha_2 - \alpha_1} \frac{E\left(\frac{m\pi^2}{\alpha_2 - \alpha_1}\right)}{\mathcal{E}\left(\frac{m\pi^2}{\alpha_2 - \alpha_1}\right)} \sin \frac{m\pi(\alpha - \alpha_1)}{\alpha_2 - \alpha_1} = -\sum_{n=1}^{n=\infty} A_n \frac{\mathcal{E}[n(\alpha - \alpha_2)]}{\mathcal{E}[n(\alpha_1 - \alpha_2)]} n \cos n\pi,$$

E désignant un cosinus hyperbolique; le second membre de cette équation est connu, et comme V_1 est nul sur OA, on a

$$\Sigma B_m \sin m(\alpha - \alpha_1) = 0,$$

entre $\alpha = 0$ et $\alpha = \alpha_2$. La détermination des coefficients B, au moyen de ces équations, offre de la difficulté; mais, pour résoudre la question par approximation, on pourra réduire ces deux séries à leurs g premiers termes, g étant un nombre suffisamment grand, puis diviser la ligne AOD en $g+1$ parties égales, et l'on supposera que les points de division situés sur OD satisfont à la première équation et les points de division sur OA à la seconde; il en résultera g équations pour calculer un même nombre de coefficients.

V_2 ou plutôt les deux parties de V_2 se calculeraient d'une manière toute semblable.

CHAPITRE IV.

DES ÉQUATIONS DIFFÉRENTIELLES LINÉAIRES DU SECOND ORDRE.

THÉORIE GÉNÉRALE.

40. Une équation différentielle linéaire du second ordre, et sans second membre, est de la forme

$$P\frac{d^2y}{dx^2} + Q\frac{dy}{dx} + Ry = 0,$$

P, Q, R étant des fonctions de x. Il est aisé de reconnaître qu'elle peut s'écrire sous cette autre forme

$$\frac{d\left(L\frac{dy}{dx}\right)}{dx} + Gy = 0,$$

L et G étant des fonctions de x.

En effet, la seconde équation revient à

$$L\frac{d^2y}{dx^2} + \frac{dL}{dx}\frac{dy}{dx} + Gy = 0;$$

en l'identifiant avec la première, on a

$$\frac{L}{P} = \frac{\frac{dL}{dx}}{Q} = \frac{G}{R},$$

et l'on en conclut, pour L et G, les valeurs

$$L = e^{\int \frac{Q}{P} dx}, \quad G = R \frac{L}{P}.$$

41. Considérons donc l'équation

(a) $$\dfrac{d\left(L \dfrac{dy}{dx}\right)}{dx} + Gy = 0,$$

Supposons que G dépende d'un paramètre h; alors la solution y de cette équation dépendra de x et h, et pourra être représentée par $y(x, h)$, et nous nous proposons de trouver dans quel sens varient les racines de l'équation

$$y(x, h) = 0,$$

lorsque l'on fait croître h.

Désignons par G_1 ce que devient G quand h subit l'accroissement très-petit δh, et désignons aussi par y_1 ce que devient y; l'équation différentielle est changée en la suivante

$$\dfrac{d\left(L \dfrac{dy_1}{dx}\right)}{dx} + G_1 y_1 = 0,$$

et en combinant les deux équations, on a

$$y_1 \dfrac{d\left(L \dfrac{dy}{dx}\right)}{dx} - y \dfrac{d\left(L \dfrac{dy_1}{dx}\right)}{dx} + (G - G_1) y y_1 = 0.$$

Multiplions par dx et intégrons depuis x_0 jusqu'à X; nous aurons

$$\left(y_1 L \dfrac{dy}{dx} - y L \dfrac{dy_1}{dx} \right)_{x_0}^{X} = \int_{x_0}^{X} (G_1 - G) y y_1 \, dx.$$

Désignons en général par la caractéristique δ les accroissements

infiniment petits correspondant à l'accroissement δh, de sorte que nous avons
$$G_1 - G = \delta G, \quad y_1 - y = \delta y,$$
et l'équation précédente devient

(b) $\quad \left[L \left(\delta y \dfrac{dy}{dx} - y \delta \dfrac{dy}{dx} \right) \right]_{x_0}^{X} = \displaystyle\int_{x_0}^{X} y' \delta G \, dx.$

L'expression de y peut s'écrire
$$C_1 y' + C_2 y'',$$
y' et y'' étant deux solutions particulières de l'équation (a), et C_1, C_2 deux constantes. Or on peut choisir le rapport des constantes C_1 et C_2, de manière que y s'annule pour $x = x_0$; de plus, si l'on regarde h comme un paramètre variable, on peut supposer que le rapport $\dfrac{C_2}{C_1}$ varie lui-même avec h, de manière que $y(x, h)$ s'annule constamment pour $x = x_0$.

De même, en faisant varier le rapport $\dfrac{C_2}{C_1}$ avec h, on pourrait supposer que y est constamment maximum ou minimum pour $x = x_0$, quel que soit h.

Ceci admis, faisons l'une des deux hypothèses que y soit nul ou bien maximum ou minimum pour $x = x_0$, quel que soit h; dans le premier cas, on a, pour $x = x_0$,
$$y = 0 \quad \text{et} \quad \delta y = 0$$
et dans le second cas, on a, pour $x = x_0$,
$$\dfrac{dy}{dx} = 0 \quad \text{et} \quad \delta \dfrac{dy}{dx} = 0.$$

L'équation (b) devient donc

(c) $\quad \left[L \left(\delta y \dfrac{dy}{dx} - y \delta \dfrac{dy}{dx} \right) \right]_{X} = \displaystyle\int_{x_0}^{X} y' \delta G \, dx.$

Supposons maintenant que $x = X$ soit une racine de l'équation

$$y(x, h) = 0,$$

et voyons dans quel sens variera la racine X de cette équation, lorsqu'on fera croître le paramètre h.

y étant nul pour $x = X$, il ne s'annule plus pour cette valeur de x lorsque h s'accroît de ∂h, mais pour cette valeur augmentée d'une quantité ∂x, telle que l'on ait

$$\frac{dy}{dx} \partial x + \frac{dy}{dh} \partial h = 0,$$

ou

$$\frac{dy}{dx} \partial x + \partial y = 0;$$

ainsi la racine X subit l'accroissement

$$(d) \qquad \partial x = -\frac{\partial y}{\frac{dy}{dx}}.$$

Concevons que L conserve un signe invariable entre $x = x_0$ et $x = X$; il est évident qu'alors nous pouvons le supposer positif.

Faisons dans la formule (c) $y = 0$ pour $x = X$. Lorsque ∂G est positif, le second membre de cette formule est positif, si X est $> x_0$; il en est donc de même du premier membre; par suite $\frac{dy}{dx} \partial y$ est aussi positif, donc aussi $\partial y : \frac{dy}{dx}$, et il résulte enfin de la formule (d) que ∂x est négatif. Donc, au-dessus de x_0, les racines de $y_1 = 0$ sont plus petites que les racines correspondantes de $y = 0$. On voit de la même manière que, si ∂G est négatif, les racines au-dessus de x_0 de l'équation $y_1 = 0$ sont plus grandes que celles de $y = 0$.

Si nous donnons ensuite au paramètre h, non plus un accroissement infiniment petit, mais un accroissement fini, et que h croisse de h à h_1, si en même temps G va en croissant tout du long de cet intervalle ou va tout du long en décroissant, les conclusions précédentes relatives aux racines de $y = 0$ sont applicables, comme on le reconnaît en divisant l'intervalle de h à h, en parties infiniment petites.

Ainsi, en supposant L positif, on a le théorème suivant :

On peut astreindre la solution $y(x, h)$ de l'équation différentielle (a) à être nulle pour $x = x_0$, quel que soit h. Cette condition étant remplie, si l'on fait croître le paramètre h et que la fonction G qui contient x et h croisse avec h, les racines au-dessus de x_0 de l'équation $y(x, h) = 0$ vont en diminuant. Si la fonction G décroît quand h croît, les racines au-dessus de x_0 vont en croissant.

Dans ce théorème, au lieu de supposer que la fonction $y(x, h)$ s'annule pour $x = 0$, quel que soit h, on peut supposer que ce soit sa dérivée $\frac{dy(x, h)}{dx}$, ou que $y(x, h)$ soit maximum ou minimum pour $x = x_0$, et, d'après ce que nous avons démontré, le théorème subsiste encore.

S'il s'agissait des racines de $y(x, h) = 0$ moindres que x_0, on verrait facilement que, lorsque G grandit avec h, ces racines vont en croissant, c'est-à-dire qu'elles se rapprochent encore de x_0, et que lorsque G diminue quand h croît, ces racines vont en décroissant à mesure que h croît.

C'est ce que l'on reconnaît encore par la démonstration précédente, en remarquant que si X est $< x_0$, $\int_{x_0}^{X} y^2 \partial G \, dx$ est positif, lorsque ∂G est négatif dans l'intervalle de x_0 à X, et que cette intégrale est négative lorsque ∂G est positif dans cet intervalle.

42. Il convient d'ajouter quelque chose aux raisonnements qui précèdent. Nous avons admis implicitement : 1° que les racines qui sont au-dessus de x_0 le sont constamment quand on fait croître h, et que les racines situées au-dessous de x_0 y restent aussi constamment; 2° que les racines ne deviennent pas imaginaires.

Pour démontrer ces propriétés, nous supposerons que L, G et leurs dérivées des différents ordres ne puissent devenir infinies pour aucune valeur de x comprise dans l'intervalle où l'on veut étudier les racines de l'équation

(g) $\qquad\qquad y(x, h) = 0.$

Dans ce cas, en effet, je vais prouver que cette équation ne peut avoir de racines égales dans l'intervalle considéré. En effet, supposons que, lorsque h obtient une certaine valeur, y et $\frac{dy}{dx}$ s'annulent pour $x=a$; l'équation (a) pouvant s'écrire

$$L\frac{d^2y}{dx^2} + \frac{dL}{dx}\frac{dy}{dx} + Gy = 0,$$

on en conclurait que $\frac{d^2y}{dx^2}$ s'annulerait pour $x=a$; puis, en différentiant cette équation, on en conclurait successivement que toutes les dérivées de y s'annulent pour $x=a$. Il en résulterait donc, d'après la série de Taylor, que y serait constamment nul; ce qui est impossible. Donc les racines de l'équation (g) ne peuvent devenir égales.

D'après cela, si, par l'accroissement de h, une racine qui d'abord était située au-dessus ou au-dessous de x_0, passait par x_0, alors soit qu'on suppose, quel que soit h,

$$y = 0 \quad \text{ou} \quad \frac{dy}{dx} = 0 \quad \text{pour} \quad x = x_0,$$

l'équation (g) se trouverait avoir deux racines égales pour $x=x_0$ et pour une valeur particulière de h; ce qui est impossible.

Enfin deux racines de l'équation (g) ne pouvant devenir imaginaires qu'en passant par l'égalité, les racines réelles de cette équation ne peuvent devenir imaginaires par l'accroissement de h.

D'ailleurs, on voit aussi par l'expression (d) que, $\frac{dy}{dx}$ n'étant pas nul, l'accroissement de la racine X sera toujours déterminé et réel.

43. Le genre de considérations qui précèdent est dû à Sturm (*Journal de M. Liouville*, 1re série, tome I, p. 106). Mais Sturm ne suppose pas y nul, ou bien maximum ou minimum pour $x = x_0$, quel que soit h; il suppose en la place que la variation de $\frac{\frac{dy}{dx}}{y}$ pour $x = x_0$, provenant de l'accroissement de h, soit de signe contraire à celle de G.

On a

$$\delta y \frac{dy}{dx} - y \delta \frac{dy}{dx} = - y^2 \delta \frac{\frac{dy}{dx}}{y};$$

donc l'équation (b) peut s'écrire

(e) $\quad \left(L.\delta y \frac{dy}{dx} - L.y \delta \frac{dy}{dx} \right)_X = - \left(y^2 L. \delta \frac{\frac{dy}{dx}}{y} \right)_{x_0} + \int_{x_0}^{X} y^2 \delta G\, dx.$

Remarquons qu'il revient au même de se donner $\dfrac{\frac{dy}{dx}}{y}$ pour $x = x_0$, ou le rapport $\dfrac{C_2}{C_1}$ des constantes de l'expression

$$y = C_1 y' + C_2 y'',$$

dans laquelle y' et y'' sont des solutions particulières de l'équation (a); car on a

$$\frac{\frac{dy}{dx}}{y} = \frac{\frac{dy'}{dx} + \frac{C_2}{C_1} \frac{dy''}{dx}}{y' + \frac{C_2}{C_1} y''}.$$

Je suppose qu'on assujettisse $\dfrac{\frac{dy}{dx}}{y}$ ou $\dfrac{C_2}{C_1}$ à varier en même temps que h et de telle façon que

$$\left(\delta \frac{\frac{dy}{dx}}{y} \right)_{x_0}$$

soit de signe contraire à δG. L étant comme précédemment supposé positif, on déduira de l'équation (e) toutes les mêmes conséquences que ci-dessus.

Sturm suppose aussi que L contienne le paramètre h; cela complique un peu les calculs et les résultats, mais sans changer en rien les raisonnements. D'ailleurs nous ne rencontrerons pas d'applications dans lesquelles il y ait lieu de faire varier dans L un paramètre.

APPLICATIONS.

44. Considérons l'équation différentielle du second ordre

$$(1) \qquad \frac{d^2y}{dx^2} + (g^2 + h^2\sin^2 x)y = 0,$$

et désignons par y' la solution qui s'annule pour $x = 0$. Comparons cette équation à cette autre plus simple

$$(2) \qquad \frac{d^2Y}{dx^2} + g^2 Y = 0.$$

La solution de la seconde est connue et elle est

$$(3) \qquad Y = A\sin gx + B\cos gx;$$

réduisons-la à $A\sin gx$, afin qu'elle s'annule aussi pour $x = 0$. L'équation

$$(4) \qquad A\sin gx = 0$$

a une infinité de racines renfermées dans la formule $\pm \frac{n\pi}{g}$, n étant un nombre entier positif quelconque.

On peut supposer que l'on passe de l'équation (2) à l'équation (1) par l'accroissement d'un paramètre h à partir de 0; et la fonction que nous avons appelée G précédemment va en croissant; donc les racines de l'équation

$$(5) \qquad y' = 0$$

situées au-dessus de 0 sont plus petites que celles de l'équation (4); donc entre $x = 0$ et une valeur positive de x, l'équation (5) possède au moins autant de racines que l'équation (4), et ces racines sont plus petites que $\frac{\pi}{g}, \frac{2\pi}{g}, \frac{3\pi}{g}, \ldots$ Donc elle possède aussi une infinité de racines positives.

On arriverait à une conclusion semblable pour les racines négatives de l'équation (5), qui sont d'ailleurs égales et de signe contraire aux racines positives.

Nous avons imaginé que le rapport des constantes arbitraires qui entrent dans la solution de l'équation (1) était choisi de manière qu'elle s'annulât pour $x = 0$. Supposons ce rapport quelconque, et désignons par x_0 une valeur de x pour laquelle y s'annule; on pourra choisir le rapport $\frac{B}{A}$ qui entre dans Y de manière qu'il s'annule aussi pour $x = x_0$. Or la racine de $Y = 0$ qui vient après x_0 est $x_0 + \frac{\pi}{g}$; donc la racine de $y = 0$ qui vient après x_0 est $< x_0 + \frac{\pi}{g}$. Et comme x_0 est une racine quelconque de $y = 0$, deux racines consécutives quelconques de cette équation sont distantes de moins de $\frac{\pi}{g}$.

Donc enfin l'équation $y = 0$ a une infinité de racines, et distantes de moins de $\frac{\pi}{g}$.

45. Il est facile de prouver que l'équation

$$(f) \qquad \frac{d\left(L \frac{dy}{dx}\right)}{dx} + H y = 0,$$

peut toujours être remplacée par l'équation

$$\frac{d^2 V}{dx^2} + G V = 0,$$

qui va nous occuper, et qui est plus simple, puisque la fonction L se réduit à l'unité.

En effet, posons

$$y = V z,$$

et la première équation devient

$$L z \frac{d^2 V}{dx^2} + \left(2 L \frac{dz}{dx} + \frac{dL}{dx} z\right) \frac{dV}{dx} + \left(L \frac{d^2 z}{dx^2} + \frac{dL}{dx} \frac{dz}{dx} + H z\right) V = 0.$$

Égalons à o le coefficient de $\frac{dV}{dx}$, nous aurons

$$\frac{1}{L}\frac{dL}{dx} = -\frac{2}{z}\frac{dz}{dx},$$

et comme il est inutile d'introduire une constante arbitraire, on aura

$$z = L^{-\frac{1}{2}}; \quad \text{d'où} \quad y = VL^{-\frac{1}{2}}.$$

L'équation en V est donc bien de la forme

(g) $$\frac{d^2V}{dx^2} + GV = 0.$$

Supposons que la fonction G soit positive pour toutes les valeurs de x comprises entre une valeur a et une valeur plus grande b. Prenons une constante G' égale à la plus petite valeur que prend G dans cet intervalle, et une constante G" égale à la plus grande valeur de G, afin de former les deux équations

$$\frac{d^2V'}{dx^2} + G'V' = 0,$$

$$\frac{d^2V''}{dx^2} + G''V'' = 0.$$

Supposons, par exemple, que V s'annule pour $x = a$; on peut choisir V' et V", de manière qu'ils s'annulent aussi pour $x = a$, et ils auront alors pour valeurs

$$V' = C'\sin[(x-a)\sqrt{G'}], \quad V'' = C''\sin[(x-a)\sqrt{G''}].$$

Cela posé, il résulte de ce que nous savons que V s'évanouira entre les limites a et b au moins autant de fois que V', et au plus autant de fois que V".

Les racines de V' = o et de V" = o sont

$$x = a + \frac{n\pi}{\sqrt{G'}}, \quad x = a + \frac{n\pi}{\sqrt{G''}},$$

n désignant un nombre entier quelconque; les premières sont distantes de $\frac{\pi}{\sqrt{G'}}$ et les secondes de $\frac{\pi}{\sqrt{G''}}$; donc la distance entre la racine a de $V = o$ et la racine suivante (supposée $< b$) est comprise entre $\frac{\pi}{\sqrt{G'}}$ et $\frac{\pi}{\sqrt{G''}}$.

Le même raisonnement étant applicable à deux racines consécutives quelconques comprises entre a et b, il s'ensuit que deux racines consécutives quelconques situées dans cet intervalle diffèrent de $\frac{\pi}{\gamma}$, γ étant compris entre $\sqrt{G'}$ et $\sqrt{G''}$.

Supposons que b désigne la racine de $V = o$ qui vient immédiatement après la racine a, et l'on obtiendra le résultat suivant.

Soient a et b deux racines consécutives de $V = o$, et admettons que G reste positif quand x croit de a à b; la distance entre les deux racines a et b est $\frac{\pi}{\gamma}$, γ étant compris entre $\sqrt{G'}$ et $\sqrt{G''}$, et G', G'' étant la plus petite et la plus grande valeur qu'obtient G, quand x croit de a à b.

46. *Exemple*. — Soit l'équation

$$r \frac{d^2 Q}{dr^2} + \frac{dQ}{dr} + \left(4\lambda^2 r - \frac{n^2}{r} \right) Q = 0,$$

dans laquelle n est un nombre entier, et que l'on rencontre dans la théorie de la membrane circulaire. Elle peut d'abord s'écrire

$$\frac{d}{dr}\left(r \frac{dQ}{dr} \right) + \left(4\lambda^2 r - \frac{n^2}{r} \right) Q = 0,$$

et elle est de la forme (f); pour lui donner la forme (g), suivant la transformation indiquée, on posera

$$Q = \frac{V}{\sqrt{r}},$$

et l'on aura

$$\frac{d^2 V}{dr^2} + \left(4\lambda^2 - \frac{4n^2 - 1}{4r^2} \right) V = 0.$$

Le coefficient de V est une fonction de r qui s'annule pour

$$r = \frac{\sqrt{4n^2-1}}{4\lambda},$$

et qui va constamment en croissant quand on fait varier r depuis cette valeur jusqu'à l'infini.

Soit a une racine de l'équation $V = o$ plus grande que $\frac{\sqrt{4n^2-1}}{4\lambda}$; faisons croître r depuis $r = a$ jusqu'à la racine suivante b de la même équation; les quantités que nous avons désignées ci-dessus par G' et G" ont pour valeurs

$$4\lambda^2 - \frac{4n^2-1}{4a^2}, \quad 4\lambda^2 - \frac{4n^2-1}{4b^2}.$$

Donc la différence entre les deux racines a et b est égale à

$$\frac{\pi}{\sqrt{4\lambda^2 - \frac{4n^2-1}{4\beta^2}}},$$

β étant une quantité comprise entre a et b; et elle tend vers $\frac{\pi}{2\lambda}$ pour deux racines consécutives très-grandes.

Nous terminerons ce sujet par les deux théorèmes suivants, dus à Sturm.

THÉORÈMES.

47. $y(x, h)$ solution de l'équation $\dfrac{d\left(L\dfrac{dy}{dx}\right)}{dx} + Gy = o$ satisfait à la condition

$$y = o \quad \text{ou} \quad \frac{dy}{dx} = o \quad \text{pour} \quad x = x_0;$$

de plus, G va constamment en croissant ou constamment en décroissant avec h; donnons à x la valeur X, et désignons par D une constante, les racines h des deux équations

$$\frac{dy(X, h)}{dx} + Dy(X, h) = 0, \quad y(X, h) = 0$$

sont alternatives.

Supposons, par exemple, que G décroisse avec h, il résulte de la formule (e) du n° 43 que, lorsque h croît, $\dfrac{\frac{dy}{dx}}{y}$ va constamment en croissant; donc, en y ajoutant la constante D, on a la fonction

$$\varphi = \frac{\frac{dy}{dx} + Dy}{y},$$

qui va aussi en croissant avec h.

Si, pour une certaine valeur de h, φ est négatif, h allant en croissant, φ s'annulera pour une racine de $\frac{dy}{dx} + Dy = 0$, puis deviendra positif; enfin il sera égal à $+\infty$ pour une racine de $y = 0$.

Il résulte aussi de la formule (e) que si y s'annule pour $x = X$ et une certaine valeur de h, alors pour cette valeur de x et pour une valeur de h un peu plus grande, $\partial y \frac{dy}{dx}$ est négatif; donc $\dfrac{\frac{dy}{dx}}{\partial y}$ ou $\dfrac{\frac{dy}{dx}}{y}$ est extrêmement grand négatif et φ passe de $+\infty$ à $-\infty$.

h croissant de nouveau, φ d'abord négatif s'annulera pour une racine de $\frac{dy}{dx} + Dy = 0$, puis il deviendra positif et sera encore égal à $+\infty$ pour une nouvelle racine de $y = 0$. Il est donc évident que les racines des deux équations sont alternatives.

48. Supposons que l'on ait les deux équations

$$(m) \qquad \frac{d\left(L \frac{dy}{dx}\right)}{dx} + Gy = 0,$$

$$\frac{d\left(L \frac{dY}{dx}\right)}{dx} + JY = 0,$$

G et J étant deux fonctions de x et de h, et les valeurs de J étant moindres que celles de G pour les mêmes valeurs de x et de h; de plus, G et J sont les valeurs que prend une fonction $\Gamma(x, h, \alpha)$ croissante avec h pour deux valeurs particulières données à α. Supposons enfin que y et Y soient tous deux nuls ou tous deux maxima pour $x = x_0$.

Puisqu'il existe une fonction Γ renfermant un paramètre α et qui, par l'accroissement de ce paramètre, passe, en diminuant, de la valeur G à la valeur J, remplaçons, dans l'équation (m), G par Γ, et assujettissons la solution y de la nouvelle équation à être nulle ou maximum pour $x = x_0$, quel que soit α.

Reportons-nous ensuite à l'équation (e) du n° 43, en supposant que les variations δ se rapportent à α au lieu de se rapporter à h; on en conclura que pour toute valeur de x plus grande que x_0, on a

$$\frac{\frac{dY}{dx}}{Y} > \frac{\frac{dy}{dx}}{y};$$

en conséquence, on aura pour toute valeur de h, et pour $x = X$ supposé $> x_0$,

$$\frac{\frac{dY}{dx} + DY}{Y} > \frac{\frac{dy}{dx} + Dy}{y};$$

d'ailleurs ces deux fonctions décroissent quand h augmente, d'après ce qui a été démontré ci-dessus; donc, les racines h de l'équation $\frac{dY}{dx} + DY = 0$ sont plus grandes que celles de $\frac{dy}{dx} + Dy = 0$.

En raisonnant de même sur l'inégalité

$$\frac{Y}{\frac{dY}{dx} + DY} < \frac{y}{\frac{dy}{dx} + Dy},$$

dont les deux membres sont des fonctions croissantes de h, on reconnait que les racines h de $Y = 0$ sont aussi plus grandes que celles de $y = 0$.

Application. — Soit l'équation que nous rencontrerons dans le refroidissement de la sphère,

$$\frac{d^2R}{dx^2} + \left(h - \frac{f(\alpha)}{x^2}\right)R = 0,$$

$f(\alpha)$ étant une fonction croissante de α, et assujettissons R à être nul pour $x = 0$.

Donnons à x la valeur positive X dans les deux équations

$$\frac{dR}{dx} + DR = 0, \quad \text{et} \quad R = 0,$$

et examinons les racines h de ces deux équations.

D'après les principes du n° 45, la seconde équation a une infinité de racines; il en est donc de même pour la première, puisque leurs racines sont alternatives. De plus, d'après ce qui précède, les racines de ces deux équations croissent quand α va en croissant.

CHAPITRE V.

MOUVEMENT VIBRATOIRE DES MEMBRANES ET TEMPÉRATURE DES CYLINDRES.

DU MOUVEMENT VIBRATOIRE DES MEMBRANES.

49. Imaginons une membrane plane, homogène, également tendue dans tous les sens et dont le contour est fixé invariablement. Traçons dans le plan de cette membrane deux axes de coordonnées rectangulaires quelconques Ox, Oy, et menons un axe des z perpendiculaire à ce plan. Si nous communiquons un mouvement vibratoire à cette membrane, un point de sa surface, dont les coordonnées sont x, y et $z = 0$, éprouvera un déplacement normal w régi par l'équation

$$(a) \qquad \frac{d^2 w}{dt^2} = m^2 \left(\frac{d^2 w}{dx^2} + \frac{d^2 w}{dy^2} \right),$$

où m^2 désigne le rapport de la tension à la masse de la membrane par unité de surface. Et l'on a à intégrer cette équation, en s'imposant la condition que w soit nul sur le contour.

L'équation aux différences partielles (a) a été donnée d'abord par Euler, comme représentant le mouvement vibratoire d'une membrane; mais c'est Poisson qui l'a démontrée d'une manière rigoureuse (*Mémoires de l'Académie des Sciences*, tome VIII, 1829; p. 488).

MEMBRANE CIRCULAIRE.

50. Plaçons l'origine des coordonnées au centre du cercle, et passons des coordonnées rectilignes x et y aux coordonnées polaires r et α par les formules

$$x = r\cos\alpha, \quad y = r\sin\alpha,$$

en prenant arbitrairement la direction de l'axe polaire.

L'équation (a) devient

$$\frac{d^2w}{dt^2} = m^2\left(\frac{d^2w}{dr^2} + \frac{1}{r}\frac{dw}{dr} + \frac{1}{r^2}\frac{d^2w}{d\alpha^2}\right),$$

et si l'on pose

$$w = u\sin 2\lambda mt,$$

on a

$$\frac{d^2u}{dr^2} + \frac{1}{r}\frac{du}{dr} + \frac{1}{r^2}\frac{d^2u}{d\alpha^2} = -4\lambda^2 u.$$

Posons $U = PQ$, en désignant par P une fonction de α et par Q une fonction de r, et nous aurons une équation qui peut s'écrire

$$\frac{r^2}{Q}\frac{d^2Q}{dr^2} + \frac{r}{Q}\frac{dQ}{dr} + 4\lambda^2 r^2 = -\frac{1}{P}\frac{d^2P}{d\alpha^2};$$

comme le premier membre ne dépend que de r et le second que de α, ils sont égaux à une même constante n^2, et l'on a

(1) $$\frac{d^2P}{d\alpha^2} + n^2 P = 0,$$

(2) $$r^2\frac{d^2Q}{dr^2} + r\frac{dQ}{dr} - (n^2 - 4\lambda^2 r^2)Q = 0.$$

Nous avons pris pour la constante une quantité positive, afin d'obtenir pour P la fonction périodique

$$P = A\cos n\alpha + B\sin n\alpha,$$

et afin que P ne change pas quand on y remplacera α par $\alpha + 2\pi$, il faut que n soit un nombre entier que nous pouvons supposer positif.

Si l'on intègre l'équation (2) par séries, en désignant par C et C' deux constantes arbitraires, on obtient les deux solutions particulières

$$(3) \quad Q = Cr^n \left[1 - \frac{(\lambda r)^2}{1.(n+1)} + \frac{(\lambda r)^4}{1.2(n+1)(n+2)} - \frac{(\lambda r)^6}{1.2.3(n+1)(n+2)(n+3)} + \ldots \right],$$

$$(4) \quad Q' = C'r^{-n} \left[1 + \frac{(\lambda r)^2}{1(n-1)} + \frac{(\lambda r)^4}{1.2(n-1)(n-2)} + \frac{(\lambda r)^6}{1.2.3(n-1)(n-2)(n-3)} + \ldots \right],$$

dont la seconde se déduit de la première par le changement de n en $-n$. Si l'on fait leur somme, on obtient la solution générale; mais comme évidemment le mouvement vibratoire doit rester fini au centre du cercle et que Q' devient infini pour $r = 0$, on doit se borner à prendre pour Q la première solution particulière que l'on portera dans

$$(5) \quad u = PQ, \quad \omega = u \sin 2\lambda \pi t.$$

Il faut remarquer que, si n est un nombre entier positif, l'expression précédente de Q' est inadmissible; car tous les termes après le $n^{\text{ième}}$ deviennent infinis. Mais la seconde solution particulière renfermant r^{-n} en facteur, quelque peu différent que n soit d'un nombre entier, elle renferme encore ce facteur quand n est entier.

Remarquons aussi que la série (3), à un facteur constant près, peut se mettre sous la forme de l'intégrale définie

$$r^n \int_0^{\frac{1}{2}\pi} \sin^{2n}\omega \cos(2\lambda r \cos\omega) \, d\omega,$$

et, de cette solution particulière, on peut déduire la seconde par une règle bien connue.

51. Désignons par h le rayon du cercle de contour. Pour que l'expression ω fournie par la formule (5) soit une solution possible, il faut

que Q soit nul le long du contour $r = h$, et λ est déterminé par l'équation

$$1 - \frac{(\lambda h)^2}{1(n+1)} + \frac{(\lambda h)^4}{1.2(n+1)(n+2)} - \ldots = 0.$$

Or nous avons vu (n° 46) qu'il y a une infinité de valeurs de r qui annulent la fonction Q, et que la différence entre deux racines consécutives très-grandes de $Q = 0$ tend vers $\frac{\pi}{2\lambda}$.

Posons donc cette équation

(6) $$1 - \frac{\tau^2}{1(n+1)} + \frac{\tau^4}{1.2(n+1)(n+2)} - \frac{\tau^6}{1.2.3(n+1)(n+2)(n+3)} + \ldots = 0;$$

elle a une infinité de racines, et la différence entre deux racines consécutives de cette équation tend vers $\frac{\pi}{2}$. Désignons par $\tau_1, \tau_2, \tau_3, \ldots$ les racines positives de cette équation rangées par ordre de grandeur croissante; car il suffit de considérer les racines positives, puisque les racines négatives leur sont égales en valeur absolue; alors λ peut obtenir l'une quelconque des valeurs

$$\lambda_1 = \frac{\tau_1}{h}, \quad \lambda_2 = \frac{\tau_2}{h}, \quad \lambda_3 = \frac{\tau_3}{h}, \ldots$$

Ainsi la formule (5) représente une infinité de mouvements vibratoires possibles qui dépendent de n et λ; n est susceptible de toutes les valeurs entières, et à chaque valeur de n correspondent une infinité de valeurs de λ.

52. Considérons l'un de ces états vibratoires, et voyons quelles sont les lignes nodales. Le mouvement vibratoire satisfait à l'équation

(b) $$w = (A \cos n\alpha + B \sin n\alpha) Q \sin 2\lambda m t;$$

n et λ sont connus; la durée d'une vibration est $\frac{\pi}{\lambda m}$, et la hauteur du son ou le nombre des vibrations qui s'effectuent dans l'unité de temps est $N = \frac{\lambda m}{\pi}$. Pour obtenir les lignes des nœuds, on fera $w = 0$, à quoi on peut satisfaire, quel que soit t, en posant

(7) $$A \cos n\alpha + B \sin n\alpha = 0,$$

ou en posant

(8) $$Q = 0.$$

De l'équation (7), on tire $\tan n\alpha = -\frac{A}{B}$; donc si l'on désigne par $n\alpha_1$ le plus petit des arcs dont la tangente est $-\frac{A}{B}$, et par k un nombre entier quelconque, w est nul pour

$$\alpha = \alpha_1 + \frac{k\pi}{n},$$

et, par conséquent, on a pour lignes nodales n diamètres qui divisent la circonférence du cercle en parties égales.

Passant à l'équation (8), nous remarquons d'abord que Q est nul au centre de la membrane, à moins que n ne soit nul, à cause du facteur r^n, et ensuite il est nul pour différentes valeurs de r, qui sont

$$\frac{\tau_1}{\lambda}, \frac{\tau_2}{\lambda}, \frac{\tau_3}{\lambda}, \ldots;$$

ce sont les rayons des cercles nodaux qui ont même centre que la membrane.

Le nombre de ces valeurs de r, pour lesquelles Q s'annule, est infini; mais on doit rejeter toutes celles qui sont plus grandes que le rayon de la membrane. Quand, dans la formule (b), on s'est donné la valeur de n, λ est susceptible d'une infinité de valeurs $\frac{\tau_1}{h}, \frac{\tau_2}{h}, \ldots$; supposons que celle que nous avons adoptée soit la $s^{\text{ième}}$

$$\lambda_s = \frac{\tau_s}{h};$$

alors les cercles nodaux, au nombre de $s - 1$, auront pour rayons

$$\frac{\tau_1}{\lambda_s}, \frac{\tau_2}{\lambda_s}, \ldots, \frac{\tau_{s-1}}{\lambda_s}.$$

On voit, par ce qui précède, que, dans l'examen de ces mouvements vibratoires, il n'y a d'autres difficultés de calcul que la recherche des racines de l'équation (8), dans laquelle varie le nombre entier n.

M. Bourget a donné, dans son Mémoire sur la membrane circulaire (*Annales de l'École Normale*, t. III), une méthode pour calculer aisément les racines de cette équation, et il a donné les valeurs numériques de ces premières racines pour $n = 0, 1, 2, \ldots, 7$.

Les mouvements vibratoires représentés par la formule (*b*) sont appelés *mouvements simples*, et ce sont ceux que l'on constate généralement par l'expérience.

M. Bourget a fait des recherches expérimentales pour vérifier la théorie; les lignes nodales y ont été parfaitement celles qui sont données par la théorie; mais il a trouvé des sons plus élevés que ne l'indique le calcul. On ne peut attribuer ce désaccord qu'au manque de fixité du contour ou à la résistance de l'air. Il semble en effet fort naturel que la résistance de l'air ne soit pas négligeable; d'ailleurs M. Bourget ayant fixé des membranes identiques sur des contours de cuivre et de bois, substances élastiques, et sur des contours de plomb qui ne le sont pas, les sons restaient sensiblement les mêmes et s'écartaient davantage des nombres calculés, à mesure que le son s'élevait.

On doit conclure de là que l'on peut admettre dans l'expérience la fixité du contour, et que c'est la résistance de l'air qui produit la différence entre les formules précédentes et les résultats de l'expérience.

53. Tout mouvement vibratoire de la membrane que l'on peut imaginer est la superposition d'un nombre fini ou infini de mouvements simples. Supposons qu'à l'instant initial on se soit donné w et $\dfrac{dw}{dt}$ et qu'on ait, pour $t = 0$,

$$w = f(r, \alpha), \quad \frac{dw}{dt} = F(r, \alpha).$$

Désignons l'expression (3) par $Q_n(r, \lambda)$, après qu'on y a fait $C = 1$, et représentons le mouvement par la formule

$$w = \Sigma\Sigma Q_n(r, \lambda_{n,i})(A_{n,i}\sin n\alpha + B_{n,i}\cos n\alpha)\cos(2\lambda_{n,i}mt)$$
$$+ \Sigma\Sigma Q_n(r, \lambda_{n,i})(A'_{n,i}\sin n\alpha + B'_{n,i}\cos n\alpha)\sin(2\lambda_{n,i}mt),$$

un Σ s'étendant à toutes les valeurs entières de n, depuis zéro jusqu'à l'infini, et l'autre Σ s'étendant au nombre infini de valeurs de λ, qui correspondent à une valeur de n et qui sont désignées par $\lambda_{n,0}, \lambda_{n,1}\ldots$

Les conditions initiales donnent

(e) $\quad \Sigma\Sigma Q_n(r,\lambda_{n,i})(A_{n,i}\cos n\alpha + B_{n,i}\sin n\alpha) = F(r,\alpha),$

(f) $\quad \Sigma\Sigma Q_n(r,\lambda_{n,i})(A'_{n,i}\cos n\alpha + B'_{n,i}\sin n\alpha)2\lambda_{n,i}m = f(r,\alpha),$

et il s'agit d'en déduire les coefficients. Nous chercherons, par exemple, $A_{n,i}$ et $B_{n,i}$.

D'abord, soient Q et Q' deux des fonctions Q qui dépendent du même entier n, mais de deux valeurs différentes de λ, λ et λ'; nous aurons

$$\frac{d}{dr}\left(r\frac{dQ}{dr}\right) = (n^2 - 4\lambda^2 r^2)\frac{Q}{r},$$

$$\frac{d}{dr}\left(r\frac{dQ'}{dr}\right) = (n^2 - 4\lambda'^2 r^2)\frac{Q'}{r}.$$

Multiplions la première équation par Q', la seconde par Q, et ajoutons; nous aurons

$$Q'\frac{d}{dr}\left(r\frac{dQ}{dr}\right) - Q\frac{d}{dr}\left(r\frac{dQ'}{dr}\right) = -4(\lambda^2 - \lambda'^2)rQQ'.$$

Intégrons de o à h, et nous aurons

$$\left(rQ'\frac{dQ}{dr} - rQ\frac{dQ'}{dr}\right)_o^h = -4(\lambda^2 - \lambda'^2)\int_o^h QQ'r\,dr.$$

Q et Q' sont nuls pour $r = h$, et il reste

(g) $$\int_o^h QQ'r\,dr = o.$$

Multiplions l'équation (e) par $\cos n\alpha\, d\alpha$, et intégrons de o à 2π, nous aurons

$$\sum_\lambda Q(r,\lambda_{n,i})\pi A_{n,i} = \int_o^{2\pi} F(r,\alpha)\cos n\alpha\, d\alpha;$$

multiplions par $Q(r, \lambda_{n,i})r\,dr$ et intégrons de o à h, en nous servant de l'équation (g); nous aurons la valeur de $A_{n,i}$ par la formule

$$\pi A_{n,i} \int_0^h Q_n^2(r, \lambda_{n,i})r\,dr \cdot \int_0^h \int_0^{2\pi} F(r, \alpha) r Q(r, \lambda_{n,i}) \cos n\alpha\, d\alpha\, dr.$$

L'expression de $B_{n,i}$ se déduit de celle de $A_{n,i}$ par le changement de $\cos n\alpha$ en $\sin n\alpha$ dans l'intégrale du second membre.

Réalité des racines λ.

54. L'équation (g) peut servir à démontrer que toutes les racines λ ou toutes les racines τ de l'équation (6) sont réelles. Cette démonstration, qui appartient à Poisson, est non-seulement applicable à ce problème, mais encore à tous les problèmes semblables.

Si une des valeurs de λ est de la forme $a + b\sqrt{-1}$, il y aura une racine conjuguée $a - b\sqrt{-1}$; désignons donc par Q et Q' deux fonctions Q qui dépendent du même nombre entier n, mais des deux racines différentes $a + b\sqrt{-1}$, $a - b\sqrt{-1}$; on pourra poser

$$Q = M + N\sqrt{-1}, \quad Q' = M - N\sqrt{-1},$$

M et N étant deux fonctions réelles de r, et d'après l'équation (g) on aura

$$\int_0^h (M^2 + N^2) r\,dr = 0,$$

ce qui est absurde.

Membrane renfermée entre deux arcs de cercle concentriques et deux rayons.

55. Supposons la membrane renfermée entre deux cercles concentriques, l'un du rayon h, l'autre du rayon moindre h', et entre deux rayons dont l'un a pour équation $\alpha = 0$ et l'autre $\alpha = v$.

Adoptant les mêmes notations que dans les numéros précédents, nous aurons, pour la vibration d'un mouvement simple,

$$w = u \sin 2\lambda m t, \quad u = PQ,$$

P et Q satisfaisant aux équations (1) et (2). P devant être nul pour $\alpha = 0$ et $\alpha = v$ se réduira à

$$P = \sin n\alpha \quad \text{avec} \quad n = \frac{k\pi}{v},$$

k étant un nombre entier.

Pour Q nous pourrons prendre

$$AQ + BQ',$$

Q et Q' ayant les valeurs (3) et (4); car, n n'étant plus entier, l'expression de Q' n'est plus illusoire.

Dans cette solution on a encore deux quantités à déterminer, λ et le rapport $\frac{B}{A}$, et on les obtiendra en exprimant que $AQ + BQ'$ est nul pour $r = h$ et $r = h'$.

Nous ne nous arrêterons pas à la résolution des deux équations résultantes, non plus qu'à la solution générale qui est la somme d'une infinité de solutions simples.

REFROIDISSEMENT D'UN CYLINDRE INDÉFINI DONT LA SURFACE EST ENTRETENUE A ZÉRO.

56. Imaginons un cylindre indéfini dans lequel la température reste la même tout le long d'une droite quelconque parallèle aux génératrices, et dont la surface est entretenue à une même température que l'on peut désigner par zéro.

Désignons par s la base ou section droite de ce cylindre. La température du cylindre se déterminera immédiatement si l'on sait trouver le mouvement vibratoire d'une membrane dont le contour est s.

Prenons l'axe des z parallèle aux génératrices du cylindre; la température V de ce corps ne dépendant pas de z sera donnée par l'équation

(1) $$\frac{dV}{dt} = m^2 \left(\frac{d^2V}{dx^2} + \frac{d^2V}{dy^2} \right).$$

Or, si w est le déplacement normal d'une membrane dont le contour est s, w satisfait dans l'intérieur de s à l'équation

(2) $$\frac{d^2w}{dt^2} = m^2\left(\frac{d^2w}{dx^2} + \frac{d^2w}{dy^2}\right),$$

et il est nul sur le contour s. Et l'on aura une solution simple du problème en posant
$$w = u \sin 2\lambda m t,$$

u étant une certaine solution de l'équation

(3) $$\frac{d^2u}{dx^2} + \frac{d^2u}{dy^2} = -4\lambda^2 u,$$

qui s'annule sur le contour s.

Pareillement on aura une solution simple du problème du refroidissement du cylindre en posant

(4) $$V = u e^{-4\lambda^2 m^2 t},$$

u ayant la même valeur que dans le problème précédent. L'expression de V satisfera bien à l'équation (1) et s'annulera sur le contour.

Si la température initiale du cylindre est donnée, alors V sera la somme d'une infinité de solutions simples.

Prenons pour exemple le cas où la base du cylindre est un cercle. D'après ce que nous avons vu au n° 50, nous prendrons pour l'expression de u, qui satisfait à l'équation (3),
$$u = (A \cos n\alpha + B \sin n\alpha) Q_n(r, \lambda),$$

λ étant déterminé par l'équation
$$Q_n(h, \lambda) = 0,$$

dans laquelle h est le rayon du cylindre.

Puis nous aurons, pour solution générale,
$$V = \Sigma\Sigma Q_n(r, \lambda_{n,i})(A_{n,i} \cos n\alpha + B_{n,i} \sin n\alpha) e^{-4\lambda_{n,i}^2 m^2 t},$$

le premier Σ s'étendant à toutes les valeurs entières de n depuis zéro jusqu'à l'infini, et le second Σ à toutes les valeurs de λ qui correspondent à une même valeur de n.

Supposons que la température à l'instant initial soit donnée par la fonction $f(r, \alpha)$; alors on aura la formule

$$\Sigma\Sigma Q_n(r, \lambda_{n,i})(A_{n,i}\cos n\alpha + B_{n,i}\sin n\alpha) = f(r, \alpha),$$

et l'on en déduira les coefficients comme au n° 53.

MEMBRANE DE FORME ELLIPTIQUE.

57. Nous allons maintenant nous occuper du mouvement vibratoire d'une membrane dont le contour, fixé invariablement, est une ellipse. Cette question est beaucoup plus difficile que lorsque le contour est un cercle, et nous l'avons résolue pour la première fois dans le tome XIII du *Journal* de M. Liouville, 2ᵉ série.

Nous nous servirons des coordonnées définies au n° **28**, et dont nous avons déjà fait l'application dans le n° **32**; mais il convient d'entrer d'abord dans de nouveaux détails sur ce système de coordonnées.

Désignons par A le demi-grand axe de la membrane elliptique, et par c la demi-distance des foyers; prenons pour axes des x et des y les axes de symétrie de l'ellipse; puis adoptons un second système de coordonnées déterminé par les ellipses et les hyperboles qui ont les mêmes foyers que le contour de la membrane.

Une quelconque de ces ellipses est donnée par l'équation

$$(1) \qquad \frac{x^2}{\rho^2} + \frac{y^2}{\rho^2 - c^2} = 1,$$

dans laquelle ρ est $>c$, et si l'on pose

$$\rho = c\frac{e^\beta + e^{-\beta}}{2}, \quad \rho' = \sqrt{\rho^2 - c^2} = c\frac{e^\beta - e^{-\beta}}{2},$$

ρ et ρ' sont le demi-grand axe et le demi-petit axe de cette ellipse, et β le paramètre thermométrique.

Une quelconque des hyperboles homofocales a pour équation

(2) $$\frac{x^2}{\nu^2} - \frac{y^2}{c^2 - \nu^2} = 1,$$

où ν est $< c$; et si l'on pose

$$\nu = c\cos\alpha, \quad \nu' = \sqrt{c^2 - \nu^2} = c\sin\alpha,$$

ν et ν' sont les demi-axes de cette hyperbole, et α son paramètre thermométrique.

On passe des coordonnées x et y aux coordonnées α et β au moyen des formules

(3) $$x = c\frac{e^\beta + e^{-\beta}}{2}\cos\alpha, \quad y = c\frac{e^\beta - e^{-\beta}}{2}\sin\alpha,$$

que l'on déduit des équations (1) et (2). Si l'on voulait avoir des formules qui pussent s'appliquer immédiatement au cercle, on adopterait

(4) $$x = \rho\cos\alpha, \quad y = \rho'\sin\alpha.$$

Soit M un point qui provient de l'intersection de l'ellipse $\beta = \beta_1$ et de l'hyperbole $\nu = \nu_1$. Prolongeons l'ordonnée du point M jusqu'à sa rencontre en N avec le cercle décrit sur le grand axe de l'ellipse. On voit, d'après la première des équations (4), que l'angle α est égal à l'angle que fait le rayon mené du centre au point N avec l'axe des x, et, comme cet angle a pour cosinus $\frac{\nu}{c}$, il est aussi celui que fait avec l'axe des x l'asymptote à la branche d'hyperbole qui contient le point M, et le rayon mené du centre au point N est cette asymptote.

Si l'on suppose que β soit positif, l'équation $\beta = $ const. représente une ellipse entière; mais $\alpha = $ const. ne représente plus qu'une des quatre branches de l'hyperbole terminée à l'axe transverse, et l'hyperbole entière est donnée par les quatre équations

$$\alpha = \alpha_1, \quad \alpha = \pi - \alpha_1, \quad \alpha = \pi + \alpha_1, \quad \alpha = 2\pi - \alpha_1,$$

qui sont celles des quatre branches.

Il est bon aussi de considérer les positions limites de ces ellipses et de ces hyperboles; pour $\beta = 0$, l'ellipse se réduit à la droite qui joint les foyers F et F'; l'équation $\alpha = 0$ représente la ligne Fx bornée en F et indéfinie dans le sens des x positifs; $\alpha = \pi$ représente la ligne F'x' indéfinie dans le sens des x négatifs; enfin $\alpha = \dfrac{\pi}{2}$ détermine l'axe des y positifs, et $\alpha = \dfrac{3\pi}{2}$ l'axe des y négatifs.

58. w désignant le déplacement normal d'un point de la membrane, nous savons (n° 49) que l'on a l'équation

(5) $$m^2\left(\dfrac{d^2 w}{dx^2} + \dfrac{d^2 w}{dy^2}\right) = \dfrac{d^2 w}{dt^2};$$

et, en y faisant

$$w = u \sin 2\lambda m t,$$

on obtient

(6) $$\dfrac{d^2 u}{dx^2} + \dfrac{d^2 u}{dy^2} = -4\lambda^2 u.$$

Substituons ensuite à x et y les coordonnées α et β; E étant le signe d'un cosinus hyperbolique, nous aurons, d'après le n° 28,

$$\dfrac{d^2 u}{dx^2} + \dfrac{d^2 u}{dy^2} = \dfrac{2}{c^2[\mathrm{E}(2\beta) - \cos 2\alpha]}\left(\dfrac{d^2 u}{d\alpha^2} + \dfrac{d^2 u}{d\beta^2}\right),$$

et l'équation (6) devient

$$\dfrac{d^2 u}{d\alpha^2} + \dfrac{d^2 u}{d\beta^2} = -2\lambda^2 c^2 [\mathrm{E}(2\beta) - \cos 2\alpha] u.$$

Posons

$$u = PQ,$$

en regardant P comme fonction de la seule variable α, et Q comme fonction de la seule variable β, et nous aurons, au lieu de l'équation précédente,

$$Q\dfrac{d^2 P}{d\alpha^2} + P\dfrac{d^2 Q}{d\beta^2} = -2\lambda^2 c^2 [\mathrm{E}(2\beta) - \cos 2\alpha] PQ$$

ou

$$-\dfrac{1}{P}\dfrac{d^2 P}{d\alpha^2} + 2\lambda^2 c^2 \cos 2\alpha = \dfrac{1}{Q}\dfrac{d^2 Q}{d\beta^2} + 2\lambda^2 c^2 \mathrm{E}(2\beta).$$

Le premier membre ne peut renfermer que α, et le second que β; ils sont donc égaux à une même constante R; de sorte qu'on a, au lieu d'une équation aux différences partielles, deux équations différentielles du second ordre,

$$(7) \quad \begin{cases} \dfrac{d^2P}{d\alpha^2} + (R - 2\lambda^2 c^2 \cos 2\alpha)P = 0, \\ \dfrac{d^2Q}{d\beta^2} - [R - 2\lambda^2 c^2 E(2\beta)]Q = 0. \end{cases}$$

La première de ces équations convient à la membrane circulaire si l'on y fait $c = 0$, et nous avons vu que l'on doit alors prendre pour R le carré d'un nombre entier, afin que la fonction P ait la période 2π. Il n'en résulte pas que la même chose ait lieu ici, car on ne voit pas qu'elle ne dépende pas de λc; on peut seulement affirmer que si la constante R dépend de cette quantité, elle se réduit au carré d'un nombre entier pour $c = 0$.

Supposons que nous connaissions une des valeurs de R et que nous ayons trouvé des valeurs de P et Q qui satisfassent à ces deux équations; alors pour que la formule

$$w = PQ \sin 2\lambda m t$$

représente un mouvement vibratoire possible de la membrane, il faudra encore déterminer λ par la condition que Q soit nul pour la valeur de β relative au contour.

RÉFLEXIONS SUR LA CONSTANTE R.

59. Le premier objet que nous devions nous proposer est donc de chercher à déterminer la constante R. Or si l'on prend un point (α, β) intérieur au contour de la membrane et qu'on fasse mouvoir ce point sur l'ellipse, dont le paramètre est β, jusqu'à ce qu'il ait repris sa position primitive, la coordonnée β ne changera pas, et la coordonnée α s'accroîtra de 2π. Donc w doit rester le même quand on y changera α en $\alpha + 2\pi$; il en résulte que P est une fonction périodique et dont la période est 2π, et cette condition détermine la constante R.

Pour $c = 0$, R se réduit au carré d'un nombre entier g et la fonction P se réduit à

$$A \sin g\alpha + B \cos g\alpha,$$

A, B étant deux constantes arbitraires; les deux solutions particulières en lesquelles il est le plus naturel de la diviser sont $A \sin g\alpha$, $B \cos g\alpha$. Or il est très-aisé de reconnaître que la solution générale d'une équation différentielle linéaire du second ordre peut être partagée en deux solutions particulières dont l'une soit nulle, et l'autre soit maximum ou minimum pour la valeur zéro donnée à la variable. Posons donc

$$P = P_1 + P_2.$$

P_1 étant une solution de l'équation (7) qui s'annule pour $\alpha = 0$, et P_2 une solution qui est maximum ou minimum pour cette valeur. Alors ces deux fonctions pour $c = 0$ se réduisent, la première à $A \sin g\alpha$, la seconde à $B \cos g\alpha$.

On peut voir dans notre Mémoire quelles sont les considérations qui nous ont guidé dans la recherche de R; mais nous allons ici procéder immédiatement à sa détermination; elle se fera simultanément avec celle des fonctions P_1 et P_2; nous verrons de plus que la constante R qui se trouve dans P_1 n'est pas la même que celle qui se trouve dans P_2. De sorte qu'on ne peut déterminer R de manière que la solution générale de l'équation (7) ait pour période 2π, mais seulement de manière que P_1 ou P_2 ait cette période.

DÉVELOPPEMENTS DE LA FONCTION P_2 ET DE LA CONSTANTE R QUI Y ENTRE SUIVANT LES PUISSANCES DE c.

60. Remplaçons λc par h, et la première équation (7) deviendra

$$\frac{d^2P}{d\alpha^2} + (R - 2h^2 \cos 2\alpha)P = 0;$$

il s'agit de déterminer la solution P_2 de cette équation, qui a 2π pour période et qui est maximum pour $\alpha = 0$.

Désignant par g un nombre entier, nous poserons

$$R = g^2 + \omega h^2 + \beta h^4 + \gamma h^6 + \delta h^8 + \ldots,$$

et nous chercherons à déterminer les coefficients $\omega, \beta, \gamma, \ldots$ d'après la condition que P_2 ait 2π pour période.

Faisons aussi, dans l'équation différentielle

$$P = P_2 = \cos g\alpha + h^2 p, \quad R = g^2 + O h^2,$$

et nous aurons

$$\frac{d^2 p}{d\alpha^2} + (g^2 - 2h^2 \cos 2\alpha + O h^2) p - (2 \cos 2\alpha \cos g\alpha - O) \cos g\alpha = 0.$$

Posons ensuite

$$p = p + h^2 p_1, \quad O = \omega + B h^2,$$

et nous aurons, en séparant les termes de moindre degré en h des autres,

(I) $\quad 0 = \dfrac{d^2 p}{d\alpha^2} + g^2 p - 2 \cos 2\alpha \cos g\alpha - \omega \cos g\alpha,$

(b) $\quad 0 = \dfrac{d^2 p_1}{d\alpha^2} + (g^2 - 2h^2 \cos 2\alpha + B h^2) p_1 + (-2\cos 2\alpha + B h^2) p + B \cos g\alpha.$

Pour résoudre l'équation (I), nous remplacerons $2 \cos 2\alpha \cos g\alpha$ par $\cos(g+2)\alpha + \cos(g-2)\alpha$, et nous poserons

$$p = a \cos(g+2)\alpha + b \cos g\alpha + c \cos(g-2)\alpha;$$

on trouve immédiatement

$$a = \frac{-1}{4(g+1)}, \quad c = \frac{1}{4(g-1)}, \quad \omega = 0;$$

pour b, il n'est pas déterminé; et, en effet, P_2 se réduit à $\cos g\alpha$ pour $h = 0$; mais si l'on suppose que l'on ait obtenu son expression et qu'on la multiplie par $1 + sh^2$, s étant une constante indépendante de h, cette nouvelle expression peut encore représenter P_2, et le coefficient b change par là d'une manière arbitraire.

Puisque nous pouvons donner à b la valeur que nous voulons, nous ferons
$$b = 0.$$

Dans l'équation (b), posons
$$p_1 = p_1 + h^2 p_2, \quad B = \beta + Ch^2,$$

et nous aurons les deux équations

(II) $\qquad \dfrac{d^2 p_1}{d\alpha^2} + g^2 p_1 - 2\cos 2\alpha\, p + \beta \cos g\alpha = 0,$

(c) $\quad \begin{cases} 0 = \dfrac{d^2 p_2}{d\alpha^2} + (g^2 - 2h^2 \cos 2\alpha + \beta h^2 + Ch^2) p_2 \\ \quad + (-2\cos 2\alpha + \beta h^2 + Ch^2) p_1 + (\beta + Ch^2) p + C\cos g\alpha. \end{cases}$

Pour résoudre l'équation (II), on doit remplacer $2\cos 2\alpha\, p$ par sa valeur
$$a\cos(g+4)\alpha + b\cos(g+2)\alpha + (a+c)\cos g\alpha + b\cos(g-2)\alpha + c\cos(g-4)\alpha,$$
puis substituer pour p_1
$$p_1 = d\cos(g+4)\alpha + e\cos(g+2)\alpha + f\cos g\alpha + h\cos(g-2)\alpha + k\cos(g-4)\alpha,$$
et l'on trouve, en égalant à zéro les coefficients des cosinus des arcs différents
$$d = -\dfrac{a}{8(g+2)}, \quad e = \dfrac{-b}{4(g+1)}, \quad h = \dfrac{b}{4(g-1)}, \quad k = \dfrac{c}{8(g-2)},$$
$$\beta = a + c.$$

b est laissé arbitraire dans ces formules; si l'on y suppose $b=0$, on a
$$d = \dfrac{1}{32(g+1)(g+2)}, \quad e = 0, \quad h = 0, \quad k = \dfrac{1}{32(g-1)(g-2)},$$
$$\beta = \dfrac{1}{2(g^2-1)}.$$

Le coefficient f reste encore indéterminé; et, en effet, si l'on imagine obtenue l'expression de P_2, et qu'on la multiplie par $1 + sh^2 + th^4$, on changera non-seulement le coefficient b d'une manière arbitraire, mais aussi le coefficient f; ce qu'il y a de plus simple est donc de faire $f = 0$.

Dans l'équation (c), posons
$$p_2 = p_1 + h^2 p_3, \quad C = \gamma + Dh^2,$$
et nous aurons

(III) $\qquad \dfrac{d^2 p_1}{dx^2} + g^2 p_1 - 2\cos 2\alpha p_1 - \beta p + \gamma \cos g\alpha = 0,$

(d) $\begin{cases} 0 = \dfrac{d^2 p_3}{dx^2} + (g^2 - 2h^2\cos 2\alpha + \beta h^2 + Ch^2)p_3 \\ + (-2\cos 2\alpha + \beta h^2 + Ch^2)p_2 + (\beta + Ch^2)p_1 + Cp + D\cos g\alpha. \end{cases}$

Remplaçons, dans l'équation (III), $2\cos 2\alpha p_1$ par
$$d\cos(g+6)\alpha + e\cos(g+4)\alpha + (d+f)\cos(g+2)\alpha + (e+h)\cos g\alpha$$
$$+ (k+f)\cos(g-2)\alpha + h\cos(g-4)\alpha + k\cos(g-6)\alpha,$$

et posons
$$p_2 = l\cos(g+6)\alpha + m\cos(g+4)\alpha + n\cos(g+2)\alpha$$
$$+ \varpi\cos g\alpha + q\cos(g-2)\alpha + r\cos(g-4)\alpha + s\cos(g-6)\alpha;$$

nous aurons
$$l = \dfrac{-d}{12(g+3)}, \quad m = \dfrac{-e}{8(g+2)}, \quad r = \dfrac{h}{8(g-2)}, \quad s = \dfrac{k}{12(g-3)},$$
$$n = \dfrac{-d-f+\beta a}{4(g+1)}, \quad q = \dfrac{k+f-\beta c}{4(g-1)}, \quad \gamma = e - h - \beta b = 0.$$

Telles sont les expressions de $l, m, n,\ldots$, quelles que soient les valeurs données à b et f; et si on les suppose nulles, on obtient
$$l = \dfrac{-1}{2^4 . 3(g+1)(g+2)(g+3)}, \quad m = 0, \quad r = 0, \quad s = \dfrac{1}{2^4 . 3(g-1)(g-2)(g-3)},$$
$$n = \dfrac{-(g^2+4g+7)}{2^4(g+1)^2(g-1)(g+2)}, \quad q = \dfrac{g^2-4g+7}{2^4(g-1)^2(g+1)(g-2)}, \quad \gamma = 0.$$

ϖ est indéterminé comme b et f, et nous le ferons nul aussi.

Maintenant que l'on voit quel genre de simplification amène l'hypothèse de la nullité de ces constantes qui sont arbitraires et que l'on reconnait qu'elle amène l'évanouissement des termes de rang pair dans $p, p_1, p_2, \ldots$, faisons immédiatement ces réductions dans les calculs suivants. Posons, dans l'équation (d),

$$p_3 = p_2 + h^2 p_4, \quad D = \partial + E h^2;$$

nous obtiendrons les deux équations

(IV) $\qquad \dfrac{d^2 p_2}{dx^2} + g^2 p_2 - 2\cos 2\alpha p_2 + \beta p_1 + \partial \cos g\alpha = 0,$

(e) $\begin{cases} 0 = \dfrac{d^2 p_4}{dx^2} + (g^2 - 2h^2 \cos 2\alpha + \beta h^2 + Ch^4) p_4 \\ \quad + (-2\cos 2\alpha + \beta h^2 + Ch^4) p_2 + (\beta + Ch^2) p_1 \\ \quad + Ch^2 p_1 + (\partial + Eh^2) p + E\cos g\alpha. \end{cases}$

Remplaçons dans l'équation (IV) $2\cos 2\alpha p_2$ par

$$l\cos(g+8)\alpha + (l+n)\cos(g+4)\alpha + (q+n)\cos g\alpha$$
$$+ (q+s)\cos(g-4)\alpha + s\cos(g-8)\alpha,$$

et posons

$$p_2 = R_1 \cos(g+8)\alpha + R_2 \cos(g+4)\alpha + R_3 \cos(g-4)\alpha + R_4 \cos(g-8)\alpha;$$

nous aurons

$$R_1 = \frac{-l}{16(g+4)}, \quad R_2 = \frac{-(l+n)+3d}{8(g+2)}, \quad R_3 = \frac{q+s-3h}{8(g-2)}, \quad R_4 = \frac{s}{16(g-4)},$$
$$\partial = q + n,$$

ou, en effectuant les calculs,

$$R_1 = \frac{1}{2^{11} \cdot 3(g+1)(g+2)(g+3)(g+4)}, \quad R_4 = \frac{1}{2^{11} \cdot 3(g-1)(g-2)(g-3)(g-4)},$$

$$R_2 = \frac{g^3 + 7g^2 + 20g + 20}{2^6 \cdot 3(g+1)^3(g-1)(g+2)^2(g+3)}, \quad R_3 = \frac{g^3 - 7g^2 + 20g - 20}{2^6 \cdot 3(g-1)^3(g+1)(g-2)^2(g-3)},$$

$$\partial = \frac{5g^2 + 7}{32(g^2-1)^3(g^2-2^2)}.$$

Mettons dans R les valeurs des premiers termes, et nous obtenons

$$R = g^2 + \frac{1}{2(g^2-1)} h^4 + \frac{5g^2+7}{32(g^2-1)^3(g^2-4)} h^8$$
$$+ \frac{9g^6 + 22g^4 - 203g^2 - 116}{64(g^2-1)^5(g^2-4)^3(g^2-9)} h^{12} + \ldots,$$

en ajoutant un terme à ceux qui viennent d'être calculés.

61. Il est évident que l'on ne peut continuer ainsi le développement de P_2 et de la constante R sans se préoccuper de la valeur du nombre entier g, car le coefficient de h^4 contient en dénominateur le facteur $g-1$, le coefficient de h^8 le facteur $g-2$, le coefficient de h^{12} le facteur $g-3$, et ainsi de suite; de sorte que, quel que soit le nombre entier pris pour g, on finira par trouver un terme infini. On doit même arrêter le développement de R avant la rencontre d'un terme infini; car, pour qu'un terme de la constante puisse être admis, il faut que le terme de même ordre de P_2 puisse l'être lui-même.

Prenons pour exemple le cas où g est égal à 2. En appliquant les formules du cas général, on a

$$P_2 = \cos 2\alpha + h^2 \left(\frac{-1}{12} \cos 2\alpha + \frac{1}{4} \right) + h^4 p_1 + h^6 p_2,$$
$$R = 4 + \beta h^4 + C h^8.$$

L'expression de p_1 renfermerait un coefficient k qui serait infini; mais comme on a

$$2\cos 2\alpha \, p = 2\cos 2\alpha (a\cos 4\alpha + c)$$
$$= a\cos 6\alpha + (a + 2c)\cos 2\alpha,$$

nous poserons

$$p_1 = d\cos 6\alpha + f\cos 2\alpha,$$

et, en substituant dans l'équation (II), nous aurons

$$(-32d - a)\cos 6\alpha + (\beta - a - 2c)\cos 2\alpha = 0;$$

par suite, on fera $f = 0$ et l'on aura

$$d = -\frac{a}{32} = \frac{1}{384}, \quad \beta = a + 2c = \frac{5}{12},$$

tandis que dans le cas général on a

$$\beta \quad a + c.$$

On peut aisément continuer ce calcul, en procédant comme on a fait dans le cas où g est un nombre entier quelconque.

Si g est égal à zéro, le développement que nous avons trouvé pour P_2 est applicable, et c'est même le seul cas où l'on puisse l'appliquer aussi loin que l'on veut.

Si $g = 2$, on obtient par le calcul que nous avons commencé ci-dessus

$$P_2 = \cos 2\alpha + h^2\left(-\frac{1}{12}\cos 4\alpha + \frac{1}{4}\right) + \frac{h^4}{384}\cos 6\alpha$$

$$+ h^6\left(\frac{1}{23040}\cos 8\alpha - \frac{43}{13824}\cos 4\alpha + \frac{5}{192}\right)$$

$$+ h^8\left(\frac{1}{2211840}\cos 10\alpha - \frac{287}{2211840}\cos 6\alpha\right)$$

$$+ h^{10}\left(\frac{-1}{309657600}\cos 12\alpha - \frac{41}{16588800}\cos 8\alpha\right.$$

$$\left. + \frac{21059}{79626240}\cos 4\alpha + \frac{1363}{221184}\right) + \ldots,$$

(A) $\quad R = 4 + \dfrac{5}{12}h^4 - \dfrac{763}{13824}h^8 + \dfrac{1002419}{79626240}h^{12} + \ldots$

Si $g = 4$, on a

$$P_2 = \cos 4\alpha + h^2\left(-\frac{1}{20}\cos 6\alpha + \frac{1}{12}\cos 2\alpha\right) + h^4\left(\frac{1}{960}\cos 8\alpha + \frac{1}{192}\right)$$

$$+ h^6\left(\frac{-1}{80640}\cos 10\alpha - \frac{13}{96000}\cos 6\alpha + \frac{11}{17280}\cos 2\alpha\right)$$

$$+ h^8\left(\frac{1}{10321920}\cos 12\alpha + \frac{23}{6048000}\cos 8\alpha - \frac{1}{92160}\right)$$

$$+ h^{10}\left(\frac{1}{1857945600}\cos 14\alpha + \frac{53}{1032192000}\cos 10\alpha\right.$$

$$\left. + \frac{4037}{2419200000}\cos 6\alpha + \frac{439}{62208000}\cos 2\alpha\right) + \ldots,$$

(B) $\quad R = 16 + \dfrac{1}{30}h^4 + \dfrac{433}{864000}h^8 - \dfrac{189983}{21772800000}h^{12} + \ldots$

Les développements (A) et (B) ne contiennent que des puissances paires de h^2, et nous démontrerons plus loin que R jouit de cette propriété toutes les fois que g est pair.

Pour $g = 1$, on a les formules suivantes :

$$P_1 = \cos\alpha - \frac{h^2}{8}\cos 3\alpha + h^4\left(\frac{1}{192}\cos 5\alpha - \frac{1}{64}\cos 3\alpha\right)$$
$$- h^6\left(\frac{1}{9216}\cos 7\alpha - \frac{1}{1152}\cos 5\alpha + \frac{1}{1536}\cos 3\alpha\right)$$
$$+ h^8\left(\frac{1}{737280}\cos 9\alpha - \frac{1}{49152}\cos 7\alpha + \frac{1}{24576}\cos 5\alpha - \frac{11}{36864}\cos 3\alpha\right) + \ldots,$$

$$R = 1 + h^2 - \frac{1}{8}h^4 - \frac{1}{64}h^6 - \frac{1}{1536}h^8 + \frac{11}{36864}h^{10} + \ldots.$$

Pour $g = 3$, on a

$$P_1 = \cos 3\alpha + h^2\left(-\frac{1}{16}\cos 5\alpha + \frac{1}{8}\cos\alpha\right) + h^4\left(\frac{1}{640}\cos 7\alpha - \frac{1}{64}\cos\alpha\right)$$
$$+ h^6\left(\frac{-1}{46080}\cos 9\alpha - \frac{7}{20480}\cos 5\alpha + \frac{1}{1024}\cos\alpha\right)$$
$$+ h^8\left(\frac{1}{2^{14}.3^2.5.7}\cos 11\alpha + \frac{17}{2^{14}.3^2.5}\cos 7\alpha - \frac{1}{2^{14}}\cos 5\alpha - \frac{1}{2^{13}}\cos\alpha\right) + \ldots,$$

$$R = 9 + \frac{1}{16}h^4 + \frac{1}{64}h^6 + \frac{13}{20480}h^8 - \frac{5}{16384}h^{10} + \ldots.$$

DÉVELOPPEMENTS DE P_1 ET DE LA CONSTANTE R, SUIVANT LES PUISSANCES DE c.

62. Proposons-nous maintenant de développer P_1, et, comme pour une même valeur du nombre entier g la constante R a une valeur différente dans P_1 et P_2, nous la représenterons dans les deux cas par R_1 et R_2. Ainsi nous avons l'équation différentielle

$$(m) \qquad \frac{d^2 P_1}{d\alpha^2} + (R_1 - 2h^2\cos 2\alpha)P_1 = 0,$$

et il faut trouver la solution qui s'annule pour $\alpha = 0$ et choisir

$$R_1 = g^2 + \omega h^2 + \beta h^4 + \gamma h^6 + \delta h^8 + \epsilon h^{10} + \ldots$$

de manière qu'elle soit périodique. Posons

$$P_1 = \sin g\alpha + h^2 p + h^4 p_1 + h^6 p_2 + h^8 p_3 + \ldots,$$

et nous aurons exactement les mêmes calculs que pour P_2, avec le seul changement des cosinus en sinus; ainsi nous aurons

$$p = a \sin(g+2)\alpha + c \sin(g-2)\alpha,$$
$$p_1 = d \sin(g+4)\alpha + k \sin(g-4)\alpha,$$
$$p_2 = l \sin(g+6)\alpha + n \sin(g+2)\alpha + q \sin(g-2)\alpha + s \sin(g-6)\alpha,$$
$$\ldots\ldots\ldots\ldots\ldots\ldots\ldots\ldots\ldots\ldots\ldots\ldots\ldots\ldots,$$

et $a, c, d, k,\ldots$ ont les mêmes valeurs que dans l'expression de P_2; on a donc encore pour la constante

$$R_1 = g^2 + \frac{1}{2(g^2-1)}h^4 + \frac{5g^2+7}{32(g^2-1)^3(g^2-4)}h^8 + \frac{9g^6+22g^4-203g^2-116}{64(g^2-1)^5(g^2-4)(g^2-9)}h^{12}+\ldots,$$

et ce développement doit être arrêté au même terme que dans R_2; ensuite, quoique les premiers termes de R_2 et de R_1 soient les mêmes, ces deux constantes ne sont pas égales, et les deux séries se séparent dès le terme à partir duquel on est obligé de remplacer g par sa valeur particulière.

63. Quand on a obtenu la valeur de P_2 pour une valeur impaire de g, il est aisé d'en déduire celle de P_1 pour la même valeur de g. En effet, R_2 renfermant g^2 et h^2, représentons-le par $R(g^2, h^2)$; P_2 est solution de l'équation

$$(n) \qquad \frac{d^2 P}{d\alpha^2} + [R(g^2, h^2) - 2h^2 \cos 2\alpha] P = 0;$$

en changeant h^2 en $-h^2$ et α en $\frac{\pi}{2} - \alpha$, on aura une fonction périodique qui satisfera à l'équation

$$(p) \qquad \frac{d^2 P}{d\alpha^2} + [R(g^2, -h^2) - 2h^2 \cos 2\alpha] P = 0,$$

de même forme que l'équation (m), et si g est impair, les cosinus de P_2 se changent en sinus; on a donc l'expression de P_1, et, de plus, on voit qu'on obtient la constante R_1, qui convient à P_1, en changeant dans R_2 h^2 en $-h^2$.

D'après cela, pour $g = 1$, on a

$$P_1 = \sin\alpha - \frac{h^2}{8}\sin 3\alpha + h^4\left(\frac{1}{192}\sin 5\alpha + \frac{1}{64}\sin 3\alpha\right)$$
$$- h^6\left(\frac{1}{9216}\sin 7\alpha + \frac{1}{1152}\sin 5\alpha + \frac{1}{1536}\sin 3\alpha\right)$$
$$+ h^8\left(\frac{1}{737280}\sin 9\alpha + \frac{1}{49152}\sin 7\alpha + \frac{1}{24576}\sin 5\alpha - \frac{11}{36864}\sin 3\alpha\right) + \ldots,$$

$$R_1 = 1 - h^2 - \frac{1}{8}h^4 + \frac{1}{64}h^6 - \frac{1}{1536}h^8 - \frac{11}{36864}h^{10} + \ldots,$$

et pour $g = 3$, on a

$$P_1 = \sin 3\alpha + h^2\left(-\frac{1}{16}\sin 5\alpha + \frac{1}{8}\sin\alpha\right) + h^4\left(\frac{1}{640}\sin 7\alpha - \frac{1}{64}\sin\alpha\right)$$
$$+ h^6\left(\frac{-1}{46080}\sin 9\alpha - \frac{7}{20480}\sin 5\alpha + \frac{1}{1024}\sin\alpha\right)$$
$$+ h^8\left(\frac{1}{2^{14}.3^2.5.7}\sin 11\alpha + \frac{17}{2^{15}.3^2.5}\sin 7\alpha + \frac{1}{2^{11}}\sin 5\alpha + \frac{1}{2^{12}}\sin\alpha\right) + \ldots,$$

$$R_1 = 9 + \frac{1}{16}h^2 - \frac{1}{64}h^4 + \frac{13}{20480}h^6 + \frac{5}{16384}h^8 + \ldots.$$

Supposons ensuite g pair; P_2 étant solution de l'équation (n), si l'on change dans cette fonction h^2 en $-h^2$ et α en $\frac{\pi}{2} - \alpha$, on aura une fonction P qui satisfera à l'équation (p), mais les cosinus restent des cosinus dans ce changement; donc l'expression qui en résulte appartient encore à P_2, et l'on en conclut

$$R(g^2, -h^2) = R(g^2, h^2).$$

Le même raisonnement est applicable à P_1; par conséquent, si g est pair, P_1 ne change pas quand on remplace α par $\frac{\pi}{2} - \alpha$ et h^2 par $-h^2$, et R_1 ne renferme que des puissances quatrièmes de h.

Par un calcul spécial, on trouve, pour $g = 2$,

$$P_1 = \sin 2\alpha - \frac{h^2}{12} \sin 4\alpha + \frac{h^4}{384} \sin 6\alpha + h^6 \left(\frac{-1}{23040} \sin 8\alpha + \frac{5}{13824} \sin 4\alpha \right)$$

$$- h^8 \left(\frac{1}{2211840} \sin 10\alpha + \frac{37}{2209140} \sin 6\alpha \right)$$

$$+ h^{10} \left(\frac{-1}{309657600} \sin 12\alpha + \frac{11}{33177600} \sin 8\alpha - \frac{289}{79626240} \sin 4\alpha \right) + \ldots,$$

$$R_1 = 4 - \frac{1}{12} h^4 + \frac{5}{13824} h^8 - \frac{289}{79626240} h^{12} + \ldots$$

Pour $g = 4$, on a

$$P_1 = \sin 4\alpha + h^2 \left(-\frac{1}{20} \sin 6\alpha + \frac{1}{12} \sin 2\alpha \right) + \frac{h^4}{960} \sin 8\alpha$$

$$- h^6 \left(\frac{1}{80640} \sin 10\alpha + \frac{13}{96000} \sin 6\alpha - \frac{1}{4320} \sin 2\alpha \right)$$

$$+ h^8 \left(\frac{1}{10321920} \sin 12\alpha + \frac{23}{6048000} \sin 8\alpha \right)$$

$$+ h^{10} \left(\frac{-1}{1857945600} \sin 14\alpha - \frac{53}{1032192000} \sin 10\alpha \right.$$

$$\left. + \frac{293}{2419200000} \sin 6\alpha + \frac{397}{124416000} \sin 2\alpha \right) + \ldots.$$

$$R_1 = 16 + \frac{1}{30} h^4 - \frac{317}{864000} h^8 + \frac{4507}{1360800000} h^{12} + \ldots$$

PROPRIÉTÉS DES FONCTIONS P_1 ET P_2.

64. *Propriété I.* — L'équation $P_1 = 0$ ou $P_2 = 0$ ne peut avoir de racines doubles.

Soit $P(\alpha)$ l'une des deux fonctions P_1 ou P_2, et imaginons une courbe dont α soit l'abscisse et $P(\alpha)$ l'ordonnée. Les abscisses des points où cette courbe rencontre l'axe des abscisses sont les racines de $P(\alpha) = 0$. Faisons varier le paramètre h d'une manière continue; alors la courbe se déformera. Si deux racines viennent à se confondre, la courbe devient tangente à l'axe des abscisses et l'on a $P = 0$, $\frac{dP}{d\alpha} = 0$ pour cette racine double. Si les deux points de rencontre avec la droite disparaissent, les deux racines deviennent imaginaires.

D'après cela, si l'équation $P(\alpha) = 0$ avait une racine double, $\alpha = a$, P et $\frac{dP}{d\alpha}$ s'annuleraient pour cette valeur de α; or, comme on a

$$\frac{d^2P}{d\alpha^2} + (R - 2h'\cos 2\alpha)P = 0,$$

il en résulterait que $\frac{d^2P}{d\alpha^2}$ serait nul pour $\alpha = a$; en différentiant ensuite cette équation, on démontrerait que toutes les dérivées de P s'annulent pour $\alpha = a$; ce qui est impossible.

L'équation $P(\alpha) = 0$ ne pouvant avoir de racines égales, deux racines réelles de cette équation ne peuvent devenir imaginaires par la variation continue de h; car, pour qu'elles deviennent imaginaires, il faut qu'elles passent par l'égalité.

Propriété II. — La fonction P_1 est nulle et la fonction P_2 maximum pour $\alpha = 0$. De plus, la fonction $P_1(\alpha)$ est nulle pour $\alpha = \frac{\pi}{2}$ si g est pair, et maximum si g est impair; P_2 est, au contraire, maximum dans le premier cas, nulle dans le second. $P_1(\alpha)$ reprend les mêmes valeurs dans chaque quadrant au signe près, de sorte que les quantités

$$P_1(\alpha), \quad P_1(\pi - \alpha), \quad P_1(\pi + \alpha), \quad P_1(2\pi - \alpha)$$

ont la même valeur absolue, et les changements de signe sont les mêmes que ceux de $\sin g\alpha$.

De même, les quantités

$$P_2(\alpha), \quad P_2(\pi - \alpha), \quad P_2(\pi + \alpha), \quad P_2(2\pi - \alpha)$$

sont égales au signe près, et la fonction $P_2(\alpha)$ se comporte dans les passages d'un quadrant au suivant comme $\cos g\alpha$.

Toutes ces propriétés sont la conséquence immédiate de la forme de ces fonctions.

Propriété III. — Quel que soit h, les équations $P_1 = 0$ et $P_2 = 0$ ont g racines, depuis zéro inclusivement jusqu'à π exclusivement.

D'abord le nombre des racines de l'équation $P_1 = 0$ ou $P_2 = 0$, comprises entre zéro et $\frac{\pi}{2}$, est indépendant de la valeur du nombre h.

En effet, une racine ne peut franchir la limite zéro ou $\frac{\pi}{2}$ par la variation de h. Par exemple, P_1 s'annule pour $\alpha = 0$; si une racine, d'abord positive, s'abaissait au-dessous de zéro, elle passerait par zéro; donc on aurait une racine double. Si P_1 est maximum pour $\alpha = \frac{\pi}{2}$, une racine de $P_1 = 0$ ne peut devenir égale à $\frac{\pi}{2}$, car il en résulterait encore que P_1 et $\frac{dP_1}{d\alpha}$ s'annuleraient pour $\alpha = \frac{\pi}{2}$, ce qui est impossible.

Le nombre des racines de $\alpha = \frac{\pi}{2}$ à $\alpha = \pi$ ne varie pas non plus avec h. Or, pour $h = 0$, les fonctions P_1 et P_2 se réduisent à $\sin g\alpha$ et $\cos g\alpha$, et elles s'annulent g fois depuis $\alpha = 0$ jusqu'à $\alpha = \pi$ exclusivement. Donc, quel que soit h, les équations $P_1 = 0$ et $P_2 = 0$ ont aussi g racines dans le même intervalle.

SUR LES FONCTIONS Q QUI DOIVENT ÊTRE ASSOCIÉES A P_1 ET P_2.

65. On passe de l'équation

(1) $$\frac{d^2 P}{d\alpha^2} - (R - 2h^2 \cos 2\alpha) P = 0$$

à celle qui donne Q

(2) $$\frac{d^2 Q}{d\beta^2} - [R - 2h^2 E(2\beta)] Q = 0,$$

en changeant α en $\beta\sqrt{-1}$ et P en Q. Donc, si l'on change α en $\beta\sqrt{-1}$ dans les valeurs de P_1 et P_2, on obtiendra une solution de l'équation (2) que nous appellerons Q_1 ou Q_2 pour le cas de $R = R_1$, et celui de $R = R_2$.

Nous avons trouvé, pour formule du mouvement vibratoire (n° 58),

$$u' = u\sin(2\lambda\pi t), \quad u = QP,$$

et il est aisé de prouver que u doit se réduire à $P_1 Q_1$ ou $P_2 Q_2$.

Assujettissons u, $\dfrac{du}{dx}$, $\dfrac{du}{dy}$ à varier d'une manière continue dans toute l'étendue de la membrane; en exprimant que ces conditions ont lieu sur la droite qui joint les foyers, on a, d'après le n° 32, en désignant par u'_α et u'_β les dérivées de u par rapport à α et β,

(3) $\quad u(\alpha,0) = u(-\alpha,0), \quad u'_\alpha(\alpha,0) = -u'_\alpha(-\alpha,0), \quad u'_\beta(\alpha,0) = -u'_\beta(-\alpha,0),$

la deuxième équation rentrant dans la première.

Quand R est égal à R_1, la solution générale de l'équation (2) se compose de $Q_1(\beta)$, qui s'annule avec β, et d'une autre fonction $K(\beta)$ dont la dérivée est nulle pour $\beta = 0$. Posons

$$u = P_1(\alpha)[CQ_1(\beta) + C'K(\beta)];$$

les équations (3) donnent

$$P_1(\alpha)C'K(0) = -P_1(\alpha)C'K(0),$$
$$P_1(\alpha)CQ'_1(0) = P_1(\alpha)CQ'_1(0),$$

et il en résulte que la constante C' est nulle. Ainsi on a

$$P_1 = \sin g\alpha + h^2[a\sin(g+2)\alpha + b\sin(g-2)\alpha] + \ldots,$$

qui s'associe à

$$Q_1 = \frac{e^{g} - e^{-g}}{2} + h^2\left[a\frac{e^{(g+2)} - e^{-(g+2)}}{2} + b\frac{e^{(g-2)} - e^{-(g-2)}}{2}\right] + \ldots$$

Si l'on prend ensuite pour u

$$u = P_2(\alpha)[CQ_2(\beta) + C'Q(\beta)],$$

$Q(\beta)$ étant une solution de l'équation (2) pour $R = R_2$ et s'annulant pour $\beta = 0$, on trouve, d'après la troisième équation (3), que C' est nul. Donc la fonction

$$P_2 = \cos g\alpha + h^2[a\cos(g+2)\alpha + b\cos(g-2)\alpha] + \ldots,$$

qui est maximum pour $\alpha = 0$, doit s'associer avec

$$Q_2 = \frac{e^{\beta\delta} + e^{-\beta\delta}}{2} - h^2\left[a\frac{e^{\delta(\beta+2)} + e^{-\delta(\beta+2)}}{2} - b\frac{e^{\delta(\beta-2)} + e^{-\delta(\beta-2)}}{2}\right] + \ldots$$

qui est maximum pour $\beta = 0$.

Toutefois, les expressions de P_1 et P_2 pourront être convergentes, sans que celles de Q_1 et Q_2 le soient pour toutes les valeurs que peut prendre β dans l'intérieur de la membrane; mais, pour le moment, nous voulons plutôt faire remarquer les caractères des fonctions Q_1 et Q_2 que de donner un moyen de les calculer.

SUR LES LIGNES NODALES.

66. Il résulte de ce qui précède que nous avons, pour le mouvement vibratoire de la membrane elliptique, deux genres de solutions simples donnés par les formules

$$w = C P_1 Q_1 \sin 2\lambda_1 m t,$$
$$w = C P_2 Q_2 \sin 2\lambda_2 m t,$$

et les lignes nodales ont pour équations, dans le premier genre,

$$P_1 = 0, \quad Q_1 = 0,$$

et, dans le second genre,

$$P_2 = 0, \quad Q_2 = 0.$$

Dans le premier genre, le grand axe est une ligne nodale; dans le second genre, il est en maximum ou en minimum de vibration.

Les équations $Q_1 = 0$ et $Q_2 = 0$ donnent des ellipses qui ont les mêmes foyers que le contour de la membrane. Les équations $P_1 = 0$ et $P_2 = 0$ déterminent les asymptotes des lignes nodales hyperboliques qui ont encore les mêmes foyers; et le nombre entier g qui entre dans P_1 et P_2 indique combien de fois ces fonctions s'annulent de 0 à π, c'est-à-dire le nombre des lignes nodales hyperboliques, en désignant par *ligne nodale hyperbolique* les deux branches d'une hyperbole terminées au grand axe qui ont la même asymptote. Dans cette manière de voir, une hyperbole est comptée pour deux de ces lignes; mais si le grand axe ou le petit axe sont sans mouvement, ils ne sont comptés que pour une seule ligne hyperbolique.

Si g est nul, le mouvement ne peut être que du second genre, et il n'existe aucune ligne hyperbolique.

Si $g = 1$, on n'a de ligne nodale hyperbolique que le grand axe dans le premier genre et que le petit axe dans le second genre.

Si $g = 2$, dans le premier genre on a pour ces lignes le petit et le grand axe, et dans le second genre une hyperbole.

Si $g = 3$, on a pour ces lignes nodales une hyperbole, et soit le grand axe, soit le petit axe, suivant que le mouvement est du premier ou du second genre. Et ainsi de suite.

Réflexions sur les développements des fonctions P_1, P_2, Q_1, Q_2.

67. Les formules que nous venons d'obtenir pour P_1 et P_2 sont celles qui sont les plus propres à caractériser ces fonctions et à en faire apercevoir les propriétés. C'est seulement avec la méthode que nous avons donnée qu'on se représente bien la constante R qui entre dans l'équation différentielle qui a pour solution P_1 ou P_2, et, par conséquent, qu'on reconnaît que la constante R ne peut être choisie de manière que la solution générale de cette équation soit périodique.

Mais si, d'après ce qui précède, on se représente bien les fonctions P_1, P_2, ainsi que Q_1 et Q_2, les séries employées ne sont pas d'une application commode pour le calcul; celles qui donnent P_1, P_2 et R ne seront pas en général assez convergentes, et les séries qui donnent Q_1 et Q_2 seront encore moins admissibles.

Nous allons donc maintenant indiquer des formules qui pourront être d'un usage plus commode pour le calcul.

AUTRES DÉVELOPPEMENTS DE P_1 ET P_2.

68. Posons $v' = \sin \alpha$ et prenons v' pour variable, l'équation

(1) $$\frac{d^2 P}{d\alpha^2} + [R(g^2, h^2) - 2h^2 \cos 2\alpha] P = 0$$

se change en la suivante

(2) $$\frac{d^2P}{dv'^2}(1-v'^2) - \frac{dP}{dv'}v' + [R(g^2, h^2) - 2h^2 - 4h^2v'^2]P = 0.$$

On a une solution en posant

(a) $$P_1 = A_1 v' + A_3 v'^3 + \ldots + A_{s-1} v'^{2s-1} + A_s v'^{2s+1} + \ldots;$$

et en faisant $M = R - 2h^2$, on a

$$A_3 = -\frac{M-1}{2.3} A_1,$$

puis on obtient tous les coefficients suivants par la formule

(b) $$A_{s+1} = \frac{[(2s-1)^2 - M]A_s - 4h^2 A_{s-1}}{2s(2s+1)},$$

qui permet de calculer chaque coefficient au moyen des deux précédents.

Si R est quelconque, P_1 n'est ni nul ni maximum pour $\alpha = \frac{\pi}{2}$ ou $v' = 1$; il ne jouira de cette propriété que si R est égal à R_1, et considéré comme fonction de α, P_1 aura alors la période 2π.

On a la seconde solution de l'équation (2), en posant

(c) $$P_2 = K_0 + K_1 v'^2 + K_2 v'^4 + \ldots + K_s v'^{2s} + \ldots,$$

et l'on trouve

(d) $$K_1 = -\frac{MK_0}{1.2}, \quad K_{s+1} = \frac{(4s^2 - M)K_s - 4h^2 K_{s-1}}{(2s+1)(2s+2)}.$$

De même, P_2 n'est nul ou maximum pour $v' = 1$ qu'autant que R est égal à R_2, et alors il a par rapport à α la période 2π.

Si l'on fait $v = \cos\alpha$, l'équation (1) devient

(3) $$\frac{d^2P}{dv^2}(1-v^2) - \frac{dP}{dv}v + [R(g^2, h^2) - 2h^2 - 4h^2v^2]P = 0;$$

on obtient alors deux solutions, l'une impaire et l'autre paire, que nous appellerons Π_1 et Π_2

(e) $$\Pi_1 = a_1 v + a_2 v^3 + a^3 v^5 + \ldots,$$
(f) $$\Pi_2 = k_0 + k_1 v^2 + k_2 v^4 + \ldots.$$

Il faut bien remarquer que, si R est quelconque, les deux fonctions P_1 et P_2 ne se confondent pas avec les deux dernières, puisque P_1 et P_2 ne sont ni nuls ni maximum pour $\alpha = \frac{\pi}{2}$ ou $v = 0$; mais on aura

$$P_1 = C\Pi_1 + C'\Pi_2,$$
$$P_2 = D\Pi_1 + D'\Pi_2,$$

C, C', D, D' étant des constantes. Dans le cas seulement où R est égal à R_1 ou R_2, P_1 et P_2 se confondent avec Π_1 et Π_2; si le nombre entier g, qui entre dans R, est pair, P_1 est nul, P_2 maximum pour $\alpha = \frac{\pi}{2}$; donc on a

(4) $\qquad P_1 = \Pi_1, \quad P_2 = \Pi_2.$

Si g est impair, P_1 est maximum, P_2 nul pour $\alpha = \frac{\pi}{2}$; il en résulte

(5) $\qquad P_1 = \Pi_2, \quad P_2 = \Pi_1.$

On passe de l'équation (2) à l'équation (3) en changeant v' en v et h^2 en $-h^2$; donc on passe de P_1 et P_2 à Π_1 et Π_2 par le même changement, et il résulte des équations (4) et (5) que, si g est pair, on a une autre expression de la fonction périodique P_1, en changeant dans la formule (a) v' en v et h^2 en $-h^2$; on a une autre expression de P_2 en faisant le même changement dans la formule (c). Enfin, si g est impair, ce changement transforme P_1 et P_2 l'un dans l'autre.

Il est très-aisé de reconnaître que les séries (a), (c), (e), (f) sont convergentes tant que v et v' sont < 1; ce qui a lieu ici, puisqu'ils désignent un sinus ou cosinus. Considérons plus généralement la série

$$k_0 + k_1 x + k_2 x^2 + \ldots + k_n x^n + \ldots,$$

dans laquelle x est < 1, et dont trois coefficients consécutifs sont liés par la relation

$$k_{s+1} = A_s k_s + a_s k_{s-1};$$

on suppose en outre que la limite de A_s, quand s grandit indéfiniment est moindre que l'unité, ou lui est au plus égale, et que la limite de a_s est zéro; alors la série est convergente. Or les quatre séries ci-dessus remplissent les mêmes conditions.

DÉVELOPPEMENTS DES FONCTIONS Q_1 ET Q_2.

69. Les fonctions Q_1 et Q_2 satisfont à l'équation

(1) $$\frac{d^2Q}{d\beta^2} = [R - h^2(e^{2\beta} + e^{-2\beta})]Q;$$

Q_1 est une fonction impaire par rapport à β, et Q_2 une fonction paire; on aura donc, d'après la série de Maclaurin,

$$Q_1 = \left(\frac{dQ_1}{d\beta}\right)_0 \beta + \left(\frac{d^3Q_1}{d\beta^3}\right)_0 \frac{\beta^3}{1.2.3} \cdots ,$$

$$Q_2 = (Q_2)_0 + \left(\frac{d^2Q_2}{d\beta^2}\right)_0 \frac{\beta^2}{1.2} \cdots$$

On pourra facilement calculer les dérivées de Q en différentiant successivement l'équation (1) et l'on y fera $\beta = 0$. R est égal à R_1 dans Q_1, à R_2 dans Q_2. Posons en général $M = R - 2h^2$, et nous aurons

$$Q_1 = C\left[\beta + M\frac{\beta^3}{1.2.3} + (M^2 - 24h^2)\frac{\beta^5}{1.2.3.4.5} \right.$$
$$\left. + (M^3 - 104h^2M - 160h^2)\frac{\beta^7}{1.2\ldots 7} + \ldots\right],$$

$$Q_2 = C'\left[1 + M\frac{\beta^2}{1.2} + (M^2 - 8h^2)\frac{\beta^4}{1.2.3.4} + (M^3 - 56hM - 32h^2)\frac{\beta^6}{2.3.4.5.6} + \ldots\right].$$

Les fonctions Q_1 et Q_2 ne sont discontinues, ni infinies pour aucune valeur finie de β, ainsi qu'on le déduit aisément de l'équation (1); il s'ensuit que les séries précédentes qui les développent suivant la série de Taylor sont toujours convergentes.

En changeant β en αi dans Q_1 et Q_2, on a

$$P_1 = D\left[\alpha + M\frac{\alpha^3}{1.2.3} + (M^2 - 24h^2)\frac{\alpha^5}{1.2.3.4.5} \right.$$
$$\left. + (M^3 - 104h^2M - 160h^2)\frac{\alpha^7}{1.2\ldots 7} + \ldots\right],$$

$$P_2 = D'\left[1 + M\frac{\alpha^2}{1.2} + (M^2 - 8h^2)\frac{\alpha^4}{1.2.3.4} + (M^3 - 56hM - 32h^2)\frac{\alpha^6}{1.2\ldots 6} + \ldots\right].$$

La valeur de R ou de M doit être choisie de manière que P_1 et P_2 aient 2π pour période; donc les valeurs de ces expressions doivent rester les mêmes quand on y remplace α par $\alpha + 2\pi$. Un moyen très-simple de déterminer M, c'est de remarquer que P_1 doit s'annuler pour $\alpha = \pi$, comme pour $\alpha = 0$, et que P_2 doit rester le même pour ces deux valeurs de α; on a ainsi l'une des deux équations

$$(a) \quad \pi - M \frac{\pi^3}{1.2.3} + (M^2 - 24 h^2) \frac{\pi^5}{2.3.4.5} - \ldots = 0,$$

$$(b) \quad 1 - M \frac{\pi^2}{1.2} + (M^2 - 8 h^2) \frac{\pi^4}{2.3.4} - \ldots = 1.$$

Supposons, par exemple, qu'il s'agisse d'un mouvement vibratoire du premier genre donné par la formule

$$w = P_1 Q_1 \sin 2\lambda m t.$$

Soit $\beta = B$ l'équation du contour qui est fixe, M et h seront fournis par (a) et l'équation

$$(c) \quad B + \frac{M B^3}{1.2.3} + (M^2 - 24 h^2) \frac{B^5}{2.3.4.5} + \ldots = 0.$$

Si l'on a surtout en vue la comparaison de la théorie avec l'expérience, on pourra procéder comme il suit. Après avoir produit expérimentalement un état vibratoire de la membrane, on notera la hauteur du son, et par suite la valeur de $\lambda = \frac{h}{c}$. Alors l'équation (a) ne renfermera plus que l'inconnue M, et il restera à vérifier que M et $h = \lambda c$ satisfont à (c).

J'ai démontré dans mon Mémoire que la quantité M qui entre dans P_2 est toujours positive; d'après cela, les expressions précédentes de P_2 et Q_2 permettent de reconnaître que les parties du grand axe situées entre les foyers et les sommets voisins produisent des vibrations d'amplitude maximum, et la partie située entre les foyers des vibrations d'amplitude minimum. En effet, prenons sur le grand axe, entre le foyer et le sommet le plus voisin, un point n pour lequel α est nul; considérons un point n' très-voisin sur l'ellipse homofocale qui passe par n; β est le même pour ces deux points, et α est nul pour n, très-petit pour n'; donc le déplacement vibratoire est plus grand pour n que pour n'.

Prenons un point m sur la ligne FF' qui joint les foyers, et aussi un point m' très-voisin sur l'hyperbole homofocale qui passe par m; α est le même pour m et m', β est nul pour m, très-petit pour m'; donc la grandeur de la vibration est plus petite en m qu'en m'.

DES LIGNES NODALES ELLIPTIQUES.

70. Les valeurs des fonctions Q_1 et Q_2 sont données par l'équation

$$(1) \qquad \frac{d^2Q}{d\beta^2} + [h^2(e^{i\beta}+e^{-i\beta}) - R]Q = 0,$$

dans laquelle on donne à R les valeurs R_1 et R_2.

R, comme on sait, dépend de h ou de λc; désignons par $Q(\beta, \lambda c, g)$ la fonction Q_1 ou Q_2, et soit $\beta = B$ l'ellipse du contour de la membrane. Les racines de l'équation en λ

$$(2) \qquad Q(B, \lambda c, g) = 0$$

sont en nombre infini et nous les désignerons dans l'ordre de la grandeur croissante par

$$(3) \qquad \lambda_1, \lambda_2, \lambda_3, \ldots, \lambda_s, \lambda_{s+1}, \ldots;$$

d'autre part, les racines en β de l'équation

$$Q(\beta, \lambda_s c, g) = 0$$

sont aussi en nombre infini; or, λ_s étant le terme de rang s dans la série (3), il y a précisément $s-1$ de ces racines qui sont comprises entre zéro et B.

C'est ce que nous allons démontrer, et il en résultera que, lorsque λ aura la valeur λ_s, la membrane aura $s-1$ lignes nodales elliptiques. La démonstration que nous allons donner est longue et difficile; mais il faut remarquer qu'elle est susceptible de généralisation et qu'on pourrait l'appliquer à des membranes d'autres formes.

D'après ce que nous venons de dire, les quantités $\lambda_1, \lambda_2, \lambda_3,\ldots$ donnent les identités suivantes :

(4) $\quad Q(B, \lambda_1 c, g) = 0, \quad Q(B, \lambda_2 c, g) = 0, \ldots \quad Q(B, \lambda_s c, g) = 0, \ldots$

Si l'on conçoit que c et B varient, il est évident que λ_s doit varier; ainsi λ_s est une fonction de B, et de la $s^{\text{ième}}$ équation (4) nous tirerons

(5) $\quad\quad\quad\quad\quad\quad \lambda_s = \frac{1}{c} f_s(B, g);$

λ_s est une fonction continue de c, et nous allons voir par le théorème suivant qu'il peut aussi être considéré comme une fonction continue de B.

Théorème I. — Considérons une racine λ de la série (3), λ_s; d'après l'équation (2) ou l'équation (5), λ_s est une quantité qui varie avec c et avec B. Or supposons c fixe et faisons croître B à partir de zéro; je dis que λ_s, qui sera d'abord infini, ira constamment en décroissant.

La première idée qui se présente à l'esprit est de se servir de l'équation (1), qui donne Q_1 ou Q_2; mais, quoique nous ayons appris à calculer la quantité R qui renferme $h = \lambda c$, cette quantité présente de l'embarras. Aussi, au lieu de considérer l'équation (1) qui donne Q_1 et Q_2, nous servirons-nous de l'équation trouvée au n° 58, qui donne $u = P_1 Q_1$ ou $u = P_2 Q_2$, et qui, en remplaçant $4\lambda^2$ par φ, peut s'écrire

(6) $\quad\quad\quad \dfrac{d^2 u}{d\alpha^2} + \dfrac{d^2 u}{d\beta^2} = -\varphi \dfrac{c^2}{2}[E(2\beta) - \cos 2\alpha] u;$

φ est choisi de manière que Q, et par suite u, s'annulent pour $\beta = B$. Si l'on suppose que B reçoive une très-petite variation, la quantité φ qui se trouve dans u subira elle-même une très-petite variation indépendante de α, puisque B et λ, ou B et φ, sont liés par la seule équation

$$Q(B, \lambda c, g) = 0 \quad \text{ou} \quad Q\left(B, \frac{\sqrt{\varphi}}{2} c, g\right) = 0.$$

Or, inversement, nous pouvons supposer que le nombre φ subisse une très-petite variation et chercher l'accroissement de B qui sera indépendant de α.

u se changera alors en $u_1 = u + \delta u$, donné par l'équation

(7) $$\frac{d^2 u_1}{d\alpha^2} + \frac{d^2 u_1}{d\beta^2} = -(\varphi + \delta\varphi)\frac{c^2}{2}[\mathrm{E}(2\beta) - \cos 2\alpha]u_1;$$

on a d'abord
$$Q(\beta, \lambda c, g) = 0 \quad \text{pour} \quad \beta = \mathrm{B}$$
ou
$$u = 0 \quad \text{pour} \quad \beta = \mathrm{B},$$

et, puisqu'on donne à φ l'accroissement $\delta\varphi$, u_1 n'est nul qu'autant qu'on accroît B de

$$\delta \mathrm{B} = -\frac{du}{d\varphi}\delta\varphi : \frac{du}{d\beta},$$

quantité indépendante de α; elle est de même signe que

$$-\frac{du}{d\varphi}\frac{du}{d\beta},$$

qui varie avec α, mais dont le signe est par conséquent le même quel que soit α; donc, pour connaître le sens de la variation de B, il suffit de chercher le signe de

$$-\int_0^{2\pi} \frac{du}{d\varphi}\frac{du}{d\beta} d\alpha \quad \text{pour} \quad \beta = \mathrm{B}.$$

En combinant les équations (6) et (7), on a

$$u_1 \frac{d^2 u}{d\alpha^2} - u \frac{d^2 u_1}{d\alpha^2} + u_1 \frac{d^2 u}{d\beta^2} - u \frac{d^2 u_1}{d\beta^2} = \delta\varphi \frac{c^2}{2}[\mathrm{E}(2\beta) - \cos 2\alpha] u u_1.$$

Multiplions par $d\alpha\, d\beta$ et intégrons de $\alpha = 0$ à $\alpha = 2\pi$ et de $\beta = 0$ à $\beta = \mathrm{B}$, nous aurons

$$\int_0^\mathrm{B} \left(u_1 \frac{du}{d\alpha} - u \frac{du_1}{d\alpha} \right)_0^{2\pi} d\beta$$
$$+ \int_0^{2\pi} \left(u_1 \frac{du}{d\beta} - u \frac{du_1}{d\beta} \right)_0^\mathrm{B} d\alpha = \delta\varphi \frac{c^2}{2} \int_0^\mathrm{B} \int_0^{2\pi} [\mathrm{E}(2\beta) - \cos 2\alpha] u u_1\, d\alpha\, d\beta.$$

u et u_i ont la période 2π par rapport à α; donc la première intégrale est nulle, puisque tous ses éléments sont nuls; u et u_i ou leurs dérivées sont nuls pour $\beta = 0$, suivant qu'ils sont de la forme $P_1 Q_1$ ou $P_2 Q_2$; donc

$$\left(u_i \frac{du}{d\beta} - u \frac{du_i}{d\beta} \right)_{\beta=0} = 0;$$

d'ailleurs u est nul pour $\beta = B$; donc la seconde intégrale se réduit à

$$\int_0^{2\pi} \left(u_i \frac{du}{d\beta} \right)_{\beta=B} d\alpha.$$

Or, en général, u_i est égal à $u + \dfrac{du}{d\varphi} \delta\varphi$, et, pour $\beta = B$, il se réduit à $\dfrac{du}{d\varphi} \delta\varphi$; donc, enfin, l'équation ci-dessus devient

$$\int_0^{2\pi} \left(\frac{du}{d\varphi} \frac{du}{d\beta} \right)_{\beta=B} d\alpha = \frac{c^2}{2} \int_0^B \int_0^{2\pi} [E(2\beta) - \cos 2\alpha] u^2 d\alpha \, d\beta.$$

Le second membre est essentiellement positif, puisque tous les éléments de l'intégrale double sont positifs; donc le premier membre est aussi positif. Il en résulte donc que, lorsque φ grandit, δB est négatif et B diminue, et inversement, quand on fait diminuer B, φ ou λ grandit; ce qu'il fallait démontrer [1].

---

[1] Dans notre Mémoire *Sur la Membrane elliptique* (*Journal de Mathématiques*, t. XIII), nous n'avions pas réussi à trouver cette démonstration; mais nous y sommes parvenu plus tard dans une question semblable (*Mouvement de la température dans le corps renfermé entre deux cylindres circulaires excentriques*, même Journal, t. XIV). Peut-être, pour montrer la généralité de notre raisonnement, aurions-nous dû écrire, au lieu de l'équation (6),

$$\frac{d^2 u}{d\alpha^2} + \frac{d^2 u}{d\beta^2} = -\gamma \frac{1}{h^2} u,$$

h^2 ayant la même signification qu'au n° 26; car c'est alors une équation que l'on rencontre dans le mouvement vibratoire d'une membrane de forme quelconque.

En combinant les résultats obtenus ici avec ceux qui se trouvent dans le Mémoire de la membrane elliptique au n° 28, on conclut $\dfrac{dR}{dh} < 4h$, h étant la quantité λc.

71. De ce qui précède, on déduit aussi le théorème suivant :

Théorème II. — Si l'on a
$$Q(B, \lambda c, g) = 0,$$
λ est donné par l'équation (5) ou

$$(j) \qquad \lambda = \frac{1}{c} f_s(B, g),$$

d'après laquelle λ peut être regardé comme une fonction continue de B, et réciproquement, si λ a la valeur (j), on a
$$Q(B, \lambda c, g) = 0.$$

Théorème III. — Supposons le nombre entier g fixe et c constant, les quantités
$$\lambda_1, \lambda_2, \lambda_3, \ldots, \lambda_s, \ldots, \lambda_t, \ldots$$
dépendent d'une même valeur de B, dont elles peuvent être regardées comme fonctions. Or, si elles sont rangées par ordre de grandeur croissante pour une certaine valeur de B, $B = B_1$, elles le seront aussi pour toute autre valeur de B.

En effet, admettons que le théorème soit inexact et que, pour une certaine valeur de B, $B = B_2$, λ_t soit $< \lambda_s$ ou $\varphi_t < \varphi_s$. Puisqu'on a $\lambda_t > \lambda_s$ par hypothèse pour $B = B_1$, et que λ_t et λ_s sont des fonctions continues de B, d'après le théorème II, il en résulte que, pour une certaine valeur de B, $B = B'$ comprise entre B_1 et B_2, on aurait
$$\lambda_t \quad \lambda_s.$$

Or je vais prouver que les deux racines λ_t et λ_s ne peuvent devenir égales. Suivant que Q représente une fonction Q_1 ou Q_2, considérons les deux fonctions P_1 ou P_2 qui correspondent à la même valeur de g et aux valeurs de λ, $\lambda = \lambda_s$ et $\lambda = \lambda_t$, et désignons-les par
$$P = P(\alpha, g, \lambda_s), \quad P' = P(\alpha, g, \lambda_t);$$
représentons aussi par Q et Q' les deux fonctions Q associées à P et P',

on démontre facilement, et la démonstration sera donnée plus loin n° 73, que l'on a

$$\int_0^B \int_0^{2\pi} [E(2\beta) - \cos 2\alpha] PP'QQ' d\alpha\, d\beta = 0;$$

si l'on admet que λ_t puisse devenir égal à λ_t, cette équation devant avoir lieu quelle que soit la différence entre λ_t et λ_t, aura encore lieu quand ces deux quantités seront égales, et comme alors on a $P = P'$, $Q = Q'$, il en résulterait

$$\int_0^B \int_0^{2\pi} E(2\beta) - \cos 2\alpha] P^2 Q^2 d\alpha\, d\beta = 0,$$

ce qui est absurde, puisque tous les éléments de cette intégrale sont positifs.

72. Les trois théorèmes précédents étant démontrés, construisons (*fig.* 16), β étant l'abscisse et y l'ordonnée, les courbes données par les équations

(*k*) $y = \lambda_1(\beta),\ \ y = \lambda_2(\beta)\ldots,\ \ y = \lambda_t(\beta),\ \ldots\ y = \lambda_i(\beta)\ldots,$

λ_1, λ_2, λ_3,... étant les différentes valeurs de la fonction (5), dans lesquelles B est remplacé par β; on n'y indique pas les quantités g et c parce qu'elles sont les mêmes dans toutes ces fonctions.

Il résulte du théorème III que, si les quantités

$$\lambda_1(\beta),\ \lambda_2(\beta),\ \lambda_3(\beta),\ldots$$

sont rangées par ordre de grandeur croissante pour $\beta = B$, elles le seront aussi pour toute autre valeur de β; autrement dit, chacune des courbes (*k*) sera située entièrement au-dessus de la précédente. Il résulte ensuite du théorème I que les ordonnées de chaque courbe vont constamment en décroissant à mesure que l'on fait croître l'abscisse β depuis zéro jusqu'à l'infini.

D'après cela, supposons que la valeur de λ qui se trouve dans u soit la $t^{ième}$ de la série (3) ou $\lambda_t(B)$. Prenons sur l'axe des β l'abscisse B, et à son extrémité élevons l'ordonnée $\lambda_t(B)$ de la $t^{ième}$ courbe; soit M le point correspondant. Menons par le point M une parallèle à

— 152 —

l'axe des abscisses, elle rencontrera les courbes (k) chacune en un point dont l'abscisse a les valeurs croissantes

$$B_1, B_2, \ldots, B_{t-1}, B, B_{t+1}, \ldots,$$

et u s'annulera, quel que soit α, pour le nombre infini de valeurs $\beta = B_1, \beta = B_2, \ldots$, dont les $t-1$ premières sont plus petites que B.

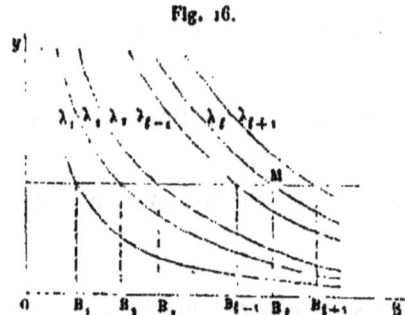

Fig. 16.

En effet, le nombre λ qui se trouve dans u pouvant être regardé, par exemple, comme ayant la valeur

$$\lambda = \lambda_t(B_t),$$

on déduit du théorème II que u s'annule pour $\beta = B_t$. Donc, enfin, le théorème énoncé au commencement du n° **70** est démontré.

MOUVEMENT VIBRATOIRE LE PLUS GÉNÉRAL DE LA MEMBRANE ELLIPTIQUE.

73. Nous ne nous sommes occupé, jusqu'à présent, que de mouvements vibratoires simples, qui sont ceux que l'on produirait le plus aisément dans l'expérience. Nous allons maintenant supposer que l'on donne à tous les points de la membrane des vitesses initiales quelconques, et déterminer l'état vibratoire qui en résultera.

Nous pouvons exprimer la vitesse initiale imprimée à chaque point de la membrane par la formule

$$\left(\frac{dw}{dt}\right)_0 = \Phi(\alpha, \beta),$$

dans laquelle $\Phi(\alpha, \beta)$ est une fonction qui s'annule sur le contour de la membrane $\beta = B$, et qui, d'après ce que nous avons vu n° 65, reste invariable quand on y remplace α et β par $-\alpha$ et $-\beta$. On en conclut facilement que $\Phi(\alpha, \beta)$ est la somme de deux fonctions $F_1(\alpha, \beta)$, $F_2(\alpha, \beta)$, qui, ordonnées par rapport aux puissances croissantes de α et β, sont l'une de la forme

$$F_1 = a + A\alpha^2 + B\beta^2 + C\alpha^4 + D\alpha^2\beta^2 + E\beta^4 + F\alpha^6 + G\alpha^4\beta^2 + \ldots$$

paire en α et β, et l'autre de la forme

$$F_2 = A'\alpha\beta + B'\alpha^3\beta + C'\alpha\beta^3 + D'\alpha^5\beta + E'\alpha^3\beta^3 + F'\alpha\beta^5 + G'\alpha^7\beta + \ldots$$

impaire en α et impaire en β, mais paire par rapport à leur ensemble.

Après avoir posé

$$\Phi(\alpha, \beta) = F_1(\alpha, \beta) + F_2(\alpha, \beta),$$

regardons le mouvement vibratoire engendré comme la somme d'une infinité de mouvements vibratoires simples, dont nous allons déterminer l'amplitude. Chaque mouvement simple du premier ou du second genre donné par les formules

$$w = a P_1 Q_1 \sin 2\lambda mt, \quad w = b P_2 Q_2 \sin 2\lambda mt,$$

où a et b sont deux constantes, dépend d'abord d'un nombre entier g, et, ce nombre g une fois désigné, ce mouvement peut varier d'une infinité de manières par le nombre λ, qui est susceptible des valeurs croissantes $\lambda_1, \lambda_2, \ldots, \lambda_i, \ldots$, et nous les affecterons d'un second indice qui rappelle le nombre g; les deux formules précédentes seront ainsi remplacées par les deux suivantes

$$w = a P_1(g, \lambda_i^g) Q_1(g, \lambda_i^g) \sin(2\lambda_i^g mt),$$
$$w = b P_2(g, \lambda_i^g) Q_2(g, \lambda_i^g) \sin(2\lambda_i^g mt).$$

Considérant ensuite un état vibratoire composé d'une infinité d'états simples, on aura

$$w = \Sigma a_{g, \lambda_i} P_1(g, \lambda_i^g) Q_1(g, \lambda_i^g) \sin 2\lambda_i^g mt$$
$$+ \Sigma b_{g, \lambda_i} P_2(g, \lambda_i^g) Q_2(g, \lambda_i^g) \sin 2\lambda_i^g mt.$$

et l'on en tire, pour la vitesse initiale,

$$\left(\frac{dw}{dt}\right)_o = 2m \Sigma \lambda_i^g a_{g,\lambda_i} P_1(g, \lambda_i^g) Q_1(g, \lambda_i^g)$$
$$+ 2m \Sigma \lambda_i'^g b_{g,\lambda_i'} P_1(g, \lambda_i'^g) Q_1(g, \lambda_i'^g),$$

expression qui doit être identifiée à $\Phi(\alpha, \beta)$; mais nous décomposerons cette égalité en les deux suivantes

(1) $\qquad F_1(\alpha, \beta) = 2m \Sigma \lambda_i^g a_{g,\lambda_i} P_1(g, \lambda_i^g) Q_1(g, \lambda_i^g),$

(2) $\qquad F_2(\alpha, \beta) = 2m \Sigma \lambda_i'^g b_{g,\lambda_i'} P_2(g, \lambda_i'^g) Q_1(g, \lambda_i'^g).$

Considérons maintenant les quatre équations

(b) $\begin{cases} \dfrac{d^2 Q}{d\beta^2} - [R(g, \lambda c) - 2\lambda^2 c^2 E(2\beta)] Q = 0, \\ \dfrac{d^2 Q'}{d\beta^2} - [R(g, \lambda' c) - 2\lambda'^2 c^2 E(2\beta)] Q' = 0; \end{cases}$

(c) $\begin{cases} \dfrac{d^2 P}{d\alpha^2} + [R(g, \lambda c) - 2\lambda^2 c^2 \cos 2\alpha)] P = 0, \\ \dfrac{d^2 P'}{d\alpha^2} + [R(g', \lambda' c) - 2\lambda'^2 c^2 \cos 2\alpha)] P' = 0. \end{cases}$

En retranchant les deux équations (b) multipliées par Q' et Q, on a

$$0 = Q' \frac{d^2 Q}{d\beta^2} - Q \frac{d^2 Q'}{d\beta^2} + [2(\lambda^2 - \lambda'^2) c^2 E(2\beta) - (R - R')] QQ';$$

intégrons de $\beta = 0$ à $\beta = B$, paramètre du contour, et nous aurons

$$0 \quad \left(Q' \frac{dQ}{d\beta} - Q \frac{dQ'}{d\beta}\right)_B - \left(Q' \frac{dQ}{d\beta} - Q \frac{dQ'}{d\beta}\right)_o$$
$$+ 2(\lambda^2 - \lambda'^2) c^2 \int_0^B E(2\beta) QQ' \, d\beta - (R - R') \int_0^B QQ' \, d\beta.$$

Le premier terme est nul, parce que Q et Q' sont nuls pour $\beta = B$; ensuite, si Q et Q' ont le caractère de Q_1, ils sont nuls pour $\beta = 0$, et s'ils ont tous deux le caractère de Q_2, leurs dérivées sont nulles pour

$\beta = 0$; donc le second terme est aussi nul. On trouve de même, en combinant les équations (c)

$$0 = \left(P' \frac{dP}{d\alpha} - P \frac{dP'}{d\alpha}\right)_0^{2\pi} - 2(\lambda^2 - \lambda'^2) c^2 \int_0^{2\pi} PP' \cos 2\alpha\, d\alpha + (R - R') \int_0^{2\pi} PP'\, d\alpha,$$

dont la première partie est nulle, parce que P et P' sont des fonctions qui ont 2π pour période. Si P et P' sont de même espèce, ils sont tous deux nuls pour $\alpha = 0$ et $\alpha = \pi$, ou bien leurs dérivées sont nulles pour ces valeurs de α; alors on intégrera seulement entre 0 et π, et le premier terme sera encore nul. Ainsi nous avons les deux égalités

(d) $\begin{cases} (R - R') \int_0^B QQ'\, d\beta = 2(\lambda^2 - \lambda'^2) c^2 \int_0^B QQ' E(2\beta)\, d\beta, \\ 2(\lambda^2 - \lambda'^2) c^2 \int_0^\pi PP' \cos 2\alpha\, d\alpha = (R - R') \int_0^\pi PP'\, d\alpha. \end{cases}$

Multiplions ces égalités membre à membre, et, divisant par

$$2(R - R')(\lambda^2 - \lambda'^2) c^2,$$

nous obtenons

(e) $\qquad \int_0^B \int_0^\pi [E(2\beta) - \cos 2\alpha] PP'QQ'\, d\beta\, d\alpha = 0.$

Cette égalité n'est plus démontrée si $\lambda = \lambda'$ ou si $R = R'$: elle est cependant encore exacte; car si $\lambda = \lambda'$, on déduira des équations (d)

$$\int_0^B QQ'\, d\beta = 0, \quad \int_0^\pi PP'\, d\alpha = 0;$$

donc les deux parties de l'intégrale (e) sont nulles. Si $R' = R$, on voit encore que les deux égalités (d) entraînent (e).

Multiplions les deux membres de l'égalité (1) par

$$P_1(g, \lambda_i^\beta) Q_1(g, \lambda_i^g) [E(2\beta) - \cos 2\alpha]\, d\alpha\, d\beta,$$

et intégrons par rapport à α de 0 à π, et par rapport à β de 0 à B:

tous les termes disparaîtront dans le second membre, d'après (e), excepté celui qui a pour coefficient a_{g,λ_i}, qui se trouve déterminé. On a de même b_{g,λ_i}, au moyen de l'équation (2).

Remarque I. — Au moyen de l'équation (e), et en se servant du même raisonnement qu'au n° 54, on pourra démontrer que toutes les racines λ de l'équation
$$Q(B, \lambda c, g) = 0$$
sont réelles.

Remarque II. — Si, au lieu d'exprimer P au moyen de α, on l'avait exprimé au moyen de $v = \cos\alpha$ ou de $v' = \sin\alpha$, on eût été facilement exposé, dans les considérations précédentes, à faire un raisonnement faux. Comme, dans la suite de ce cours, on pourrait plusieurs fois commettre cette erreur, je crois devoir montrer en quoi elle consiste, et d'autant plus volontiers qu'on la rencontre dans de très-bons ouvrages.

Si l'on pose $v = \cos\alpha$, les deux équations qui donnent P et P' au moyen de α sont

$$(k) \qquad \frac{d^2 P}{dv^2}(1 - v^2) - \frac{dP}{dv} v + (R + 2\lambda^2 c^2 - 4\lambda^2 c^2 v^2) P = 0,$$

$$(l) \qquad \frac{d^2 P'}{dv^2}(1 - v^2) - \frac{dP'}{dv} v + (R' + 2\lambda'^2 c^2 - 4\lambda'^2 c^2 v^2) P' = 0.$$

Faisons sur ces deux équations les calculs analogues à ceux qui ont été appliqués aux équations (c); nous multiplierons la première par $\frac{P'}{\sqrt{1-v^2}}$, la seconde par $\frac{P}{\sqrt{1-v^2}}$, et nous intégrerons de $v = 1$ à $v = -1$, limites qui correspondent à $\alpha = 0$ et $\alpha = \pi$; nous aurons ainsi

$$0 = \left[\left(P' \frac{dP}{dv} - P \frac{dP'}{dv}\right)\sqrt{1-v^2}\right]_{v=1}^{v=-1} + 2(\lambda^2 - \lambda'^2)c^2 \int_1^{-1} PP'(2v^2 - 1) \frac{dv}{\sqrt{1-v^2}}$$
$$- (R - R') \int_1^{-1} PP' \frac{dv}{\sqrt{1-v^2}}.$$

Malgré le dénominateur $\sqrt{1-v^2}$, on sait que les deux intégrales sont finies et déterminées; elles sont d'ailleurs égales à

$$\int_0^\pi PP' \cos 2\alpha \, d\alpha, \quad \int_0^\pi PP' \, d\alpha;$$

si donc on regarde le premier terme comme nul quand on y substitue $v = 1$ et $v = -1$, à cause du facteur $\sqrt{1-v^2}$, on retrouve la seconde égalité (d); mais on voit que cette manière de raisonner est fausse; car elle pourrait être appliquée à deux fonctions P et P', qui ne sont pas de même espèce, et même quelles que soient les constantes R et R' qui y entrent, tandis que c'est grâce à la détermination que nous avons faite des constantes R et R' (n°ˢ 60-63) que l'on a

$$\left(P' \frac{dP}{d\alpha} - P \frac{dP'}{d\alpha}\right)_0^\pi = 0,$$

pour deux fonctions P et P' de même espèce, et c'est de cette dernière égalité que nous avons déduit la seconde formule (d).

Toute la difficulté vient de ce que les équations (k) et (l) cessent d'être admissibles pour $v = \pm 1$; $\frac{d^2P}{dv^2}$ est, en effet, toujours infini pour $v = 1$, et $\frac{dP}{dv}$ l'est aussi si P est une fonction P_1.

Si l'on posait $v' = \sin\alpha$, on trouverait l'équation

$$0 = \left[\left(P' \frac{dP}{dv'} - P \frac{dP'}{dv'}\right)\sqrt{1-v'^2}\right]_{v'=-1}^{v'=1} - 2(\lambda^2 - \lambda'^2)c^2 \int_{-1}^1 PP'(1-2v'^2) \frac{dv'}{\sqrt{1-v'^2}}$$
$$+ (R - R') \int_{-1}^1 PP' \frac{dv'}{\sqrt{1-v'^2}},$$

dont le premier terme ne pourrait être supposé nul; car il remplace

$$\left(P' \frac{dP}{d\alpha} - P \frac{dP'}{d\alpha}\right)_{-\frac{\pi}{2}}^{\frac{\pi}{2}},$$

qui n'est pas nul si P et P' sont deux fonctions de même espèce.

ÉQUILIBRE DE TEMPÉRATURE DANS UN CYLINDRE DE LONGUEUR FINIE.

74. D'après ce que nous avons vu au n° **26**, l'équilibre de température dans un cylindre est donné par l'équation

$$(1) \qquad h^2\left(\frac{d^2V}{d\alpha^2} + \frac{d^2V}{d\beta^2}\right) + \frac{d^2V}{dz^2} = 0;$$

plus généralement cette équation convient à la détermination de l'équilibre de température d'un cylindre dont la base est comprise entre deux des courbes α et deux des courbes β.

Prenons pour solution

$$U = (A\sin pz + B\cos pz)u,$$

p étant constant et u ne dépendant que de α et β; alors u satisfera à l'équation

$$(2) \qquad h^2\left(\frac{d^2u}{d\alpha^2} + \frac{d^2u}{d\beta^2}\right) - p^2 u = 0.$$

Désignons par l la hauteur du cylindre, et supposons une des bases située dans le plan des x, y, et l'autre dans le plan $z = l$.

Concevons d'abord que les bases soient entretenues à zéro, et réduisons l'expression de la solution simple à

$$(3) \qquad U = A\sin pz \cdot u \quad \text{avec} \quad p = \frac{\pi n}{l},$$

n étant un nombre entier, ainsi U s'annulera sur les bases. u est une fonction de α, β, et il doit dépendre du nombre entier n et d'un autre nombre k; c'est pourquoi nous représenterons u par $u(\alpha, \beta, n, k)$.

La solution générale s'obtiendra en faisant la somme d'une infinité de solutions simples, et elle sera

$$(4) \qquad V = \sum_{n=1}^{n=\infty}\sum_{k} A_{n,k} \sin\frac{n\pi z}{l} u(\alpha, \beta, n, k).$$

Il faudra exprimer que pour le contour dont l'équation est $\beta = b$, b étant une constante, V a une valeur donnée fonction de α et z, $f(\alpha, z)$.

Alors on aura l'équation

$$(5) \qquad \sum_{n=1}^{n=\infty} \sum_{k} A_{n,k} \sin \frac{n\pi z}{l} u(\alpha, b, n, k) = f(\alpha, z),$$

de laquelle on pourra déduire les valeurs des coefficients $A_{n,k}$.

75. Supposons, par exemple, que le cylindre soit à base elliptique. Adoptons toutes les notations du n° 58, et nous aurons

$$h^2 = \frac{2}{c^2[\mathrm{E}(2\beta) - \cos 2\alpha]}.$$

Nous ferons

$$u = \mathrm{P}(\alpha)\mathrm{Q}(\beta)$$

dans l'équation (2); et si nous comparons cette équation à celle-ci

$$h^2\left(\frac{d^2u}{d\alpha^2} + \frac{d^2u}{d\beta^2}\right) = -4\lambda^2 u$$

du n° 58, nous aurons, en remplaçant λ^2 par $-\frac{p^2}{4}$ dans les formules de la membrane,

$$\frac{d^2\mathrm{P}}{d\alpha^2} + \left(\mathrm{R} + \frac{p^2c^2}{2}\cos 2\alpha\right)\mathrm{P} = 0,$$

$$\frac{d^2\mathrm{Q}}{d\beta^2} - \left(\mathrm{R} + \frac{p^2c^2}{2}\cdot\frac{e^{2\beta}+e^{-2\beta}}{2}\right)\mathrm{Q} = 0;$$

puis nous aurons, par un simple changement de h^2 en $-\frac{p^2c^2}{4}$, les différentes valeurs de P, d'après celles que nous avons obtenues dans les n°^{s} 60, 61, 62, 63.

Les fonctions P sont de deux espèces : les fonctions impaires $\mathrm{P}_1(\alpha)$ et les fonctions paires $\mathrm{P}_2(\alpha)$; et ces fonctions dépendent du nombre p ou du nombre n $\left(\text{puisque } p = \frac{n\pi}{l}\right)$ et d'un nombre entier g qui entre dans R. On aura donc pour la formule (4), en se rappelant que $p = \frac{n\pi}{l}$,

$$V = \sum_{n=1}^{n=\infty} \sin pz \sum_{g=0}^{g=\infty} A_{n,g} \mathrm{P}_1(\alpha, g, p) \mathrm{Q}_1(\beta, g, p)$$

$$+ \sum_{n=1}^{n=\infty} \sin pz \sum_{g=0}^{g=\infty} \mathrm{B}_{n,g} \mathrm{P}_2(\alpha, g, p) \mathrm{Q}_2(\beta, g, p).$$

Appliquons l'équation (5). Désignons par $f_1(\alpha, z)$ la partie impaire de $f(\alpha, z)$ par rapport à α, et par $f_2(\alpha, z)$ la partie paire; nous aurons les deux équations

$$\sum_{n=1}^{n=\infty} \sin pz \sum_{g=0}^{g=\infty} A_{n,g} P_1(\alpha, g, p) Q_1(b, g, p) = f_1(\alpha, z),$$

$$\sum_{n=1}^{n=\infty} \sin pz \sum_{g=0}^{g=\infty} B_{n,g} P_2(\alpha, g, p) Q_2(b, g, p) = f_2(\alpha, z).$$

Déterminons, par exemple, les coefficients $A_{n,g}$ au moyen de la première. Multiplions-la par $\sin \frac{n\pi z}{l} dz$, et intégrons de zéro à l; une seule des quantités n restera dans la formule si l'on supprime tous les termes qui se détruisent, et l'on aura

$$(a) \qquad \sum_{g=0}^{g=\infty} A_{n,g} P_1(\alpha, g, p) Q_1(b, g, p) = \frac{2}{l} \int_0^l f_1(\alpha, z) \sin \frac{n\pi z}{l} dz.$$

Soient P et P' deux fonctions P renfermant la même quantité p; nous aurons les deux équations

$$\frac{d^2 P}{d\alpha^2} + \left(R + \frac{p^2 c^2}{2} \cos 2\alpha \right) P = 0,$$

$$\frac{d^2 P'}{d\alpha^2} + \left(R' + \frac{p^2 c^2}{2} \cos 2\alpha \right) P' = 0.$$

Multiplions la première par P', la seconde par P, retranchons, puis intégrons de zéro à 2π, nous aurons

$$(R' - R) \int_0^{2\pi} PP' d\alpha = \left(P' \frac{dP}{d\alpha} - P \frac{dP'}{d\alpha} \right)_0^{2\pi};$$

P et P' ayant pour période 2π, le second membre est nul et l'on a

$$\int_0^{2\pi} PP' d\alpha = 0,$$

si R' est différent de R.

Multiplions l'équation (a) par $P_1(\alpha, g, p)\, d\alpha$ et intégrons de zéro à 2π, nous aurons donc l'équation

$$A_{n,g} Q_1(b, g, p) \int_0^{2\pi} P_1^2(\alpha, g, p)\, d\alpha = \frac{2}{l} \int_0^{2\pi} \int_0^l f(\alpha, z) P_1(\alpha, g, p) \sin pz\, d\alpha\, dz,$$

qui déterminera le coefficient $A_{n,g}$.

76. Considérons maintenant l'équilibre d'un cylindre dont la surface convexe est entretenue à la température $f(\alpha, z)$ et dont les bases sont entretenues aux températures $\varphi_1(\alpha, \beta)$, $\varphi_2(\alpha, \beta)$.

L'état de température cherché peut être considéré comme la somme de deux états. Dans l'un, la surface convexe est entretenue à la température $f(\alpha, z)$ et les bases à zéro; cet état vient d'être étudié; dans l'autre, la surface convexe est à zéro et les bases sont aux températures $\varphi_1(\alpha, \beta)$, $\varphi_2(\alpha, \beta)$.

La température, dans le second état, sera donnée par une formule analogue à la formule (4)

$$V = \Sigma\Sigma (A \sin pz + B \cos pz) u(\alpha, \beta, p, k),$$

la fonction $u(\alpha, \beta, p, k)$ satisfaisant à l'équation (2) et dépendant de deux quantités k et p, auxquelles se rapportent les deux signes sommatoires.

Examinons de nouveau le cas où le cylindre est à base elliptique. Nous prendrons

$$V = \Sigma\Sigma (A \sin pz + B \cos pz) P(\alpha, g, p) Q(\beta, g, p)$$

en ne distinguant pas les fonctions P_1, Q_1 des fonctions P_2, Q_2 pour abréger l'écriture.

V doit s'annuler pour $\beta = b$; ce que l'on obtient en déterminant p par l'équation

$$Q(b, g, p) = 0.$$

Exprimons ensuite les températures des bases; après avoir posé

(c) $\qquad\qquad A \sin pl + B \cos pl = D,$

nous aurons

(d) $\qquad \Sigma\Sigma \, \mathrm{B} \, \mathrm{P}(\alpha, g, p) \mathrm{Q}(\beta, g, p) = \varphi_1(\alpha, \beta),$

(e) $\qquad \Sigma\Sigma \, \mathrm{D} \, \mathrm{P}(\alpha, g, p) \mathrm{Q}(\beta, g, p) = \varphi_2(\alpha, \beta).$

La détermination des coefficients B, au moyen de l'équation (d), est identique à celle que nous avons faite des coefficients dans la théorie de la membrane elliptique (n° 73), où un seul signe Σ tient lieu des deux signes placés ici. Les coefficients D se déterminent de la même manière au moyen de la formule (e). Enfin on a les coefficients A au moyen de l'équation (c).

REFROIDISSEMENT D'UN CYLINDRE ELLIPTIQUE.

77. Supposons que l'on ait un cylindre à base elliptique; prenons l'axe des z parallèle aux génératrices, et nous aurons, pour l'équation du mouvement de la température,

(1) $\qquad h^2 \left(\dfrac{d^2 \mathrm{V}}{d\alpha^2} + \dfrac{d^2 \mathrm{V}}{d\beta^2} \right) + \dfrac{d^2 \mathrm{V}}{dz^2} = k \dfrac{d\mathrm{V}}{dt},$

k étant une constante et

$$h^2 = \dfrac{2}{c^2 [\mathrm{E}(2\beta) - \cos 2\alpha]};$$

de plus α, β sont les coordonnées définies au n° 57, et la section du cylindre a pour équation $\beta = \mathrm{B}$. Enfin, le cylindre ayant la longueur l, les bases sont situées dans les plans $z = 0$ et $z = l$.

Considérons d'abord le cas où la surface latérale et les bases sont entretenues à la température zéro.

Pour avoir une solution simple, posons

$$\mathrm{V} = \mathrm{A}\,\mathrm{P}(\alpha)\mathrm{Q}(\beta)\sin\dfrac{n\pi z}{l} e^{-\frac{m^2}{k}t},$$

n étant un nombre entier; V s'annulera sur les deux bases.

Portons cette valeur de V dans l'équation (1) et nous aurons

$$\frac{d^2 P}{d\alpha^2} Q + P \frac{d^2 Q}{d\beta^2} = \frac{c^2}{2} \left(\frac{n^2 \pi^2}{l^2} - m^2 \right) [E(2\beta) - \cos 2\alpha] PQ.$$

Posons

$$-\frac{n^2 \pi^2}{l^2} + m^2 = 4\lambda^2,$$

les valeurs de P et Q seront précisément celles que nous avons trouvées dans la théorie de la membrane elliptique; λ ou m se détermine par la condition que Q s'annule sur le contour de la section ou pour $\beta = B$.

Les fonctions P et Q sont de deux sortes : les unes, $P_1(\alpha)$, $Q_1(\beta)$ impaires; les autres, $P_2(\alpha)$, $Q_2(\beta)$ qui sont paires. En faisant la somme d'une infinité de solutions particulières, nous aurons la solution générale

$$V = \sum\sum\sum_n A \sin \frac{n\pi z}{l} P_1(\alpha) Q_1(\beta) e^{-\frac{m^2}{k} t}$$
$$+ \sum\sum\sum_n B \sin \frac{n\pi z}{l} P_2(\alpha) Q_2(\beta) e^{-\frac{m^2}{k} t},$$

$\sum\limits_n$ se rapportant à toutes les valeurs entières et positives de n, et les deux autres $\sum$ ayant la même signification que le seul $\sum$ du n° 73 dans la théorie de la membrane elliptique.

La température initiale est supposée donnée; désignons par $F(\alpha, \beta, z)$ cette température ou la valeur de V pour $t = 0$, et séparons $F(\alpha, \beta, z)$ en deux parties : l'une, $F_1(\alpha, \beta, z)$, impaire en α et β; l'autre, $F_2(\alpha, \beta, z)$, paire par rapport à ces deux variables (n° 73); nous aurons

$$\sum\sum\sum_n A \sin \frac{n\pi z}{l} P_1(\alpha) Q_1(\beta) = F_1(\alpha, \beta, z),$$
$$\sum\sum\sum_n B \sin \frac{n\pi z}{l} P_2(\alpha) Q_2(\beta) = F_2(\alpha, \beta, z).$$

Considérons, par exemple, la première de ces deux équations; multiplions-la par sin $\frac{n\pi z}{l} dz$ et intégrons de zéro à l, nous aurons

$$\sum\sum A P_i(\alpha) Q_i(\beta) = \frac{1}{l} \int_0^l F_i(\alpha, \beta, z) \sin \frac{n\pi z}{l} dz,$$

et n est le même dans toutes les fonctions P et Q qui restent dans cette équation. On obtient ensuite les coefficients A de cette équation, conformément à ce que nous avons vu (n° 73).

78. Si nous supposons, en second lieu, que la surface convexe soit entretenue à la température zéro, mais que les bases rayonnent dans un même milieu, la question du refroidissement du cylindre ne présente pas de nouvelles difficultés, et nous nous dispensons de reproduire la solution.

Mais si la surface convexe du cylindre est soumise au rayonnement et que les bases rayonnent ou soient entretenues à zéro, alors la question devient beaucoup plus difficile.

Cela provient de ce que la fonction de α et β, qui entre dans la solution simple, ne peut plus être considérée comme le produit d'une fonction de α par une fonction de β.

En effet, en désignant par dn l'élément de la normale à la surface convexe du cylindre, on a l'équation

$$\frac{dV}{dn} + bV = 0 \quad \text{pour} \quad \beta = B,$$

b désignant une constante; or on a

$$\frac{dV}{dn} = h \frac{dV}{d\beta}, \quad h^2 = \frac{2}{c^2[\mathrm{E}(2\beta) - \cos 2\alpha]};$$

donc l'équation, qui doit être satisfaite pour $\beta = B$, devient

$$\frac{dV}{d\beta} + \frac{bc}{2}\sqrt{\mathrm{E}(2\beta) - \cos 2\alpha}\, V = 0,$$

et il est évident qu'on ne peut satisfaire à cette équation par une expression de la forme $P(\alpha) Q(\beta)$, parce que h dépend de α.

Nous ne déterminons point ici cette solution simple qui fait toute la difficulté de la question; mais la recherche de cette solution pourrait être traitée selon la méthode que nous avons donnée dans notre Mémoire sur la distribution de la chaleur dans le corps compris entre deux cylindres circulaires excentriques (*Journal de M. Liouville*, t. XIV, 1869).

Lorsque la base du cylindre se réduit à un cercle, la distribution de la chaleur s'obtient très-facilement, comme nous allons voir.

DISTRIBUTION DE LA CHALEUR DANS UN CYLINDRE DE RÉVOLUTION.

79. La température V satisfait à l'équation

$$\Delta V = k \frac{dV}{dt},$$

et, en employant des coordonnées polaires comme au n° 50, on a

$$(a) \qquad \frac{d^2V}{dr^2} + \frac{1}{r}\frac{dV}{dr} + \frac{1}{r^2}\frac{d^2V}{d\alpha^2} + \frac{d^2V}{dz^2} = k\frac{dV}{dt}.$$

A la surface latérale du cylindre, nous aurons, en prenant la température extérieure supposée constante pour zéro,

$$(b) \qquad \frac{dV}{dr} + bV = 0 \quad \text{pour} \quad r = h,$$

h étant le rayon du cylindre et b une constante.

Désignons par u une fonction de r et α, par $T(z)$ une fonction de z, et posons

$$V = uT(z)e^{-\frac{mt}{k}},$$

l'équation (a) donnera

$$\frac{1}{u}\left(\frac{d^2u}{dr^2} + \frac{1}{r}\frac{du}{dr} + \frac{1}{r^2}\frac{d^2u}{d\alpha^2}\right) + \frac{1}{T}\frac{d^2T}{dz^2} = m^2.$$

On en déduit que les deux termes du premier membre sont constants séparément, et l'on conclut, en posant

$$m^2 - p^2 = 4\lambda^2,$$

les deux équations

$$\frac{1}{T}\frac{d^2T}{dz^2} = -p^2,$$

$$\frac{d^2u}{dr^2} + \frac{1}{r}\frac{du}{dr} + \frac{1}{r^2}\frac{d^2u}{d\alpha^2} = -4\lambda^2 u.$$

De la première on déduit

$$T = C\cos pz + D\sin pz,$$

et, d'après le n° 50, on déduit de la seconde

$$u = PQ$$

avec

$$P = A\cos n\alpha + B\sin n\alpha,$$

$$Q = r^n\left[1 - \frac{(\lambda r)^2}{1(n+1)} + \frac{(\lambda r)^4}{1.2(n+1)(n+2)} - \cdots\right].$$

Le rayonnement des deux bases donne les deux équations

$$\frac{dV}{dz} + jV = 0 \quad \text{pour} \quad z = l,$$

$$\frac{dV}{dz} - jV = 0 \quad \text{pour} \quad z = 0,$$

j étant une constante que, pour plus de généralité, nous prenons différente de la constante b de la formule (b). Ces deux formules reviennent à celles-ci :

(c)
$$\begin{cases} \dfrac{dT}{dz} + jT = 0 \quad \text{pour} \quad z = l, \\ \dfrac{dT}{dz} - jT = 0 \quad \text{pour} \quad z = 0, \end{cases}$$

Remplaçant T par sa valeur et faisant $C = 1$, comme il est évidemment permis, nous avons

(d)
$$\begin{cases} jD - p\tan pl - Dp \cdot j = 0, \\ Dp - j = 0, \end{cases}$$

et de ces deux équations nous pouvons tirer D et p.

L'équation (b) donnera

$$(e) \qquad \frac{dQ}{dr} + bQ = 0 \quad \text{pour} \quad r = h,$$

et cette équation servira à déterminer λ^2, et par suite m^2 par la formule $m^2 - p^2 = 4\lambda^2$.

D'après cela, la solution simple

$$(A\cos n\alpha + B\sin n\alpha)Q(\cos pz + D\sin pz)e^{-\frac{m^2}{k}t}$$

ne renferme plus rien d'indéterminé que les deux coefficients A et B.

On aura la solution générale en faisant la somme d'une infinité de telles solutions, et l'on posera

$$V = \sum_m \sum_n \sum_p (A\cos n\alpha + B\sin n\alpha)Q(\cos pz + D\sin pz)e^{-\frac{m^2}{k}t};$$

un des signes de sommation se rapporte à toutes les valeurs entières de n, un autre à toutes les valeurs de p et D fournies par les équations (d), et le troisième à toutes les valeurs de λ ou de m déduites de l'équation (e).

Pour $t = 0$, on suppose que V est une fonction donnée $F(r, \alpha, z)$, et l'on a

$$\sum_m \sum_n \sum_p (A\cos n\alpha + B\sin n\alpha)Q(\cos pz + D\sin pz) = F(r, \alpha, z).$$

Deux valeurs de T satisfont aux équations

$$\frac{d^2T}{dz^2} + p^2T = 0, \quad \frac{d^2T'}{dz^2} + p'^2T' = 0,$$

et, d'après les équations (c), on aura

$$\int_0^l TT' dz = 0.$$

Multiplions les deux membres de l'équation de la condition initiale par $T = \cos pz + D \sin pz$ et intégrons de zéro à l, nous aurons

$$\sum_m \sum_n Q(A \cos n\alpha + B \sin n\alpha) \int_0^l (\cos pz + D \sin pz)^2 dz$$

$$= \int_0^l F(r, \alpha, z)(\cos pz + D \sin pz) dz.$$

L'équation ne renferme plus qu'une seule valeur de p. On trouvera ensuite les coefficients A, B qui restent dans cette équation comme au n° 53, où l'on considère le mouvement le plus général d'une membrane circulaire.

CHAPITRE VI.

DISTRIBUTION DE LA TEMPÉRATURE DANS UNE SPHÈRE.

ÉQUILIBRE DE TEMPÉRATURE DE LA SPHÈRE.

80. Nous allons chercher l'équilibre de température d'une sphère dont tous les points de la surface sont entretenus à des températures données et fixes. Cette question, au point de vue de l'analyse, se trouve entièrement traitée dans l'étude qu'a faite Laplace de l'attraction des sphéroïdes (*Mécanique céleste*, liv. III, chap. II).

Si un corps est en équilibre de température, sa température V satisfait à l'équation

$$\Delta V = 0.$$

Or, en général, soient trois familles de surfaces orthogonales rapportées à des axes rectangulaires et données par les équations

$$f(x, y, z) = \rho, \quad f_1(x, y, z) = \rho_1, \quad f_2(x, y, z) = \rho_2,$$

dans lesquelles ρ, ρ_1, ρ_2 sont des paramètres variables; en prenant ρ, ρ_1, ρ_2 pour coordonnées, on a la formule de Lamé

$$\Delta V = h h_1 h_2 \left[\frac{d\left(\frac{h}{h_1 h_2} \frac{dV}{d\rho}\right)}{d\rho} + \frac{d\left(\frac{h_1}{h h_2} \frac{dV}{d\rho_1}\right)}{d\rho_1} + \frac{d\left(\frac{h_2}{h h_1} \frac{dV}{d\rho_2}\right)}{d\rho_2} \right].$$

h représente $\sqrt{\left(\frac{d\rho}{dx}\right)^2 + \left(\frac{d\rho}{dy}\right)^2 + \left(\frac{d\rho}{dz}\right)^2}$, h_1, h_2 représentent des expressions semblables dans lesquelles ρ est remplacé par ρ_1 et ρ_2; mais, pour les former de la manière la plus commode, nous nous servirons de la formule démontrée au n° 24

(a) $$dx^2 + dy^2 + dz^2 = \frac{1}{h^2} d\rho^2 + \frac{1}{h_1^2} d\rho_1^2 + \frac{1}{h_2^2} d\rho_2^2.$$

Prenons des coordonnées polaires dont l'origine soit au centre de la sphère; un point quelconque est déterminé par sa distance r au centre o de la sphère, par l'angle θ que fait r avec l'axe polaire ox, et par l'angle ψ que fait le plan mené par ox et par r avec un plan fixe mené par ox. Les trois surfaces orthogonales de ce système de coordonnées sont : 1° une sphère de rayon r; 2° un cône de révolution dont la génératrice fait avec ox l'angle θ; 3° un plan méridien. Leurs équations sont

$$x^2 + y^2 + z^2 = r^2, \quad y^2 + z^2 - x^2 \tang^2\theta = 0, \quad z = y\tang\psi,$$

et les trois paramètres ρ, ρ_1, ρ_2 sont remplacés respectivement par r, θ et ψ.

On passe des coordonnées rectilignes aux coordonnées polaires par les formules

$$x = r\cos\theta, \quad y = r\sin\theta\cos\psi, \quad z = r\sin\theta\sin\psi,$$

qui satisfont aux trois équations précédentes, et il en résulte

$$dx = dr\cos\theta - r\sin\theta\, d\theta,$$
$$dy = dr\sin\theta\cos\psi + r\cos\theta\cos\psi\, d\theta - r\sin\theta\sin\psi\, d\psi,$$
$$dz = dr\sin\theta\sin\psi + r\cos\theta\sin\psi\, d\theta + r\sin\theta\cos\psi\, d\psi;$$

par suite on aura

(b) $$dx^2 + dy^2 + dz^2 = dr^2 + r^2 d\theta^2 + r^2 \sin^2\theta\, d\psi^2.$$

Comparant les formules (b) et (a), on a

$$h = 1, \quad h_1 = \frac{1}{r}, \quad h_2 = \frac{1}{r\sin\theta};$$

par suite

$$\frac{h}{h_1 h_2} = r^2 \sin\theta, \quad \frac{h_1}{h_2 h} = \sin\theta, \quad \frac{h_2}{h h_1} = \frac{1}{\sin\theta}.$$

et l'équation $\Delta V = 0$ devient

$$\sin\theta \frac{d\left(r^2 \frac{dV}{dr}\right)}{dr} + \frac{d\left(\sin\theta \frac{dV}{d\theta}\right)}{d\theta} + \frac{1}{\sin\theta}\frac{d^2V}{d\psi^2} = 0.$$

Posons $\cos\theta = \mu$, nous aurons $\frac{dV}{d\theta} = -\frac{dV}{d\mu}\sin\theta$, et il en résulte enfin l'équation

(1) $$\frac{1}{1-\mu^2}\frac{d^2V}{d\psi^2} + \frac{d(1-\mu^2)\frac{dV}{d\mu}}{d\mu} + \frac{d\left(r^2\frac{dV}{dr}\right)}{dr} = 0;$$

c'est l'équation considérée pour la première fois par Laplace dans la *Mécanique céleste* pour l'attraction des sphéroïdes. La température V doit satisfaire à cette équation, et ρ désignant le rayon de la sphère, on doit avoir

$$V = F(\theta, \psi) \quad \text{pour} \quad r = \rho.$$

81. Faisons $V = YR$, la fonction Y ne dépendant que de θ et ψ, et la fonction R que de r; substituons cette expression dans l'équation (1) et divisons par YR; nous aurons

$$\frac{1}{1-\mu^2}\frac{1}{Y}\frac{d^2Y}{d\psi^2} + \frac{1}{Y}\frac{d(1-\mu^2)\frac{dY}{d\mu}}{d\mu} + \frac{1}{R}\frac{d\left(r^2\frac{dR}{dr}\right)}{dr} = 0.$$

Le troisième terme ne dépend que de r et les deux premiers que de μ et ψ; donc

$$\frac{1}{R}\frac{d\left(r^2\frac{dR}{dr}\right)}{dr}$$

est une constante; prenons, pour R, $R = ar^n$, a étant constant et n un nombre positif, afin que R ne puisse devenir infini au centre de la sphère, et pour la commodité de ce qui suivra, posons, puisque a est arbitraire,

$$R = \left(\frac{r}{\rho}\right)^n \text{(1)};$$

---

(1) Le potentiel V d'un sphéroïde ou d'une couche sphérique par rapport à un point extérieur dont les coordonnées sont (r, θ, ψ) satisfait à $\Delta V = 0$; mais alors il faut prendre $R = \left(\frac{\rho}{r}\right)^n$.

on a donc

$$\frac{1}{R}\frac{d\left(r^2\dfrac{dR}{dr}\right)}{dr} = n(n+1),$$

et l'on a, pour l'équation qui donne Y,

(2) $\quad\dfrac{1}{1-\mu^2}\dfrac{d^2Y}{d\psi^2} + \dfrac{d(1-\mu^2)\dfrac{dY}{d\mu}}{d\mu} + n(n+1)Y = 0.$

Prenons pour n un nombre entier et positif, et nous allons obtenir pour Y une fonction rationnelle du degré n des trois quantités

$$\cos\theta, \quad \sin\theta\cos\psi, \quad \sin\theta\sin\psi,$$

ou

$$\mu, \quad \sqrt{1-\mu^2}\cos\psi, \quad \sqrt{1-\mu^2}\sin\psi,$$

c'est-à-dire des coordonnées rectilignes d'un point quelconque de la sphère dont le rayon est l'unité, et cette fonction renfermera $2n+1$ constantes arbitraires.

Les quantités $\cos\psi$ et $\sin\psi$ ne doivent se trouver dans Y que multipliées par $\sin\theta$, afin que, pour $\theta = 0$ ou sur l'axe polaire, Y devienne indépendant de ψ comme la température doit l'être.

Cherchons d'abord une solution particulière de l'équation (2) et prenons Y de la forme $\Theta\Psi$, Ψ ne dépendant que de ψ, et Θ que de θ ou de μ; en portant cette expression dans l'équation (2), nous aurons

(3) $\quad\dfrac{1}{\Psi}\dfrac{d^2\Psi}{d\psi^2} + \dfrac{1-\mu^2}{\Theta}\dfrac{d(1-\mu^2)\dfrac{d\Theta}{d\mu}}{d\mu} + n(n+1)(1-\mu^2) = 0.$

Le premier terme ne dépend que de ψ, les deux autres que de μ; donc, comme Ψ doit être périodique, on peut poser

$$\frac{1}{\Psi}\frac{d^2\Psi}{d\psi^2} = -l^2,$$

et par suite

$$\Psi = A\cos l\psi + B\sin l\psi.$$

Quand on augmente ψ de 2π, on reste au même point de la sphère; donc Ψ ne change pas de valeur; il en résulte que l est entier.

Enfin, en remplaçant dans l'équation (3) le premier terme par $-l^2$, on obtient, pour l'équation qui donne Θ,

$$(4) \qquad \frac{d(1-\mu^2)\frac{d\Theta}{d\mu}}{d\mu} + \left[n(n+1) - \frac{l^2}{1-\mu^2}\right]\Theta = 0.$$

Actuellement remarquons que $\cos l\psi$ et $\sin l\psi$ sont des fonctions entières et homogènes du degré l de $\sin\psi$ et $\cos\psi$; il en est donc de même de Ψ; par conséquent la fonction Θ qui doit multiplier Ψ renferme en facteur $\sin^l\theta$ ou $(1-\mu^2)^{\frac{l}{2}}$, et nous poserons

$$\Theta = (1-\mu^2)^{\frac{l}{2}} T.$$

Substituons cette expression dans l'équation (4) et nous aurons

$$(5) \qquad (1-\mu^2)\frac{d^2 T}{d\mu^2} - 2(l+1)\mu\frac{dT}{d\mu} + (n-l)(n+l+1)T = 0.$$

Nous allons voir qu'on peut satisfaire à cette équation par un polynôme entier et fini. Posons

$$(6) \qquad T = \mu^g + a_1 \mu^{g-2} + a_2 \mu^{g-4} + \ldots$$

et substituons dans l'équation (5); nous aurons pour le coefficient de μ^g

$$-g(g-1) - 2(l+1)g + (n-l)(n+l+1) = 0;$$

on a donc l'équation du second degré en g

$$g^2 + (2l+1)g - (n-l)(n+l+1) = 0,$$

dont les deux racines sont $n-l$ et $-(n+l+1)$; la seconde racine, étant négative, doit être rejetée, car elle donnerait pour T une valeur inadmissible dans le cas de $\mu = 0$; nous prendrons donc

$$g = n - l,$$

et, afin que cette quantité soit positive, après avoir choisi le nombre entier n, nous assujettirons le nombre l à être $< n$.

En substituant l'expression (6) dans l'équation (5) et égalant à zéro le coefficient de μ^{n-l-2s}, nous trouverons l'égalité

$$(7) \qquad a_s = -\frac{(n-l-2s+2)(n-l-2s+1)}{2s(2n+1-2s)} a_{s-1},$$

pour la loi qui lie les coefficients a_s, a_{s-1} de deux termes consécutifs, et le développement (6) s'arrêtera au terme pour lequel a_s deviendra nul, c'est-à-dire pour lequel on aura

$$s = \frac{n-l}{2}+1 \quad \text{ou} \quad s = \frac{n-l+1}{2};$$

on choisira celle des deux expressions qui sera entière; ce sera la première si $n-l$ est pair, la seconde s'il est impair. On en conclut que le dernier terme de T sera a_{s-1} ou $a_{s-1}\mu$. Les premiers coefficients sont, d'après l'équation (7),

$$a_0 = 1, \quad a_1 = -\frac{(n-l)(n-l-1)}{2(2n-1)}, \quad a_2 = \frac{(n-l)(n-l-1)(n-l-2)(n-l-3)}{2 \cdot 4 (2n-1)(2n-3)}, \ldots,$$

et l'on a, en indiquant comme indices les deux quantités n et l qui entrent dans Θ,

$$\Theta_{n,l} = (1-\mu^2)^{\frac{l}{2}} \left[\mu^{n-l} - \frac{(n-l)(n-l-1)}{2(2n-1)} \mu^{n-l-2} \ldots \right];$$

on a donc enfin la fonction

$$(A \cos l\psi + B \sin l\psi) \Theta_{n,l},$$

qui satisfait à l'équation (2), et dans laquelle l est susceptible des valeurs $0, 1, 2, \ldots, n$; on aura une autre solution que nous appellerons Y_n, en faisant la somme de toutes ces solutions, et nous aurons

$$Y_n = \sum_{l=0}^{l=n} (A_l \cos l\psi + B_l \sin l\psi) \Theta_{n,l};$$

pour $l = 0$, on peut supprimer le coefficient B; donc Y_n ne renferme que $2n+1$ constantes arbitraires, et c'est une fonction rationnelle du degré n des trois quantités

$$\cos\theta, \quad \sin\theta\cos\psi, \quad \sin\theta\sin\psi,$$

comme il fallait le démontrer.

Ainsi on a une solution de l'équation (1), en posant

$$V = RY_n = \left(\frac{r}{\rho}\right)^n Y_n,$$

et l'on aura la solution générale, en faisant la somme de ces expressions pour toutes les valeurs de n, ou en prenant

(A) $\qquad V = Y_0 + \dfrac{r}{\rho}Y_1 + \left(\dfrac{r}{\rho}\right)^2 Y_2 + \ldots + \left(\dfrac{r}{\rho}\right)^n Y_n + \ldots$

Il faut ensuite que V se réduise à $F(\theta, \psi)$ sur la surface ou pour $r = \rho$, et par suite que l'on ait

$$F(\theta, \psi) = Y_0 + Y_1 + Y_2 + \ldots + Y_n + \ldots$$

Cette condition à la surface servira à déterminer les coefficients qui entrent dans les fonctions Y_n. Nous allons calculer ces coefficients, ou plutôt calculer les fonctions Y_n tout d'une pièce; nous démontrerons en même temps que la série (A) est toujours convergente à l'intérieur de la sphère. Nous déduirons tout ceci d'un théorème de Poisson.

THÉORÈME DE POISSON.

82. Posons

$$\cos\theta\cos\theta' + \sin\theta\sin\theta'\cos(\psi - \psi') = p, \quad \frac{r}{\rho} = \alpha,$$

et faisons

(B) $\qquad V = \dfrac{1}{4\pi} \displaystyle\int_0^{2\pi}\int_0^\pi \dfrac{(1-\alpha^2)F(\theta', \psi')\sin\theta'\, d\theta'}{(1 - 2\alpha p + \alpha^2)^{\frac{3}{2}}}\, d\psi',$

α étant positif et < 1. La fonction V satisfait à l'équation

$$\Delta V = 0$$

— 176 —

dans l'intérieur de la sphère de rayon ρ, et elle se réduit à $F(\theta, \psi)$ pour $\alpha = 1$, c'est-à-dire sur la surface de cette sphère (¹).

Par conséquent, on peut exprimer l'équilibre de température d'une sphère sous forme finie et au moyen de l'expression (B).

Démontrons d'abord que l'expression (B) satisfait à $\Delta V = 0$. Soient (x, y, z) un point variable et (a, b, c) un point fixe; l'inverse de leur distance R

$$\sigma = \frac{1}{R} = \frac{1}{\sqrt{(x-a)^2 + (y-b)^2 + (z-c)^2}}$$

satisfait à l'équation

(C) $\qquad \dfrac{d^2\sigma}{dx^2} + \dfrac{d^2\sigma}{dy^2} + \dfrac{d^2\sigma}{dz^2} = 0.$

D'ailleurs si les coordonnées polaires du point variable sont (r, θ, ψ) et celles du point fixe (ρ, θ', ψ'), on a aussi

$$R = \sqrt{\rho^2 - 2\rho r p + r^2};$$

α étant < 1, nous pouvons développer σ suivant les puissances de α, et nous avons

$$\sigma = \frac{1}{\rho(1 - 2\alpha p + \alpha^2)^{\frac{1}{2}}} = \frac{1}{\rho}(1 + \alpha X_1 + \alpha^2 X_2 + \ldots + \alpha^n X_n + \ldots),$$

en prenant pour X_n la fonction de Legendre

$$X_n = \frac{1.3.5\ldots(2n-1)}{1.2.3\ldots n}\left[p^n - \frac{n(n-1)}{2(2n-1)}p^{n-2} + \frac{n(n-1)(n-2)(n-3)}{2.4(2n-1)(2n-3)}p^{n-4} - \ldots\right].$$

σ satisfait à l'équation (C), quel que soit le point (a, b, c), et si ce point se meut sur le rayon mené du centre de la sphère à ce point, ρ et par suite $\alpha = \dfrac{r}{\rho}$ changent; donc σ satisfait à (C) ou à l'équation (1), quel que soit α, et l'on en conclut que

$$\alpha^n X_n \quad \text{ou} \quad \left(\frac{r}{\rho}\right)^n X_n$$

(¹) Poisson n'a pas précisément énoncé ce théorème dans sa *Théorie mathématique de la chaleur* (voir n° 106); mais ce qu'il y donne revient au fond à ce théorème. L'idée de la formule (B) lui est venue sans doute de la lecture d'un Mémoire de Lagrange *Sur l'attraction des sphéroïdes très-peu différents de la sphère*. (*Journal de l'École Polytechnique*, t. VIII.)

est solution de l'équation (1), et que X_n est un cas particulier des fonctions Y_n. On a ensuite

$$\alpha \frac{d\sigma}{d\alpha} = \frac{1}{\rho}(\alpha X_1 + 2\alpha^2 X_2 + \ldots + n\alpha^n X_n + \ldots)$$

qui est solution aussi de l'équation (1). Donc

$$\sigma + 2\alpha \frac{d\sigma}{d\alpha} \quad \text{ou} \quad \frac{1-\alpha^2}{(1-2\alpha p + \alpha^2)^{\frac{3}{2}}}$$

est solution de l'équation $\Delta V = 0$. Donc enfin tous les éléments de l'intégrale (B) et l'intégrale (B) elle-même satisfont à cette équation.

Démontrons en second lieu que V est égal à $F(\theta, \psi)$ à la surface ou pour $\alpha = 1$.

Supposons que $1 - \alpha$ soit une quantité infiniment petite positive et posons

$$1 - \alpha = g;$$

alors le coefficient de $d\theta' d\psi'$, dans l'élément de l'intégrale double, est infiniment petit, excepté lorsque le dénominateur l'est aussi; le dénominateur est nul pour $p = 1$ ou pour $\theta' = \theta$, $\psi' = \psi$; donc faisant $\theta' = \theta + y$, $\psi' = \psi + z$, il nous suffira d'étendre les intégrations à des valeurs infiniment petites de y et z.

En regardant y et z comme infiniment petits, on a

$$p = 1 - \frac{1}{2}y^2 - \frac{1}{2}z^2 \sin^2\theta,$$
$$1 - 2\alpha p + \alpha^2 = g^2 + y^2 + z^2 \sin^2\theta,$$
$$(1-\alpha^2)F(\theta', \psi') \sin\theta' = 2gF(\theta, \psi) \sin\theta,$$

et par suite la formule (B) devient

$$V = \frac{F(\theta, \psi)}{2\pi} \iint \frac{g \sin\theta \, dz \, dy}{(g^2 + y^2 + z^2 \sin^2\theta)^{\frac{3}{2}}};$$

de plus les intégrales sont prises depuis une limite infiniment petite négative jusqu'à une limite infiniment petite positive.

L'intégrale relative à z étant infiniment petite et à la limite nulle entre deux valeurs de z qui ne comprennent pas $z = 0$, on peut prendre pour limites de l'intégrale $-\infty$ et $+\infty$. Ensuite, comme dans la première intégration y est considéré comme constant, on peut poser

$$z\sin\theta = z'\sqrt{g^2+y^2}, \quad \sin\theta\, dz = dz'\sqrt{g^2+y^2},$$

et il vient

$$V = \frac{F(\theta,\psi)}{2\pi}\int\frac{g\,dy}{g^2+y^2}\int_{-\infty}^{\infty}\frac{dz'}{(1+z'^2)^{\frac{3}{2}}}.$$

Or on a

$$\int\frac{dz'}{(1+z'^2)^{\frac{3}{2}}} = \frac{z'}{\sqrt{1+z'^2}}, \quad \int_{-\infty}^{\infty}\frac{dz'}{(1+z'^2)^{\frac{3}{2}}} = 2;$$

donc

$$V = \frac{F(\theta,\psi)}{\pi}\int\frac{g\,dy}{g^2+y^2}.$$

On peut encore étendre les limites de cette intégrale de $-\infty$ à $+\infty$, et il reste

$$V = F(\theta,\psi);$$

ce qu'il fallait démontrer.

La formule (B) mise sous la forme (A).

83. Nous avons

$$\frac{1-\alpha^2}{\rho(1-2\alpha p+\alpha^2)} = \sigma + 2\alpha\frac{d\sigma}{d\alpha}$$
$$= \frac{1}{\rho}(1+3\alpha X_1 + 5\alpha^2 X_2 + \ldots + (2n+1)\alpha^n X_n + \ldots),$$

et en substituant dans la formule (B), nous avons

$$V = \frac{1}{4\pi}\int_0^{2\pi}\int_0^{\pi}[1+3\alpha X_1 + 5\alpha^2 X_2 + \ldots$$
$$+(2n+1)\alpha^n X_n + \ldots]F(\theta',\psi')\sin\theta'\,d\theta'\,d\psi',$$

et V est développé ainsi en une série convergente suivant les puissances de α. Le coefficient de α^n est

(D) $$\frac{2n+1}{4\pi}\int_0^{\pi}\int_0^{2\pi}X_n F(\theta',\psi')\sin\theta'\,d\theta'\,d\psi'.$$

Or il est facile de voir que cette expression est, comme X_n, un polynôme entier du degré n par rapport aux trois quantités

$$\cos\theta, \quad \sin\theta\cos\psi, \quad \sin\theta\sin\psi,$$

et qu'elle est un Y_n.

Donc enfin, en remplaçant α par $\frac{r}{\rho}$, on voit que V peut se mettre sous la forme

$$V = Y_0 + \frac{r}{\rho} Y_1 + \ldots + \left(\frac{r}{\rho}\right)^n Y_n + \ldots,$$

et que Y_n est donné par la formule (D).

Propriétés des fonctions Y_n.

84. Soient deux fonctions Y_n et $Y_{n'}$ que nous représenterons pour simplifier l'écriture par Y et Y'; elles satisfont aux deux équations

$$\frac{d\left(\sin\theta\frac{dY}{d\theta}\right)}{\sin\theta\, d\theta} + \frac{1}{\sin^2\theta}\frac{d^2Y}{d\psi^2} + n(n+1)Y = 0,$$

$$\frac{d\left(\sin\theta\frac{dY'}{d\theta}\right)}{\sin\theta\, d\theta} + \frac{1}{\sin^2\theta}\frac{d^2Y'}{d\psi^2} + n'(n'+1)Y' = 0.$$

Multiplions ces deux équations, la première par $Y'\sin\theta$, la seconde par $Y\sin\theta$, et retranchons; nous aurons

$$Y'\frac{d\left(\sin\theta\frac{dY}{d\theta}\right)}{d\theta} - Y\frac{d\left(\sin\theta\frac{dY'}{d\theta}\right)}{d\theta} + \frac{Y'}{\sin\theta}\frac{d^2Y}{d\psi^2} - \frac{Y}{\sin\theta}\frac{d^2Y'}{d\psi^2}$$
$$+ [n(n+1) - n'(n'+1)]YY'\sin\theta = 0.$$

Intégrons par rapport à θ de 0 à π, et par rapport à ψ de 0 à 2π, et effectuons les intégrations lorsque cela est possible; nous aurons

$$\int_0^{2\pi}\left[\left(Y'\frac{dY}{d\theta} - Y\frac{dY'}{d\theta}\right)\sin\theta\right]_{\theta=0}^{\theta=\pi} d\psi$$
$$+ \int_0^\pi \left(Y'\frac{dY}{d\psi} - Y\frac{dY'}{d\psi}\right)_{\psi=0}^{\psi=2\pi} \frac{d\theta}{\sin\theta}$$
$$+ [n(n+1) - n'(n'+1)]\int_0^{2\pi}\int_0^\pi YY'\sin\theta\, d\theta\, d\psi = 0.$$

La fonction

$$\left(Y' \frac{dY}{d\theta} - Y \frac{dY'}{d\theta}\right) \sin\theta$$

s'annule pour $\theta = 0$ et $\theta = \pi$, et la fonction

$$Y' \frac{dY}{d\psi} - Y \frac{dY'}{d\psi}$$

prend la même valeur pour $\psi = 0$ et $\psi = 2\pi$; donc tous les éléments des deux premières intégrales sont nuls, et, par suite, si n' n'est pas égal à n, on aura la formule de Laplace

$$\int_0^{2\pi} \int_0^{\pi} Y Y' \sin\theta \, d\theta \, d\psi = 0;$$

en particulier, on aura

(E) $$\int_0^{2\pi} \int_0^{\pi} Y_n X_{n'} \sin\theta \, d\theta \, d\psi = 0.$$

Désignons par θ' et ψ' les coordonnées θ et ψ pour un point de la surface de la sphère, et par Y'_n ce que devient Y_n quand on remplace θ et ψ et par θ' et ψ'. La dernière équation du n° 81 s'écrira

$$F(\theta', \psi') = Y'_0 + Y'_1 + \ldots + Y'_n + \ldots$$

Multiplions cette équation par $X_n \sin\theta' \, d\theta' \, d\psi'$, et intégrons par rapport à θ de 0 à π et par rapport à ψ de 0 à 2π, c'est-à-dire dans toute l'étendue de la surface de la sphère; tous les termes du second membre s'annuleront, excepté le premier, et nous aurons

$$\int_0^{2\pi} \int_0^{\pi} X_n F(\theta', \psi') \sin\theta' \, d\theta' \, d\psi' = \int_0^{2\pi} \int_0^{\pi} Y'_n X_n \sin\theta' \, d\theta' \, d\psi'.$$

Or nous avons vu que l'intégrale du premier membre est égale à $\frac{4\pi}{2n+1} Y_n$; donc on a cette équation de Laplace

(F) $$\int_0^{2\pi} \int_0^{\pi} Y'_n X_n \sin\theta' \, d\theta' \, d\psi' = \frac{4\pi}{2n+1} Y_n,$$

et le premier membre de la formule (F) ne diffère de celui de la formule (E) qu'en ce que n' est égal à n.

AUTRE FORME QU'ON PEUT DONNER A LA SOLUTION.

85. Nous avons vu que l'on a une solution de l'équation $\Delta V = 0$, en posant

$$V = \left(\frac{r}{\rho}\right)^n (A\cos l\psi + B\sin l\psi)\Theta_{n,l};$$

n et l sont deux nombres entiers, et l est $< n$. Nous venons de grouper ensemble tous les termes qui dépendent du même nombre n, et leur somme a été représentée par $Y_n \left(\frac{r}{\rho}\right)^n$; puis nous avons formé la somme

$$Y_0 + \frac{r}{\rho}Y_1 + \ldots + \left(\frac{r}{\rho}\right)^n Y_n + \ldots$$

On peut donner aux termes de la série une autre disposition qui est fort naturelle quand on veut calculer isolément les coefficients de cette série par le procédé habituellement employé dans les questions de Physique mathématique. On posera

$$V = \sum_{l=0}^{l=\infty}\left[\cos l\psi \sum_{n=l}^{n=\infty} A_{n,l}\left(\frac{r}{\rho}\right)^n \Theta_{n,l} + \sin l\psi \sum_{n=l}^{n=\infty} B_{n,l}\left(\frac{r}{\rho}\right)^n \Theta_{n,l}\right],$$

et la condition à la surface donne

$$\sum_{l=0}^{l=\infty}\left(\cos l\psi \sum_{n=l}^{n=\infty} A_{n,l}\Theta_{n,l} + \sin l\psi \sum_{n=l}^{n=\infty} B_{n,l}\Theta_{n,l}\right) = F(\theta, \psi).$$

Multiplions par $\cos l\psi\, d\psi$ et intégrons de 0 à 2π; tous les termes disparaîtront, excepté ceux qui renferment $\cos l\psi$ en facteur, et l'on aura

$$(p) \qquad \sum_{n=l}^{n=\infty} A_{n,l}\Theta_{n,l} = \frac{1}{\pi}\int_0^{2\pi} F(\theta, \psi)\cos l\psi\, d\psi.$$

(Toutefois, dans le cas où $l = 0$, le second membre doit être divisé par 2.)

En multipliant par $\sin l\psi\, d\psi$ et intégrant de même de o à 2π, on a

$$(q) \qquad \sum_{n=l}^{n=\infty} B_{n,l} \Theta_{n,l} = \frac{1}{\pi}\int_0^{2\pi} F(\theta, \psi) \sin l\psi\, d\psi.$$

Θ satisfait à l'équation (4) ou à

$$\frac{d\left(\sin\theta \dfrac{d\Theta}{d\theta}\right)}{\sin\theta\, d\theta} + \left[n(n+1) - \frac{l^2}{\sin^2\theta}\right]\Theta = 0.$$

Par un genre de raisonnement assez de fois répété, on déduit de cette équation que, si l'on considère deux fonctions Θ dépendant du même l et de deux nombres n et n' différents, on a

$$(r) \qquad \int_0^{\pi} \Theta_{n,l} \Theta_{n',l} \sin\theta\, d\theta = 0,$$

formule qui permet d'isoler et de calculer immédiatement un quelconque des coefficients $A_{n,l}$, $B_{n,l}$ des équations (p) et (q).

Si l'on pose

$$(s) \qquad \int_0^{2\pi} (\Theta_{n,l})^2 \sin\theta\, d\theta = K_{n,l},$$

on a

$$A_{n,l} = \frac{1}{\pi K_{n,l}} \int_0^{\pi} \Theta_{n,l} \int_0^{2\pi} F(\theta, \psi) \cos l\psi\, d\psi \sin\theta\, d\theta,$$

et l'on a pour $B_{n,l}$ la même expression en remplaçant $\cos l\psi$ par $\sin l\psi$. On doit toutefois remarquer que les seconds membres doivent être divisés par 2 quand $l = 0$.

Nous allons montrer comment on peut calculer la quantité $K_{n,l}$.

Détermination de $K_{n,l}$.

86. Remettons la lettre μ au lieu de $\cos\theta$, et commençons par examiner si entre les trois fonctions $\Theta_{n,l}$, $\Theta_{n+1,l}$, $\Theta_{n-1,l}$ on peut imaginer une relation de la forme

$$(t) \qquad \Theta_{n+1,l} = A\Theta_{n,l}\mu + B\Theta_{n-1,l}.$$

A et B étant deux constantes. Or on a

$$\Theta_{n,l} = (1-\mu^2)^{\frac{l}{2}}\left[\mu^{n-l} - \frac{(n-l)(n-l-1)}{2(2n-1)}\mu^{n-l-2} + \ldots \right.$$
$$\left. \pm \frac{(n-l)(n-l-1)\ldots(n-l-2s+1)}{2.4.6.\ldots 2s(2n-1)\ldots(2n-2s+1)}\mu^{n-l-2s} \mp \ldots \right].$$

Remplaçons dans cette formule n par $n+1$ et $n-1$, et substituons les trois fonctions Θ dans l'équation (t), nous trouverons qu'on peut effectivement y satisfaire et qu'on a

$$A = 1, \quad B = -\frac{n^2 - l^2}{4n^2 - 1};$$

(u)
$$\Theta_{n+1,l} = \mu\Theta_{n,l} - \frac{n^2-l^2}{4n^2-1}\Theta_{n-1,l}.$$

La formule (s) peut être remplacée par

$$K_{n,l} = \int_{-1}^{1}\Theta_{n,l}^2 \, d\mu.$$

Changeons dans la formule (u) n en $n-1$, nous aurons

$$\Theta_{n,l} = \mu\Theta_{n-1,l} - \frac{(n-1)^2-l^2}{4(n-1)^2-1}\Theta_{n-2,l};$$

multiplions cette équation par $\Theta_{n,l}\,d\mu$ et intégrons de -1 à $+1$, nous aurons, d'après la formule (r),

$$\int_{-1}^{+1}\Theta_{n,l}^2 \, d\mu = \int_{-1}^{1}\mu\Theta_{n-1,l}\Theta_{n,l} \, d\mu.$$

Multiplions les deux membres de la formule (u) par $\Theta_{n-1,l}\,d\mu$, et en intégrant nous aurons, en nous appuyant encore sur (r),

$$\int_{-1}^{1}\mu\Theta_{n-1,l}\Theta_{n,l} \, d\mu = \frac{n^2-l^2}{4n^2-1}\int_{-1}^{1}\Theta_{n-1,l}^2 \, d\mu;$$

en remplaçant dans l'équation précédente, on a

$$K_{n,l} = \frac{n^2-l^2}{4n^2-1} K_{n-1,l},$$

$$K_{n,l} = \frac{n^2-l^2}{4n^2-1} \cdot \frac{(n-1)^2-l^2}{4(n-1)^2-1} \cdots \frac{(l+1)^2-l^2}{4(l+1)^2-1} K_{l,l}.$$

Or $\Theta_{l,i}$ se réduit à $(1-\mu^2)^{\frac{l}{2}}$ ou $\sin^l\theta$; on a donc

$$K_{l,l} = \int_{-1}^{+1} (1-\mu^2)^l d\mu = \int_0^\pi \sin^{2l+1}\theta \, d\theta = \frac{2l(2l-2)\ldots 4.2}{(2l+1)(2l-1)\ldots 3.1},$$

et par suite enfin

$$K_{n,l} = \frac{(n^2-l^2)\ldots[(l+1)^2-l^2]}{(4n^2-1)\ldots[4(l+1)^2-1]} \times \frac{2l(2l-2)\ldots 4.2}{(2l+1)(2l-1)\ldots 3.1}.$$

MOUVEMENT DE LA CHALEUR DANS UNE SPHÈRE.

87. La question du refroidissement de la sphère n'offrait pas beaucoup de difficulté, après la détermination de l'équilibre de température de ce corps; il était donc naturel que Laplace traitât aussi ce problème. (*Sur le refroidissement de la Terre*, Voir *Connaissance des Temps*, 1823, et *Mécanique céleste*, liv. XI.)

L'équation aux différences partielles qui régit la distribution de la chaleur dans un corps homogène est

$$\frac{dV}{dt} = a^2 \Delta V,$$

et si nous adoptons des coordonnées polaires dont l'origine soit au centre de la sphère comme au n° 80, cette équation se changera en la suivante :

$$(1) \quad r\frac{dV}{dt} = a^2 \left[\frac{1}{r}\frac{d\left(r^2\frac{dV}{dr}\right)}{dr} + \frac{1}{r\sin\theta}\frac{d\left(\sin\theta\frac{dV}{d\theta}\right)}{d\theta} + \frac{1}{r\sin^2\theta}\frac{d^2V}{d\psi^2} \right].$$

Quand un corps rayonne dans un espace, le flux de chaleur qui sort de sa surface est proportionnel à l'excès de la température du corps sur celle du milieu ambiant. Le flux de chaleur qui traverse la surface est égal à $-\frac{dV}{dr}$ multiplié par une constante positive; donc l'équation à la surface est

$$(2) \quad \frac{dV}{dr} + b(V-\zeta) = 0 \quad \text{pour} \quad r = \rho,$$

b étant une constante positive, ζ la température du milieu ambiant et ρ le rayon de la sphère.

Enfin on suppose donné l'état initial de la distribution de la chaleur, ce qui fournit l'équation

(3) $\qquad V = F(r, \theta, \psi)$ pour $t = 0$,

et il s'agit d'après cela de déterminer la température V en un point quelconque de la sphère et à un instant quelconque.

Résolvons d'abord ce problème dans la supposition que ζ, la température du milieu ambiant, soit une constante; alors on peut la supposer nulle, en comptant toutes les températures à partir de celle-là.

Déterminons une solution simple qui satisfasse aux équations (1) et (2). Pour cela, posons

(4) $\qquad u = R \Psi \Theta e^{-a^2 q^2 t}$,

R ne dépendant que de r, Ψ que de ψ et Θ que de θ, et substituons l'expression de u à la place de V dans l'équation (1); nous aurons

$$\frac{1}{R}\frac{d\left(r^2 \frac{dR}{dr}\right)}{dr} + \frac{1}{\sin\theta}\frac{1}{\Theta}\frac{d\left(\sin\theta \frac{d\Theta}{d\theta}\right)}{d\theta} + \frac{1}{\sin^2\theta}\frac{1}{\Psi}\frac{d^2\Psi}{d\psi^2} = -q^2 r^2.$$

Le deuxième et le troisième terme ne contiennent que θ et ψ; le premier et le dernier terme ne dépendent que de r; donc ils ne diffèrent que par une constante et l'on posera

(5) $\qquad \dfrac{1}{R}\dfrac{d\left(r^2 \frac{dR}{dr}\right)}{dr} + q^2 r^2 = n(n+1)$,

$\qquad \dfrac{1}{\Theta \sin\theta}\dfrac{d\left(\sin\theta \frac{d\Theta}{d\theta}\right)}{d\theta} + \dfrac{1}{\Psi \sin^2\theta}\dfrac{d^2\Psi}{d\psi^2} + n(n+1) = 0$.

Nous prenons la constante égale à $n(n+1)$ et n entier, afin que les deux fonctions Θ et Ψ satisfassent aux conditions de périodicité voulues et aient les valeurs données au n° 81

$$\Psi = A\cos l\psi + B\sin l\psi,$$

$$\Theta = (1-\mu^2)^{\frac{l}{2}}\left(\mu^{n-l} - \frac{(n-l)(n-l-1)}{2(2n-1)}\mu^{n-l-2} + \ldots\right),$$

l étant un nombre entier au plus égal à n et μ représentant $\cos\theta$.

La fonction R doit rester finie au centre de la sphère ou pour $r = 0$; il en résulte qu'on ne doit prendre qu'une solution particulière de l'équation (5)

(A) $$\begin{cases} R = r^n\left(1 - \frac{\sigma^2 r^2}{2(2n+3)} + \frac{\sigma^4 r^4}{2.4(2n+3)(2n+5)} \right. \\ \left. - \frac{\sigma^6 r^6}{2.4.6(2n+3)(2n+5)(2n+7)} + \ldots\right); \end{cases}$$

on peut la mettre aussi sous cette forme

(B) $$R = r^n \int_0^\pi \cos(\sigma r \cos\omega)\sin^{2n+1}\omega\, d\omega.$$

Si nous portons l'expression (4) de u à la place de V dans l'équation (2), nous aurons, ζ étant nul,

$$\frac{dR}{dr} + bR = 0 \quad \text{pour} \quad r = \rho.$$

Cette équation, sur la solution de laquelle nous reviendrons, donne pour chaque valeur entière de n une infinité de valeurs de σ.

Ainsi en écrivant $R(r, n, \sigma)$ au lieu de R pour indiquer les deux quantités n et σ qui y entrent, nous aurons la solution simple

$$u = R(r, n, \sigma)(A\cos l\psi + B\sin l\psi)\Theta_{n,l}\, e^{-a^2\sigma^2 t}.$$

Faisons la somme de toutes les solutions semblables, et nous aurons, en les groupant convenablement,

$$V = \sum_{n=0}^{n=\infty}\sum_{\sigma} e^{-a^2\sigma^2 t} R(r, n, \sigma)\sum_{l=0}^{l=n}(A_{\sigma,l}\cos l\psi + B_{\sigma,l}\sin l\psi)\Theta_{n,l}.$$

A chaque valeur de n correspondent une infinité de valeurs de σ; la valeur de σ ne dépend pas de l; donc chaque facteur $R(r, n, \sigma)$ doit être multiplié, ainsi que l'indique la formule, par la somme des $n+1$ quantités

$$(A\cos l\psi + B\sin l\psi)\Theta_{n,l},$$

dans lesquelles on fait $l = 0, 1, 2, \ldots, n$. Enfin la somme de tous les termes indiqués par $\sum_l$ représente une fonction Y_n.

Forme finie de la fonction R.

88. Nous venons de donner deux formules pour exprimer la fonction R; mais Legendre a montré qu'on pouvait intégrer l'équation (5) sous une forme finie que nous allons faire connaître.

Si nous faisons $R = \frac{1}{r}Q$, nous aurons, au lieu de l'équation (5),

(6) $$\frac{d^2Q}{dr^2} - \left[\frac{n(n+1)}{r^2} - \sigma^2\right]Q = 0.$$

Posons, en désignant par f une constante arbitraire,

(7) $$\begin{cases} Q = (p_0 + p_1 r^{-2} + p_2 r^{-4} + \ldots + p_i r^{-2i} + \ldots)\sin(\sigma r + f) \\ + (q_1 r^{-1} + q_2 r^{-3} + \ldots + q_i r^{-2i+1} + \ldots)\cos(\sigma r + f); \end{cases}$$

nous aurons

$$\frac{d^2Q}{dr^2} = \{(-p_1\sigma^2 + 2q_1\sigma)r^{-2} + \ldots$$
$$+ [(2i-1)(2i-2)p_{i-1} + 2(2i-1)\sigma q_i - \sigma^2 p_i]r^{-2i} + \ldots\}\sin(\sigma r + f)$$
$$+ \{-q_1\sigma^2 r^{-1} + (2q_1 - 4p_1\sigma - q_2\sigma^2)r^{-3} + \ldots$$
$$+ [-4i\sigma p_i + 2i(2i-1)q_i - \sigma^2 q_{i+1}]r^{-2i-1} + \ldots\}\cos(\sigma r + f),$$

et les coefficients de $r^{-2i}\sin(\sigma r + f)$ et de $r^{-2i-1}\cos(\sigma r + f)$ étant égalés séparément à zéro dans l'équation (6), nous aurons

$$[(2i-1)(2i-2) - n(n+1)]p_{i-1} + 2(2i-1)\sigma q_i = 0$$
$$-4ip_i\sigma + [2i(2i-1) - n(n+1)]q_i = 0$$

24.

ou

$$(2i-n-2)(2i-n-1)p_{i-1} - 2(2i-1)\sigma q_i$$
$$= 4p_i i\sigma + (2i-n-1)(2i-n)q_i,$$

et l'on en conclut

$$q_i = \frac{(n-2i+2)(n-2i+1)}{2(2i-1)\sigma} p_{i-1}$$

$$p_i = \frac{(n-2i+1)(n-2i+2)(n-2i-1)(n+2i)}{4 \cdot 2i(2i-1)\sigma} p_{i-1}.$$

Faisons $p_0 = 1$, et de ces deux dernières formules nous conclurons tous les coefficients $p_1, q_1, p_2, q_2, \ldots$ Substituons ces valeurs dans la formule (7) et divisons par r; nous aurons

$$R = \left[\frac{1}{r\sigma} - \frac{(n-1)n(n+1)(n+2)}{2^2 \cdot 1 \cdot 2} \frac{1}{r^3\sigma^3} \right.$$
$$\left. + \frac{(n-3)(n-2)\ldots(n+4)}{2^4 \cdot 1 \cdot 2 \cdot 3 \cdot 4} \frac{1}{r^5\sigma^5} - \cdots\right]\sin(\sigma r + f)$$
$$\left[\frac{n(n+1)}{2} \frac{1}{r^2\sigma^2} - \frac{(n-2)(n-1)n(n+1)(n+2)(n+3)}{2^3 \cdot 1 \cdot 2 \cdot 3} \frac{1}{r^4\sigma^4}\right.$$
$$\left. + \frac{(n-4)\ldots(n+5)}{2^5 \cdot 2 \cdot 3 \cdot 4 \cdot 5} \frac{1}{r^6\sigma^6} - \cdots\right]\cos(\sigma r + f),$$

et l'on voit que les deux séries qui entrent dans cette formule se terminent d'elles-mêmes.

Si nous multiplions cette expression par une constante arbitraire c, nous aurons l'intégrale générale de (5), puisqu'elle renfermera deux constantes arbitraires c et f. Il faut obtenir la solution analogue à celle qui est donnée par les formules (A) et (B) et qui reste finie pour $r = 0$; et, pour cela, il est évident qu'il faut choisir convenablement la valeur de la constante f. Or on vérifie facilement que si l'on prend $f = 0$ dans le cas de n pair et $f = \frac{\pi}{2}$ dans le cas de n impair, et qu'on développe $\sin(\sigma r)$ et $\cos(\sigma r)$, suivant les puissances de r, l'expression de R ne renfermera plus de puissances négatives de r.

Si, au lieu de considérer une sphère pleine, on cherchait le mouvement de la température dans un corps renfermé entre deux sphères concentriques, R ne serait plus assujetti à être fini au centre et f devrait être laissé arbitraire.

DÉTERMINATION DES COEFFICIENTS.

89. Les coefficients de la formule qui donne V se déterminent par la condition initiale qui consiste en ce que V pour $t = 0$ a une valeur donnée en tous les points de la sphère et désignée par $F(r, \theta, \psi)$. Ainsi l'on a

$$\sum_{n=0}^{n=\infty} \sum R(r, n, \sigma) \sum_{l=0}^{l=n} (A_{\sigma,l} \cos l\psi + B_{\sigma,l} \sin l\psi) \Theta_{n,l} = F(r, \theta, \psi).$$

Remarquons d'abord une propriété de la fonction R. La fonction R obtenue ci-dessus satisfait à l'équation (5) ou

$$\frac{d\left(r^2 \dfrac{dR}{dr}\right)}{dr} = [n(n+1) - \sigma^2 r^2] R.$$

Soit R' une fonction R dans laquelle se trouve le même nombre n, mais un nombre σ différent que nous désignerons par σ'; R' satisfait à l'équation

$$\frac{d\left(r^2 \dfrac{dR'}{dr}\right)}{dr} = [n(n+1) - \sigma'^2 r^2] R'.$$

Multiplions ces deux équations par R' et R et retranchons; nous aurons

$$R' \frac{d\left(r^2 \dfrac{dR}{dr}\right)}{dr} - R \frac{d\left(r^2 \dfrac{dR'}{dr}\right)}{dr} = (\sigma'^2 - \sigma^2) RR' r^2.$$

En intégrant de zéro à ρ, on a

$$\left(R' r^2 \frac{dR}{dr} - R r^2 \frac{dR'}{dr}\right)_0^\rho = (\sigma'^2 - \sigma^2) \int_0^\rho RR' r^2 dr,$$

et comme on a pour $r = \rho$

$$\frac{dR}{dr} = bR, \quad \frac{dR'}{dr} = bR',$$

il reste

(a) $$\int_0^\rho R(r, n, \sigma) R'(r, n, \sigma') r^2 dr = 0.$$

Rappelons ensuite cette formule obtenue au n° 85

(b) $$\int_{-1}^{+1} \Theta_{n,l} \Theta_{\sigma',l} \, d\mu = 0.$$

Il nous est maintenant facile de calculer les coefficients. Multiplions les deux membres de la condition initiale par $\cos l\psi \, d\psi$ et intégrons de zéro à 2π; nous aurons

$$\sum_{n=0}^{n=\infty} \sum_\sigma R(r, n, \sigma) \pi A_{\sigma,l} \Theta_{n,l} = \int_0^{2\pi} F(r, \theta, \psi) \cos l\psi \, d\psi,$$

formule qui ne renferme plus qu'une seule valeur de l.

Multiplions par $\Theta_{n,l} \, d\mu$ et intégrons de -1 à $+1$, ou multiplions par $\Theta_{n,l} \sin\theta \, d\theta$ et intégrons de zéro à π; nous aurons, d'après la formule (b),

$$\sum_\sigma R(r, n, \sigma) \pi A_{\sigma,l} \int_{-1}^{+1} \Theta_{n,l}^2 \, d\mu = \int_0^\pi \int_0^{2\pi} F(r, \theta, \psi) \cos l\psi \, d\psi \, \Theta_{n,l} \sin\theta \, d\theta,$$

formule qui ne renferme plus qu'une valeur de l et qu'une valeur de n, mais qui renferme une infinité de valeurs de σ correspondant à cette valeur de n.

Enfin multiplions par $R(r, n, \sigma) r^2 \, dr$ et intégrons de 0 à ρ; nous aurons le coefficient $A_{\sigma,l}$ par la formule

$$\pi A_{\sigma,l} \int_0^\rho R^2(r, n, \sigma) r^2 \, dr \int_{-1}^{+1} \Theta_{n,l}^2 \, d\mu$$
$$= \int_0^\rho \int_0^\pi \int_0^{2\pi} F(r, \theta, \psi) \cos l\psi \, d\psi \, \Theta_{n,l} \sin\theta \, d\theta \, R(r, n, \sigma) r^2 \, dr.$$

Le coefficient $B_{\sigma,l}$ s'obtient par la même formule, en y changeant dans le second membre $\cos l\psi$ en $\sin l\psi$.

CAS OÙ LA TEMPÉRATURE NE VARIE QU'AVEC LA DISTANCE AU CENTRE DE LA SPHÈRE.

90. Supposons que la température de la sphère ne varie qu'avec la distance au centre; alors l'équation (1) se réduira à

$$\frac{d(rV)}{dt} = a^2 \frac{d^2(rV)}{dr^2}.$$

Soit u une solution simple obtenue en posant

$$ru = e^{-\sigma^2 a^2 t} \varphi,$$

et nous aurons

$$\frac{d^2\varphi}{dr^2} + \sigma^2 \varphi = 0;$$

comme ru et, par suite φ, s'annulent pour $r = 0$, l'expression de φ se réduit à

$$\varphi = A \sin \sigma r.$$

L'équation à la surface

$$\frac{du}{dr} + bu = 0 \quad \text{pour} \quad r = \rho$$

donnera

(c) $$\sigma \cos \sigma \rho + \left(b - \frac{1}{\rho}\right) \sin \sigma \rho = 0.$$

En faisant la somme de toutes les solutions simples désignées par ru, nous aurons

$$rV = \Sigma A \sin \sigma r \cdot e^{-\sigma^2 a^2 t},$$

le signe Σ se rapportant à toutes les racines σ de l'équation (c), et il reste à déterminer les coefficients A.

$\sin \sigma r$ et $\sin \sigma' r$, dans lesquels σ et σ' représentent deux racines de l'équation (c), satisfont aux équations

$$\frac{d^2\varphi}{dr^2} + \sigma^2 \varphi = 0, \quad \frac{d^2\varphi'}{dr^2} + \sigma'^2 \varphi' = 0.$$

Multiplions la première par φ', la seconde par φ, retranchant, puis intégrant de o à ρ, nous aurons

$$(d) \qquad \left(\varphi'\frac{d\varphi}{dr} - \varphi\frac{d\varphi'}{dr}\right)_0 + (\sigma^2 - \sigma'^2)\int_0^\rho \varphi\varphi' dr = 0.$$

Or $\sin\sigma r$ et $\sin\sigma' r$ s'annulent pour $r = 0$ et pour $r = \rho$; ces deux fonctions satisfont aux équations

$$\frac{d\varphi}{dr} = \left(\frac{1}{\rho} - b\right)\varphi, \quad \frac{d\varphi'}{dr} = \left(\frac{1}{\rho} - b\right)\varphi';$$

donc, d'après l'équation (d), on a, si σ' est différent de σ,

$$\int_0^\rho \sin\sigma r \sin\sigma' r\, dr = 0.$$

D'ailleurs on a

$$\int_0^\rho \sin^2\sigma r\, dr = \frac{1}{2}\left(\rho - \frac{\sin 2\sigma\rho}{2\sigma}\right) = \frac{\rho}{2} \cdot \frac{\sigma'^2\rho^2 - (1-b\rho)b\rho}{\sigma'^2\rho^2 + (1-b\rho)^2},$$

et la dernière valeur en employant l'équation (c).

Si, au temps $t = 0$, V est une fonction donnée du rayon $f(r)$, nous aurons

$$\Sigma A \sin\sigma r = rf(r),$$

et nous obtiendrons le coefficient A en multipliant les deux membres par $\sin\sigma r\, dr$ et intégrant de zéro à ρ.

Ce problème avait été résolu par Fourier.

TERMES PRINCIPAUX DU DÉVELOPPEMENT DE V.

91. En général, lorsqu'un corps quelconque se refroidit et tend, d'après les données, vers un état d'équilibre, sa température peut être exprimée par une série de la forme

$$V = M + Ne^{-at} + Pe^{-pt} + Qe^{-\gamma t} + \ldots,$$

M, N, P,... étant des fonctions de x, y, z indépendantes du temps t, et

α, β, γ,... étant des nombres croissants. M est la température d'équilibre vers laquelle tend le corps, et c'est la valeur de V pour $t = \infty$.

Quand t sera assez considérable, l'expression de V pourra être réduite à quelques-uns de ses premiers termes, et, après un temps plus long, simplement à

$$V = M + N e^{-\alpha^2 t};$$

et alors la température décroîtra en progression par quotient, quand le temps croîtra en progression par différence.

Lorsque le corps rayonne dans un espace dont la température est à zéro, la température d'équilibre vers laquelle tend le corps ou la quantité M est nulle, et l'on voit que, lorsque le corps est une sphère, les termes que l'on devra considérer principalement sont ceux qui répondent aux plus petites valeurs de σ.

Si l'on pose $rR = Q$, l'équation différentielle qui donne R est remplacée par la suivante

$$\frac{d^2Q}{dr^2} + \left[\sigma^2 - \frac{n(n+1)}{r^2}\right]Q = 0,$$

et l'équation

$$\frac{dR}{dr} + bR = 0,$$

qui a lieu pour $r = \rho$, se change en

(e)
$$\frac{dQ}{dr} + \left(b - \frac{1}{\rho}\right)Q = 0.$$

De plus, Q est évidemment assujetti à s'annuler pour $r = 0$. En faisant, dans l'équation (e), $r = \rho$, on a une équation qui détermine les racines σ. A chaque valeur du nombre entier n correspondent une infinité de valeurs de σ; désignons ces racines σ, suivant l'ordre de grandeur croissante, par σ_1, σ_2, σ_3,...; il résulte de ce qui a été démontré (n° 48) que chacun des nombres σ_1, σ_2,... ira en croissant avec n.

Donc la plus petite quantité σ correspond à $n = 0$, la plus petite qui viendra après correspondra encore à $n = 0$ ou à $n = 1$, et ainsi de suite.

SUR LES TERMES DE V QUI RÉPONDENT A $n = 0$.

92. Reportons-nous à l'expression générale de V. Pour $n = 0$, l n'a plus que la valeur 0, $\Theta_{0,0}$ se réduit à 1, et les termes de V, dans lesquels n est nul, ont pour somme

$$v = \Sigma A_{\sigma,0} R(r, 0, \sigma) e^{-s^2 \sigma^2 t}.$$

$R(r, 0, \sigma)$ est égal à $\frac{\varphi}{r}$ ou à $\frac{\sin \sigma r}{r}$ comme au n° 90, σ étant racine de l'équation (c), et l'on a tous les mêmes termes que dans le problème de ce numéro. La formule qui donne $A_{\sigma,0}$ est

$$2\pi A_{\sigma,0} \int_0^\rho \sin^2 \sigma r\, dr = \int_0^\rho \int_0^\pi \int_0^{2\pi} F(r, \theta, \psi)\, d\psi \sin\theta\, d\theta \sin(\sigma r) r\, dr.$$

Posons

$$\frac{1}{4\pi} \int_0^\pi \int_0^{2\pi} F(r, \theta, \psi)\, d\psi \sin\theta\, d\theta = f(r),$$

et nous aurons

$$A_{\sigma,0} = \frac{2 \int_0^\rho f(r) \sin(\sigma r) r\, dr}{\int_0^\rho \sin^2 \sigma r\, dr}.$$

Cette formule est identique avec celle qui donne le coefficient A dans le numéro cité. Mais ici $f(r)$ représente la moyenne de la température $F(r, \theta, \psi)$ sur la surface sphérique dont le rayon est r. On en tire la conclusion suivante : v ou la somme des termes de V, dans lesquels n est nul, est la température qui aurait lieu effectivement dans la sphère, si les points également éloignés du centre avaient eu primitivement des températures égales entre elles et égales à la moyenne des températures initiales que ces points ont eues réellement.

Désignons par σ' la plus petite racine σ de l'équation (c); au bout d'un temps assez considérable, v et aussi V se réduiront sensiblement au terme de v qui renferme σ' et qui a pour valeur

$$(f) \qquad \frac{2\left[\sigma'\rho + (b\rho-1)^2\right]\sin\sigma'r}{\left[\sigma'^2\rho^2 + b\rho(b\rho-1)\right]\rho r}\int_0^\rho f(r)\sin\sigma'r\,dr\cdot e^{-a\sigma'^2t}.$$

Calculons la racine σ'. Dans l'équation (c) faisons $\sigma\rho = \gamma$, et nous aurons

$$(g) \qquad \gamma\cos\gamma + (b\rho - 1)\sin\gamma = 0;$$

si l'on suppose que ρ soit très-grand et que b ne soit pas très-petit, ce qui a lieu pour le globe terrestre, on pourra, dans une première approximation, réduire l'équation précédente à $\sin\gamma = 0$; si l'on suppose γ positif et très-petit, le premier membre de (g) est positif; donc, de l'équation approchée $\sin\gamma = 0$, on doit conclure que la plus petite racine de l'équation (g) diffère peu de π. On posera ensuite, dans l'équation (g), $\gamma = \pi + \varepsilon$, en regardant ε comme très-petit, et l'on aura ainsi

$$\gamma \quad \text{ou} \quad \sigma'\rho = \pi - \frac{\pi}{b\rho}.$$

Mettons la valeur de σ' dans la formule (f), nous aurons

$$(h) \qquad \sin\sigma'r = \sin\frac{\pi r}{\rho} - \frac{\pi r}{b\rho^2}\cos\frac{\pi r}{\rho},$$

et l'expression de (f) deviendra

$$\frac{2}{\rho r}\left(\sin\frac{\pi r}{\rho} - \frac{\pi r}{b\rho^2}\cos\frac{\pi r}{\rho}\right)e^{-\frac{a\pi^2}{\rho^2}t}\int_0^\rho f(r)\sin\frac{\pi r}{\rho}\,dr;$$

telle est l'expression des températures finales de la sphère qui précèdent l'équilibre.

Au centre de la sphère où r est nul, on remplacera $\frac{1}{r}\sin\frac{\pi r}{\rho}$ par $\frac{\pi}{\rho}$, et l'on aura

$$\frac{2\pi}{\rho^2}e^{-\frac{a\pi^2}{\rho^2}t}\int_0^\rho f(r)\sin\frac{\pi r}{\rho}\,dr.$$

Pour avoir la valeur de la température à une petite distance x de la surface, on remplacera r par $\rho - x$; l'expression (h) pourra être remplacée par

$$\sin \frac{\pi x}{\rho} + \frac{\pi(\rho - x)}{b\rho^2} \quad \text{ou} \quad \frac{\pi x}{\rho} + \frac{\pi}{b\rho},$$

et nous aurons

(k)
$$\frac{2\pi}{b\rho^2}(1 + bx)e^{-\frac{a^2\pi^2}{\rho^2}t} \int_0^\rho f(r) \sin \frac{\pi r}{\rho} dr.$$

Ainsi la valeur de la température finale est beaucoup plus petite vers la surface de la sphère qu'à son centre.

93. Il faut examiner l'époque à laquelle les formules (f) et (k) peuvent être employées. Désignons par $\gamma, \gamma', \gamma'', \ldots$ les valeurs de $\sigma\rho$ dans l'ordre de grandeur croissante. Dans le cas général, nous pourrons écrire pour la température V

$$V = N e^{-\frac{a^2\gamma^2}{\rho^2}t} + N' e^{-\frac{a^2\gamma'^2}{\rho^2}t} + \ldots$$

Il faudra donc, dans le cas où ρ est très-grand, que $a\sqrt{t}$ le soit aussi, pour que la première exponentielle soit très-petite et que les suivantes soient incomparablement plus petites.

Cherchons, dans le cas où ρ est très-grand, quelles sont les plus petites valeurs de $\gamma = \sigma\rho$, après celle que nous avons obtenue et qui diffère très-peu de π.

D'abord, pour $n = 0$, les racines sont données approximativement par $\sin \gamma = 0$; donc la deuxième plus petite racine diffère peu de 2π.

Pour une autre valeur de n, remarquons que Q peut être regardé comme une fonction de σr, $\varphi(\sigma r)$, et que l'équation

$$\frac{dQ}{dr} + \left(b - \frac{1}{\rho}\right)Q = 0 \quad \text{pour} \quad r = \rho,$$

ou

$$\frac{1}{\rho} \gamma \varphi'(\gamma) + \left(b - \frac{1}{\rho}\right) \varphi(\gamma) = 0$$

se réduit approximativement à $\varphi(\gamma) = 0$.

En adoptant la formule du n° 88, l'équation $\varphi(\gamma) = 0$ pour $n = 1$ peut s'écrire

$$\gamma \cos \gamma - \sin \gamma = 0 \quad \text{ou} \quad \tan \gamma = \gamma,$$

la plus petite racine de cette équation est comprise entre π et $\frac{3\pi}{2}$ et égale à

$$\pi + 1,3518\ldots;$$

on pourrait, de plus, démontrer que la plus petite racine de $\varphi(\gamma) = 0$ est, pour $n = 2$, comprise entre $\frac{3\pi}{2}$ et 2π; pour $n = 3$, entre 2π et $\frac{5\pi}{2}$, et généralement, pour $n = m$, entre $\frac{(m+1)\pi}{2}$ et $\frac{(m+2)\pi}{2}$; mais nous ne nous arrêterons pas à cette démonstration.

Ainsi, en réduisant γ à π et γ' à $\pi + 1,3518$, on aura, pour la plus grande exponentielle après la première,

$$e^{-\frac{a'^2\gamma'^2}{l'^2}t} = e^{-\frac{a'^2\pi^2}{l'^2}t} \times e^{-10,34\frac{a'^2}{l'^2}t},$$

qui sera négligeable devant la première si t renferme $\frac{l'^2}{a'^2}$ un certain nombre de fois.

SPHÈRE DONT LES DIFFÉRENTES PARTIES DE LA SURFACE RAYONNENT DANS DES MILIEUX DE TEMPÉRATURES DIFFÉRENTES.

94. Nous avons supposé jusqu'à présent que la température extérieure ζ était partout la même et ne variait pas non plus avec le temps; alors nous avons pu même faire $\zeta = 0$.

Quand on veut faire des applications aux températures du globe terrestre, il faut supposer ζ variable avec la longitude ψ et la collatitude θ ou avec le temps t.

Si l'on suppose d'abord ζ variable seulement avec θ et ψ, mais indépendant du temps, la température de la sphère tendra vers un certain état d'équilibre déterminé par la température extérieure, et elle se composera de cette température d'équilibre et d'une autre partie dont les différents termes contiendront le temps en exposant.

Posons
$$V = U + U',$$

U' étant la température d'équilibre vers laquelle tend V; U' satisfera à l'équation
$$\Delta U' = 0,$$

et assujettissons U' à satisfaire à l'équation

(*l*) $\qquad \dfrac{dU'}{dr} + b(U' - \zeta) = 0 \quad \text{pour} \quad r = \rho.$

Ensuite supposons que l'on détermine U d'après l'équation
$$\frac{dU}{dt} = a^2 \Delta U,$$

d'après la condition à la surface
$$\frac{dU}{dr} + bU = 0 \quad \text{pour} \quad r = \rho,$$

et la condition initiale
$$U = F(r, \theta, \psi) - U' \quad \text{pour} \quad t = 0.$$

Alors V satisfera à toutes les conditions exigées.

La quantité ζ qui est donnée en chaque point de la surface de la sphère peut être développée en une série de Y_n; posons donc, Z_n étant le terme général de ce développement,
$$\zeta = Z_0 + Z_1 + Z_2 + \ldots + Z_n + \ldots$$

Posons aussi
$$U' = R_0 Y_0 + R_1 Y_1 + \ldots + R_n Y_n + \ldots,$$

R_n étant fonction de r; R_n satisfera à l'équation
$$\frac{d\left(r^2 \dfrac{dR}{dr}\right)}{dr} = n(n+1) R,$$

et se réduira à $C_n r^n$, C_n étant une constante. Ainsi l'on a
$$U' = C_0 Y_0 + C_1 r Y_1 + \ldots + C_n r^n Y_n + \ldots$$

Portons ces deux séries, qui représentent U' et ζ, dans l'équation (*l*), et, en considérant le terme du résultat qui est de la nature des Y_n, nous avons

$$C_n n \rho^{n-1} Y_n + b(C_n \rho^n Y_n - Z_n) = 0;$$

il en résulte

$$Y_n = Z_n, \quad C_n = \frac{b}{b\rho^n + n\rho^{n-1}}.$$

On a donc

$$U' = \sum_n \frac{b}{b\rho^n + n\rho^{n-1}} r^n Z_n.$$

Dans le cas où ρ sera très-grand, cette expression différera peu en général de

$$\sum \left(\frac{r}{\rho}\right)^n Z_n,$$

qui est la température d'équilibre de la sphère dont la surface est entretenue à la température ζ.

Quant à U, on l'obtiendra par le calcul du n° 89, en y remplaçant simplement $F(r, \theta, \psi)$ par $F(r, \theta, \psi) - U'$.

95. Supposons maintenant que ζ dépende du temps, et, après avoir posé comme ci-dessus

$$\zeta = Z_0 + Z_1 + \ldots + Z_n + \ldots,$$

supposons que l'on ait

(n) $\qquad\qquad Z_n = L_n e^{-\alpha t},$

L_n ne renfermant pas t.

Faisons encore

$$V = U + U',$$

U et U' satisfaisant à la même équation que V, $\frac{dV}{dt} = a^2 \Delta V$; U' contiendra alors le temps comme U; mais U' satisfera à la condition

$$\frac{dU'}{dr} + b(U' - \zeta) = 0 \quad \text{pour} \quad r = \rho,$$

et U à la condition

$$\frac{dU}{dr} + bU = 0 \quad \text{pour} \quad r = \rho;$$

de plus, U′ ne dépendra pas de la température initiale de la sphère, et U en dépendra seul.

Réduisons d'abord ζ au terme $Z_n = L_n e^{-mt}$, et posons

$$(p) \qquad U' = R_n Y_n e^{-mt}.$$

Il est clair que R_n ne sera autre chose que l'expression (B) du n° 87 avec le changement de σ en $\dfrac{\sqrt{m}}{a}$, et qu'on aura

$$(q) \qquad R_n = G\, r^n \int_0^{\pi} \cos\left(\frac{r\sqrt{m}}{a} \cos\omega\right) \sin^{2n+1}\omega\, d\omega,$$

G désignant une constante arbitraire.

L'équation
$$\frac{dU'}{dr} + b(U' - \zeta) = 0 \quad \text{pour} \quad r = \rho$$

donnera
$$\frac{dR_n}{dr} Y_n + b(R_n Y_n - L_n) = 0,$$

et l'on en conclut $Y_n = L_n$, et pour $r = \rho$
$$\frac{dR_n}{dr} + b(R_n - 1) = 0,$$

équation qui peut s'écrire

$$G\rho^{n-1} \int_0^{\pi} \left[(n + b\rho) \cos\left(\frac{\rho\sqrt{m}}{a}\cos\omega\right) \right.$$
$$\left. - \frac{\rho\sqrt{m}}{a}\cos\omega \sin\left(\frac{\rho\sqrt{m}}{a}\cos\omega\right) \right] \sin^{2n+1}\omega\, d\omega = b,$$

et qui déterminera G.

Donc, quand ζ se réduit à l'expression (n), U′ se réduit à (p), en prenant $Y_n = L_n$, R_n égal à l'expression (q) et G égal à la valeur que nous venons d'obtenir. Remplaçons m par une quantité imaginaire, et e^{-mt} renfermera le temps sous un sinus et un cosinus. Dans le cas le plus général, Z_n est la somme d'une infinité d'expressions telles que (n), et l'on obtiendra la partie correspondante de U' en faisant la somme d'une infinité d'expressions semblables à l'expression (p) que nous venons d'obtenir.

Quand l'expression de U' aura été obtenue, faisons-y $t = 0$, et désignons par $f(r, \theta, \psi)$ la valeur résultante; la valeur initiale de V étant $F(r, \theta, \psi)$, celle qu'on doit prendre pour U est

$$F(r, \theta, \psi) - f(r, \theta, \psi),$$

et l'on en conclut encore la valeur de U d'après le n° 89.

Remarquons aussi que, si l'on a dans ζ le terme

$$Z_n = L_n\left(e^{gt\sqrt{-1}} + e^{-gt\sqrt{-1}}\right) = 2L_n \cos gt,$$

ou

$$Z_n = L_n\left(\frac{e^{gt\sqrt{-1}} - e^{-gt\sqrt{-1}}}{\sqrt{-1}}\right) = 2L_n \sin gt,$$

on a dans U' le terme

$$G_n{}^n Z_n \int_0^{\pi} \cos\left(\frac{r\sqrt{m}}{a}\cos\omega\right) \sin^{2n+1}\omega \, d\omega.$$

Par conséquent, chaque inégalité périodique de ζ en produit une dans U'.

CHAPITRE VII.

DISTRIBUTION DE LA CHALEUR DANS UN MILIEU INDÉFINI ET TEMPÉRATURES DU GLOBE TERRESTRE.

PROPAGATION DE LA CHALEUR DANS UNE BARRE INFINIE.

96. Nous allons nous occuper de la propagation de la chaleur dans un milieu indéfini; ainsi l'état initial de température de ce milieu est connu, et il s'agit d'intégrer l'équation

$$\frac{dV}{dt} = a^2 \left(\frac{d^2V}{dx^2} + \frac{d^2V}{dy^2} + \frac{d^2V}{dz^2} \right),$$

connaissant la valeur de V pour $t = 0$. Dans cette recherche, les conditions aux limites disparaissent.

Supposons d'abord que le corps n'ait qu'une dimension qui est infinie dans les deux sens; alors on réduira l'équation précédente à

(1) $$\frac{dV}{dt} = a^2 \frac{d^2V}{dx^2};$$

c'est le cas d'une barre indéfinie, dont on imaginerait la surface imperméable à la chaleur.

On obtient une solution particulière de l'équation (1) en prenant

$$e^{-a^2 n^2 t} \cos nx,$$

quel que soit n; donc
$$V = \int_{-\infty}^{+\infty} e^{-a^2 n^2 t} \cos nx \, dn$$
est également une solution; or on a l'intégrale définie bien connue
$$\int_{-\infty}^{+\infty} e^{-z^2} \cos 2\alpha z \, dz = e^{-\alpha^2} \sqrt{\pi},$$
et l'on en conclut
$$\int_{-\infty}^{+\infty} e^{-a^2 n^2 t} \cos nx \, dn = \frac{e^{-\frac{x^2}{4a^2 t}} \sqrt{\pi}}{a \sqrt{t}};$$

on peut vérifier *à posteriori* que cette expression est solution de l'équation (1).

En général, si une fonction de x et de t, $f(x, t)$ satisfait à l'équation (1), $f(x - \alpha, t)$, où α représente une constante, y satisfait aussi; donc l'expression
$$A \frac{e^{-\frac{(x-\alpha)^2}{4a^2 t}}}{\sqrt{t}},$$
dans laquelle A et α sont deux constantes arbitraires, est une solution de l'équation (1); donnons à A et α différentes valeurs, et faisons la somme des résultats, nous aurons une nouvelle solution
$$A_1 \frac{e^{-\frac{(x-\alpha_1)^2}{4a^2 t}}}{\sqrt{t}} + A_2 \frac{e^{-\frac{(x-\alpha_2)^2}{4a^2 t}}}{\sqrt{t}} + \ldots$$

Supposons que α varie par degrés infiniment petits d'un terme à l'autre, et regardons A comme une fonction de α, $f(\alpha)$, nous aurons la solution générale

(2)
$$V = \int_{-\infty}^{+\infty} f(\alpha) \frac{e^{-\frac{(x-\alpha)^2}{4a^2 t}}}{\sqrt{t}} \, d\alpha.$$

Nous pouvons lui donner une autre forme en posant
$$\frac{\alpha - x}{2a \sqrt{t}} = u$$

ou
$$\alpha = x + 2au\sqrt{t},$$

et nous aurons
$$V = 2a \int_{-\infty}^{+\infty} f(x + 2au\sqrt{t}) e^{-u^2} du.$$

Déterminons la fonction $f(x)$ de manière que V se réduise à $F(x)$ pour $t = 0$, et nous aurons
$$F(x) = 2af(x) \int_{-\infty}^{+\infty} e^{-u^2} du = 2a\sqrt{\pi} f(x),$$

ou
$$f(x) = \frac{1}{2a\sqrt{\pi}} F(x);$$

donc nous avons enfin

(3) $$V = \frac{1}{\sqrt{\pi}} \int_{-\infty}^{+\infty} F(x + 2au\sqrt{t}) e^{-u^2} du.$$

Cette formule a été donnée à la même époque par Laplace et Fourier; la démonstration précédente est de Fourier.

97. Nous avons supposé la surface de la barre imperméable à la chaleur; il est très-aisé de tenir compte de la déperdition par la surface.

Désignons par ω la section droite de la barre, par p le périmètre de cette section, par C la chaleur spécifique, par D la densité supposée constante, et par h la conductibilité extérieure.

Considérons un élément de la barre dont la longueur est dx et la base ω; dans l'instant dt, l'accroissement de température $\frac{dV}{dt} dt$ augmente la chaleur de cet élément de

$$CD\omega dx \frac{dV}{dt} dt;$$

la différence des deux flux de chaleur dont l'un entre par une base et dont l'autre sort par l'autre augmente la chaleur de l'élément de

$$q\omega \frac{d^2V}{dx^2} dx dt;$$

enfin, zéro étant supposé la température extérieure, la perte de chaleur par la surface extérieure est

$$p V h\, dx\, dt;$$

on a donc

$$CD\omega \frac{dV}{dt} dx = q\omega \frac{d^2V}{dx^2} dx - phV\, dx.$$

Posons pour simplifier

$$\frac{q}{CD} = a^2, \quad \frac{ph}{\omega CD} = l,$$

et nous aurons

$$\frac{dV}{dt} = a^2 \frac{d^2V}{dx^2} - lV;$$

il suffira alors de poser

$$V = u e^{-lt}$$

pour obtenir l'équation

$$\frac{du}{dt} = a^2 \frac{d^2u}{dx^2},$$

dont la solution est donnée par la formule (3). Donc si F(x) désigne encore la température initiale de chaque point de la barre, nous aurons

$$V = \frac{e^{-lt}}{\sqrt{\pi}} \int_{-\infty}^{\infty} F(x + 2au\sqrt{t}) e^{-u^2} du.$$

Imaginons que la barre n'ait été échauffée que dans une portion limitée comprise entre $x = -\varepsilon$ et $x = +\varepsilon$, et que la température initiale de tout le reste de la barre soit zéro comme la température extérieure, et cherchons comment se propagera la chaleur.

En donnant à l'intégrale la forme (2), nous aurons

$$V = \frac{e^{-lt}}{2a\sqrt{\pi t}} \int_{-\infty}^{\infty} e^{-\frac{(x-\alpha)^2}{4a^2 t}} F(\alpha) d\alpha;$$

la fonction F(x) étant nulle pour toute valeur de x en dehors de l'intervalle de $x = -\varepsilon$ à $x = +\varepsilon$, on peut prendre pour limites de l'intégrale précédente $-\varepsilon$ et $+\varepsilon$. D'ailleurs, si l'on considère des points très-éloignés du lieu de l'échauffement primitif, x sera très-grand en comparaison de toute valeur de α comprise entre $-\epsilon$ et $+\epsilon$; on pourra donc remplacer $x - \alpha$ par x dans l'exponentielle, et la valeur de V se réduira à

$$V = \frac{e^{-ht}}{2a\sqrt{\pi t}} e^{-\frac{x^2}{4a^2 t}} \int_{-\epsilon}^{+\epsilon} F(\alpha) d\alpha.$$

Désignons par M la quantité de chaleur communiquée primitivement; elle a pour valeur

$$M = C\omega \int_{-\epsilon}^{+\epsilon} F(\alpha) d\alpha;$$

donc nous aurons

$$V = \frac{M e^{-ht} e^{-\frac{x^2}{4a^2 t}}}{2 C \omega a \sqrt{\pi t}}.$$

Donc, pour un point très-éloigné de l'endroit échauffé, la température ne dépend pas de la distribution de la chaleur initiale.

Remarque. — Si l'on suppose que $F(x)$ soit une fonction paire, les formules précédentes pourront s'appliquer à une barre qui s'étendra seulement de $x = 0$ à $x = +\infty$, et dont l'extrémité serait imperméable à la chaleur. Si l'on suppose que $F(x)$ soit une fonction impaire, les formules précédentes pourront aussi s'appliquer à une barre qui s'étendra de $x = 0$ à $x = \infty$ et dont l'extrémité sera entretenue à la température zéro.

PROPAGATION DE LA CHALEUR DANS UN MILIEU INFINI DANS TOUS LES SENS.

98. Quand on a résolu le problème pour une dimension, il est aisé de le résoudre pour deux ou pour trois. Cherchons à intégrer l'équation

(4) $$\frac{dV}{dt} = a^2 \left(\frac{d^2 V}{dx^2} + \frac{d^2 V}{dy^2} + \frac{d^2 V}{dz^2} \right),$$

en supposant que V soit égal à $F(x, y, z)$ pour $t = 0$.

Nous avons trouvé qu'on satisfait à l'équation

$$\frac{dV}{dt} = a^2 \frac{d^2V}{dx^2},$$

en posant

$$V = \frac{e^{-\frac{x^2}{4a^2t}}}{\sqrt{t}};$$

on satisfait de même à l'équation (4) en posant

(5) $$V = \frac{e^{-\frac{(x-x')^2}{4a^2t}}}{\sqrt{t}} \times \frac{e^{-\frac{(y-y')^2}{4a^2t}}}{\sqrt{t}} \times \frac{e^{-\frac{(z-z')^2}{4a^2t}}}{\sqrt{t}};$$

car si l'on représente ces trois facteurs par $\varphi, \varphi_1, \varphi_2$ et qu'on substitue $V = \varphi \varphi_1 \varphi_2$ dans l'équation (4), on aura

$$\frac{d\varphi}{dt}\varphi_1\varphi_2 + \frac{d\varphi_1}{dt}\varphi\varphi_2 + \frac{d\varphi_2}{dt}\varphi\varphi_1 = a^2\frac{d^2\varphi}{dx^2}\varphi_1\varphi_2 + a^2\frac{d^2\varphi_1}{dy^2}\varphi\varphi_2 + a^2\frac{d^2\varphi_2}{dz^2}\varphi\varphi_1,$$

équation identique, puisqu'on a

$$\frac{d\varphi}{dt} = a^2 \frac{d^2\varphi}{dx^2} \ldots$$

De la solution particulière (5), on conclut la solution générale

$$V = \int_{-\infty}^{+\infty} d\alpha \int_{-\infty}^{+\infty} d\beta \int_{-\infty}^{+\infty} d\gamma \, f(\alpha, \beta, \gamma) t^{-\frac{3}{2}} e^{-\frac{(x-\alpha)^2+(y-\beta)^2+(z-\gamma)^2}{4a^2t}}.$$

Posons

$$\frac{\alpha-x}{2a\sqrt{t}} = u, \quad \frac{\beta-y}{2a\sqrt{t}} = v, \quad \frac{\gamma-z}{2a\sqrt{t}} = w,$$

$$f(\alpha, \beta, \gamma) = \frac{1}{8a^3\pi^{\frac{3}{2}}} F(\alpha, \beta, \gamma).$$

et nous aurons la formule donnée par Fourier

$$V = \frac{1}{\pi^{\frac{3}{2}}} \int_{-\infty}^{+\infty} du \int_{-\infty}^{+\infty} dv \int_{-\infty}^{+\infty} dw \, e^{-(u^2+v^2+w^2)} F(x+2u\sqrt{t}, y+2v\sqrt{t}, z+2w\sqrt{t}),$$

qui se réduit bien à $F(x, y, z)$ pour $t = 0$.

REFROIDISSEMENT D'UN CORPS INFINI DONT LA TEMPÉRATURE NE VARIE QU'AVEC UNE DIRECTION.

99. Supposons un corps limité à un plan infini, et imaginons de plus que ce corps soit infini en tous sens au delà de ce plan. Enfin supposons que la température d'un point du corps ne dépende que de la distance x de ce point à ce plan. Il s'agit d'étudier la distribution de la température dans ce corps.

La température V satisfait d'abord, pour toute valeur positive de x et de t, à l'équation

(1) $$\frac{dV}{dt} = a^2 \frac{d^2 V}{dx^2}.$$

Désignons par ζ la température supposée donnée de l'espace dans lequel rayonne la surface et qui varie avec le temps. On a la condition

(2) $$\frac{dV}{dx} = b(V - \zeta) \quad \text{pour} \quad x = 0;$$

enfin on imagine que la température soit donnée pour $t = 0$, ou que l'on ait

(3) $$V = f(x) \quad \text{pour} \quad t = 0.$$

Comme au n° 95, posons

$$V = U + U'$$

U et U' satisfaisant à l'équation (1); nous supposerons que pour $x = 0$ U' satisfait à la condition

$$\frac{dU'}{dx} = b(U' - \zeta),$$

et U à la condition

$$\frac{dU}{dx} = bU.$$

Ensuite, quelle que soit la valeur de U' pour $t = 0$, si U' est calculé le premier, on aura aussi sa valeur initiale, et l'on en pourra tirer la valeur initiale de U d'après l'équation (3); c'est ce qui a été fait au n° 95; mais il sera préférable de calculer U et U' séparément, et de prendre

$$\left. \begin{array}{l} U' = 0 \\ U = f(x) \end{array} \right\} \text{ pour } t = 0.$$

100. *Calcul de* U. — Déterminons la fonction U qui satisfait à l'équation

(4) $$\frac{dU}{dt} = a^2 \frac{d^2 U}{dx^2}$$

et aux conditions

(5) $$\frac{dU}{dx} = bU \quad \text{pour} \quad x = 0,$$

(6) $$U = f(x) \quad \text{pour} \quad t = 0.$$

Imaginons d'abord que le solide ait une épaisseur finie et égale à l, et que la seconde face de ce solide qui correspond à $x = l$ soit entretenue à la température zéro.

Nous satisferons à l'équation (4) en posant

$$u = (A \sin \alpha x + B \cos \alpha x) e^{-a^2 \alpha^2 t},$$

A et B étant deux constantes arbitraires; d'après la condition (5), on peut poser

$$\frac{A}{b} = \frac{B}{\alpha} = C,$$

C étant une autre constante. Ainsi l'on a

$$u = C(b \sin \alpha x + \alpha \cos \alpha x) e^{-a^2 \alpha^2 t}.$$

Exprimons que u est nul pour $x = l$, et nous aurons l'équation

(7) $$b \sin \alpha l + \alpha \cos \alpha l = 0,$$

qui déterminera toutes les valeurs de α. Si nous posons

$$K = b \sin \alpha x + \alpha \cos \alpha x, \quad K' = b \sin \alpha' x + \alpha' \cos \alpha' x,$$

α et α' étant deux racines différentes de l'équation (7), nous aurons

$$\frac{d^2K}{dx^2} + \alpha^2 K = 0, \quad \frac{d^2K'}{dx^2} + \alpha'^2 K' = 0;$$

et, par un raisonnement assez de fois répété dans cet Ouvrage, on obtient

$$\int_0^l KK' dx = 0.$$

Prenons alors pour U la série

$$U = \Sigma C (b\sin\alpha x + \alpha\cos\alpha x) e^{-\alpha^2 a^2 t},$$

le signe Σ s'étendant à toutes les racines α de l'équation (7); on satisfera à la condition (6) en déterminant le coefficient C d'après l'équation

$$\Sigma C(b\sin\alpha x + \alpha\cos\alpha x) = f(x);$$

multiplions les deux membres par $(b\sin\alpha x + \alpha\cos\alpha x)\,dx$ et intégrons de zéro à l; puis employons l'équation

$$\int_0^l (b\sin\alpha x + \alpha\cos\alpha x)^2\,dx = \frac{b^2 + \alpha^2}{2}l + \frac{b}{2},$$

facile à démontrer d'après l'équation (7) ou $\tan\alpha = -\dfrac{\alpha}{b}$, et nous aurons

$$C = \frac{2\int_0^l f(x')(b\sin\alpha x' + \alpha\cos\alpha x')\,dx'}{l(b^2 + \alpha^2) + b}.$$

Donc on a

$$U = 2\Sigma \frac{(b\sin\alpha x + \alpha\cos\alpha x)\int_0^l (b\sin\alpha x' + \alpha\cos\alpha x') f(x')\,dx'}{l(b^2 + \alpha^2) + b} e^{-\alpha^2 a^2 t}.$$

Si l'on pose $\alpha l = j$, l'équation (7) devient

$$b\sin j + \frac{j}{l}\cos j = 0,$$

et, en faisant $l = \infty$, on a $b \sin j = 0$, et $j = n\pi$, en désignant par n un nombre entier. On a donc $\alpha = \dfrac{n\pi}{l}$; $\dfrac{\pi}{l}$ peut être regardé comme l'accroissement infiniment petit de α; nous poserons donc

$$\frac{\pi}{l} = d\alpha \quad \text{ou} \quad \frac{1}{l} = \frac{1}{\pi} d\alpha,$$

et la somme relative à α se changeant en une intégrale, on a pour la solution du problème proposé

(A) $\quad U = \dfrac{2}{\pi} \displaystyle\int_0^\infty \int_0^\infty \dfrac{(b\sin\alpha x + \alpha\cos\alpha x)(b\sin\alpha x' + \alpha\cos\alpha x')}{b^2 + \alpha^2} f(x') e^{-a^2\alpha^2 t} d\alpha\, dx'.$

Il faut toutefois remarquer que l'on suppose dans cette question que $f(x)$ tend vers zéro quand x devient très-grand.

101. *Calcul de* U'. — Il faut trouver une fonction U' qui satisfasse à l'équation

(B) $\quad\quad\quad\quad\quad \dfrac{dU'}{dt} = a^2 \dfrac{d^2 U'}{dx^2}$

pour toutes les valeurs positives de x et aux conditions

(C) $\quad\quad\quad \begin{cases} U' = 0 & \text{pour } t = 0, \\ \dfrac{dU'}{dx} = b(U' - \zeta) & \text{pour } x = 0. \end{cases}$

Résolvons d'abord cette question dans le cas où ζ fonction du temps t se réduit à une constante c. Dans ce cas particulier, désignons U' par v et posons

$$v = c + u;$$

alors u satisfera à l'équation (B) et aux deux équations

$$u = -c \quad \text{pour } t = 0,$$
$$\frac{du}{dx} = bu \quad \text{pour } x = 0.$$

Si, au lieu de prendre cette condition initiale pour u, on prend

$$u = -ce^{-gx} \quad \text{pour} \quad t=0,$$

g étant positif et très-petit, u sera donné par la formule (A) du numéro précédent, et il n'y aura plus qu'à faire $g=0$ dans le résultat final. En appliquant la formule (A), on a

$$u = -\frac{2c}{\pi}\int_0^\infty \int_0^\infty \frac{(b\sin\alpha x + \alpha\cos\alpha x)(b\sin\alpha x' + \alpha\cos\alpha x')}{b^2 + \alpha^2} e^{-gx'} e^{-\alpha^2 t} d\alpha\, dx'.$$

Calculons d'abord l'intégrale

$$\int_0^\infty (b\sin\alpha x' + \alpha\cos\alpha x')e^{-gx'} dx';$$

sa valeur est très-facile à obtenir, et pour $g=0$ elle se réduit à $\dfrac{b}{\alpha}$. Nous aurons donc

(8) $$u = -\frac{2cb}{\pi}\int_0^\infty \frac{b\sin\alpha x + \alpha\cos\alpha x}{\alpha(\alpha^2 + b^2)} e^{-\alpha^2 t} d\alpha;$$

puis nous aurons

$$v = c - \frac{2cb}{\pi}\int_0^\infty \frac{b\sin\alpha x + \alpha\cos\alpha x}{\alpha(\alpha^2 + b^2)} e^{-\alpha^2 t} d\alpha.$$

Comme l'expression (8) se réduit à c pour $t=0$, on peut aussi écrire

$$v = \frac{2cb}{\pi}\int_0^\infty \frac{b\sin\alpha x + \alpha\cos\alpha x}{\alpha(\alpha^2 + b^2)} (1 - e^{-\alpha^2 t}) d\alpha.$$

Avant de déterminer U' dans le cas général, résolvons un second cas particulier. Déterminons une fonction v qui satisfasse toujours à l'équation (B) et à la condition

$$v = 0 \quad \text{pour} \quad t=0,$$

et pour $x=0$ à la condition

$$\frac{dv}{dx} = b(v-c) \quad \text{entre} \quad t=t' \quad \text{et} \quad t=t'+\theta,$$

et à cette autre
$$\frac{dv}{dx} = bv$$

pour toutes les valeurs positives de t situées en dehors de cet intervalle; d'ailleurs t' et θ sont des nombres positifs, et c un nombre constant quelconque.

Considérons une fonction $\psi(x, t)$ dans laquelle x est positif et que nous définissons ainsi : on a
$$\psi(x, t) = 0 \quad \text{pour} \quad t < 0,$$
et si t est > 0,

(D) $\qquad \psi(x, t) = \frac{2b}{\pi} \int_0^\infty \frac{b\sin\alpha x + \alpha\cos\alpha x}{\alpha(\alpha^2 + b^2)} (1 - e^{-\alpha^2 t}) d\alpha.$

En comparant cette fonction à v, on voit qu'on a pour $x = 0$
$$\frac{d\psi(x, t)}{dx} - b\psi = -b \quad \text{si } t \text{ est} > 0.$$

D'après cela, suivant que t est plus petit ou est plus grand que t', la fonction $\psi(x, t - t')$ est nulle ou donnée par l'intégrale précédente. Et, si nous faisons $x = 0$, nous aurons

(a) $\qquad \psi(0, t - t') = 0 \quad \text{si } t < t',$

(b) $\qquad \frac{d\psi(0, t - t')}{dx} - b\psi(0, t - t') = -b \quad \text{si } t > t'.$

Pour la fonction $\psi(x, t - t' - \theta)$ nous aurons de même

(c) $\qquad \psi(0, t - t' - \theta) = 0 \quad \text{si } t < t' + \theta,$

(d) $\qquad \frac{d\psi(0, t - t' - \theta)}{dx} - b\psi(0, t - t' - \theta) = -b \quad \text{si } t > t' + \theta.$

Posons donc

(e) $\qquad v = c[\psi(x, t - t') - \psi(x, t - t' - \theta)];$

dans l'intervalle de $t = t'$ à $t' + \theta$, appliquons (b) et (c), et nous aurons dans cet intervalle

$$\frac{dv}{dx} - bv = -bc;$$

en dehors de cet intervalle, il faudra appliquer soit (a) et (c), soit (b) et (d), et nous aurons

$$\frac{dv}{dx} - bv = 0;$$

donc la formule (e) donne bien la valeur cherchée de v. Car on voit aussi que les deux parties de l'expression (e) sont nulles pour $t=0$, et qu'ainsi v est nul pour cette valeur de t.

102. Déterminons maintenant U' dans le cas général. Désignons par T un temps plus grand que t, et divisons l'intervalle de zéro à T en n intervalles égaux excessivement petits $\tau = \frac{T}{n}$; ζ est une fonction de t que nous désignerons par $\varphi(t)$, et que l'on peut regarder comme constante dans chaque intervalle τ. Posons

$$U' = v_1 + v_2 + \ldots + v_k + \ldots + v_n,$$

en assujettissant v_k à satisfaire à l'équation

$$\frac{dv_k}{dt} = a^2 \frac{d^2 v_k}{dx^2},$$

à être nul pour $t=0$, et à la condition suivante pour $x=0$,

$$\frac{dv_k}{dx} - bv_k = b\varphi(k\tau) \quad \text{entre} \quad t = k\tau \text{ et } (k+1)\tau$$
$$= 0 \text{ en dehors de cet intervalle.}$$

D'après la formule (e) trouvée ci-dessus, nous avons

$$v_k = \varphi(k\tau)\{\psi(x, t-k\tau) - \psi[x, t-(k+1)\tau]\};$$

ainsi nous obtenons

$$U' = \sum_{k=1}^{k=n} \varphi(k\tau)\{\psi(x, t-k\tau) - \psi[x, t-(k+1)\tau]\}$$

Faisons $k\tau = \beta$, $n = \infty$ et $\tau = d\beta$, nous aurons

$$U' = \int_0^T \varphi(\beta) \frac{-d\psi(x, t-\beta)}{d\beta} d\beta.$$

Si β est $> t$, $\psi(x, t-\beta)$ est nul; donc on peut abaisser la limite supérieure de l'intégrale à t, et écrire

(f) $\qquad U' = \int_0^t \varphi(\beta) \frac{d\psi(x, t-\beta)}{d\beta} d\beta.$

Enfin, $t-\beta$ n'ayant que des valeurs positives, nous aurons, en nous servant de l'intégrale (D),

(g) $\qquad -\frac{d\psi(x, t-\beta)}{d\beta} = \frac{2ba^2}{\pi} \int_0^\infty \frac{\alpha(b\sin\alpha x + \alpha\cos\alpha x)}{\alpha^2 + b^2} e^{-a^2\alpha^2(t-\beta)} d\alpha,$

et nous obtenons enfin, pour la valeur de U',

(H) $\qquad U' = \frac{2ba^2}{\pi} \int_0^t \varphi(\beta) \int_0^\infty \frac{\alpha(b\sin\alpha x + \alpha\cos\alpha x)}{\alpha^2 + b^2} e^{-a^2\alpha^2(t-\beta)} d\alpha\, d\beta.$

Ainsi, en résumé, la température V d'un corps solide infini qui ne varie qu'avec x, si cette température se réduit à $f(x)$ pour $t = 0$, et si ce corps rayonne par la face $x = 0$ dans un milieu dont la température est $\varphi(t)$, cette température V, dis-je, est égale à

$$U + U',$$

U et U' étant donnés par les formules (A) et (H).

On peut remarquer que la solution que nous venons de donner de ce problème est beaucoup plus simple que celle qui a été donnée par Poisson, dans sa *Théorie mathématique de la chaleur* ([1]).

103. Supposons qu'au lieu de donner la température extérieure $\varphi(t)$

([1]) Aux pages 328 et 331 de cet Ouvrage, Poisson donne pour la solution les formules (23) et (26) qui renferment une intégrale triple; puis, pour t très-grand, il adopte une autre expression (p. 344).

on ait constaté, par l'observation, la température de la surface du corps, que nous désignerons encore par $\varphi(t)$; alors la condition

$$\frac{dV}{dx} = b[V - \varphi(t)] \quad \text{pour} \quad x = 0$$

se trouve remplacée par

$$V = \varphi(t) \quad \text{pour} \quad x = 0.$$

Il est donc évident que l'on obtiendra la température V dans ce cas, en faisant $b = \infty$ dans les formules précédentes.

Ainsi la température du corps sera $V = U + U'$, avec

$$U = \frac{2}{\pi} \int_0^\infty \int_0^\infty \sin\alpha x \sin\alpha x' f(x') e^{-a^2\alpha^2 t} \, d\alpha \, dx',$$

$$U' = \frac{2a^2}{\pi} \int_0^t \varphi(\beta) \int_0^\infty \alpha \sin\alpha x \, e^{-a^2\alpha^2(t-\beta)} \, d\alpha \, d\beta.$$

Nous allons montrer que ces deux intégrales doubles peuvent être réduites à deux intégrales simples.

D'abord l'expression de U peut s'écrire

$$U = \frac{1}{\pi} \int_0^\infty f(x') \int_0^\infty e^{-a^2\alpha^2 t} [\cos\alpha(x-x') - \cos\alpha(x+x')] \, d\alpha \, dx',$$

et comme on a

$$(h) \qquad \int_0^\infty e^{-p^2\alpha^2} \cos q\alpha \, d\alpha = \frac{\sqrt{\pi}}{2p} e^{-\frac{q^2}{4p^2}},$$

il en résulte

$$U = \frac{1}{2a\sqrt{\pi t}} \int_0^\infty f(x') \left[e^{-\frac{(x-x')^2}{4a^2 t}} - e^{-\frac{(x+x')^2}{4a^2 t}} \right] dx'.$$

Transformons ensuite U'. En différentiant (h) par rapport à q, on a

$$\int_0^\infty e^{-p^2\alpha^2} \alpha \sin q\alpha \, d\alpha = \frac{\sqrt{\pi}\, q}{4p^3} e^{-\frac{q^2}{4p^2}},$$

et, par conséquent, en faisant $q = x$, $p = a\sqrt{t-\beta}$,

$$\int_0^\infty e^{-a^2\alpha^2(t-\beta)} \alpha \sin\alpha x \, d\alpha = \frac{\sqrt{\pi}}{4a^3} x (t-\beta)^{-\frac{3}{2}} e^{-\frac{x^2}{4a^2(t-\beta)}}.$$

Donc on a

(K) $$U' = \frac{x}{2a\sqrt{\pi}} \int_0^t \frac{\varphi(\beta)}{(t-\beta)^{\frac{3}{2}}} e^{-\frac{x^2}{4a^2(t-\beta)}} d\beta.$$

Pour $x = 0$, cette formule se présenterait sous la forme $0 \times \infty$; car la portion de l'intégrale, qui se rapporte à des valeurs de β très-peu différentes de t, possède alors une valeur infinie; d'après cela, cette formule serait aussi peu commode pour de très-petites valeurs de x. Mais posons

(i) $$\frac{x}{\sqrt{t-\beta}} = 2a\mu,$$

et cette expression de U' deviendra

(L) $$U' = \frac{2}{\sqrt{\pi}} \int_{\frac{x}{2a\sqrt{t}}}^\infty \varphi\left(t - \frac{x^2}{4a^2\mu^2}\right) e^{-\mu^2} d\mu.$$

On peut calculer directement les valeurs de U et U' dans le problème actuel.

En employant la formule de Fourier, on retrouvera facilement l'intégrale double que nous avons obtenue pour U et qui se ramènera à une intégrale simple comme ci-dessus. Quant aux formules (K) et (L) qui donnent U', nous allons les obtenir directement par les considérations du n° 96.

En effet, nous avons vu, dans ce numéro, que $\dfrac{e^{-\frac{x^2}{4a^2t}}}{\sqrt{t}}$ satisfait à l'équation $\dfrac{dV}{dt} = a^2 \dfrac{d^2V}{dx^2}$. Comme cette équation est linéaire, la dérivée par rapport à x de cette expression y satisfait aussi; donc $xe^{-\frac{x^2}{4a^2t}} t^{-\frac{3}{2}}$ est aussi une solution de cette équation. De la forme de l'équation, on conclut aussi, comme au numéro cité, d'abord que $xe^{-\frac{x^2}{4a^2(t-\beta)}} (t-\beta)^{-\frac{3}{2}}$, où β désigne une constante, est une solution, et ensuite que

$$(p) \qquad U' = x \int_0^t \frac{\psi(\beta)}{(t-\beta)^{\frac{3}{2}}} e^{-\frac{x^2}{4a^2(t-\beta)}} d\beta$$

l'est aussi. Déterminons la fonction $\psi(\beta)$ et la limite supérieure de l'intégrale. En appliquant le changement de variable indiqué par la formule (i), nous aurons

$$U' = 4a \int_{\frac{x}{2a\sqrt{t}}}^h \psi\left(t - \frac{x^2}{4a^2\mu^2}\right) e^{-\mu^2} d\mu,$$

h étant une indéterminée. Pour $x = 0$, U' doit se réduire à $\varphi(t)$, et l'on est conduit à poser

$$h = \infty, \quad \psi(t) = \frac{1}{2a\sqrt{\pi}} \varphi(t);$$

pour $\mu = \infty$, on a $\beta = t$; donc la limite supérieure de l'intégrale (p) est t, et l'on retrouve ainsi les formules (K) et (L).

Faisons une remarque importante : c'est qu'au bout d'un temps très-considérable, la valeur de U, dans les deux problèmes précédents, deviendra très-petite, et la valeur de la température V pourra être réduite à celle de U'.

APPLICATION DU PROBLÈME PRÉCÉDENT A LA TERRE.

104. Quand on étudie les différentes actions du Soleil sur un lieu déterminé de la Terre, il est permis, ainsi que Fourier et Poisson l'ont fait, d'assimiler la Terre à un corps indéfini terminé par un plan, et dont la température ne varie qu'avec la distance x à ce plan.

Ce problème a été résolu, dans les numéros précédents, sous sa forme la plus générale et de la manière qui nous semble la plus simple possible. Mais si l'on veut appliquer ce problème à la recherche des températures de la Terre, il sera le plus souvent beaucoup plus commode de reprendre complétement la solution.

En effet, la température extérieure ou la température de la surface $\varphi(t)$ sera supposée une fonction périodique du temps, et la période sera, par exemple, un jour solaire ou une année ; alors, en désignant généralement la période par $\frac{2\pi}{k}$, $\varphi(t)$ sera développable en une série de sinus et de cosinus de multiples de kt; on pourra donc poser

$$\varphi(t) = \sum_{n=0}^{n=\infty} (A_n \cos nkt + B_n \sin nkt),$$

ou

(α) $$\varphi(t) = \sum_{n=0}^{n=\infty} A_n \cos(nkt + \varepsilon_n),$$

et cette série pourra être réduite le plus souvent à un très-petit nombre de termes.

D'ailleurs il suffit de calculer la température correspondant à chaque terme de $\varphi(t)$ et de faire la somme de toutes ces températures pour avoir la valeur de V correspondant à la valeur complète de $\varphi(t)$. Réduisons donc la température extérieure à

(β) $$\varphi(t) = A \cos(nkt + \varepsilon).$$

Posons, en regardant P et P' comme des fonctions de x,

(a) $$U' = P \sin(nkt + \varepsilon) + P' \cos(nkt + \varepsilon);$$

en substituant dans l'équation $\frac{dU'}{dt} = a^2 \frac{d^2 U'}{dx^2}$, nous aurons

(b) $$a^2 \frac{d^2 P'}{dx^2} - nk P = 0, \quad a^2 \frac{d^2 P}{dx^2} + nk P' = 0,$$

et la condition à la surface $x = 0$

$$\frac{dU'}{dx} = b[U' - \varphi(t)]$$

donne

(c) $$\frac{dP}{dx} - bP = 0, \quad \frac{dP'}{dx} - b(P' - A) = 0.$$

Les intégrales des deux équations (b) renferment quatre constantes arbitraires; mais elles se réduisent à deux si l'on remarque que la solution ne doit pas renfermer en facteur $e^{\frac{x}{a}\sqrt{\frac{nk}{2}}}$, qui grandit indéfiniment avec x; on a ainsi

$$P = \left(C\sin\frac{x}{a}\sqrt{\frac{nk}{2}} + C'\cos\frac{x}{a}\sqrt{\frac{nk}{2}}\right)e^{-\frac{x}{a}\sqrt{\frac{nk}{2}}},$$

$$P' = \left(C\cos\frac{x}{a}\sqrt{\frac{nk}{2}} - C'\sin\frac{x}{a}\sqrt{\frac{nk}{2}}\right)e^{-\frac{x}{a}\sqrt{\frac{nk}{2}}},$$

C et C' étant deux constantes. On déterminera ensuite C et C' au moyen des équations (c), qui ont lieu pour $x=0$, et l'on aura

$$C = A\frac{ab\left(ab+\sqrt{\frac{nk}{2}}\right)}{nk+ab\sqrt{2nk}+a^2b^2}, \quad C' = A\frac{ab\sqrt{\frac{nk}{2}}}{nk+ab\sqrt{2nk}+a^2b^2}.$$

Portons ces valeurs dans P et P', et ces fonctions dans (a) après avoir posé

$$\tang v = \frac{\sqrt{\frac{nk}{2}}}{ab+\sqrt{\frac{nk}{2}}},$$

et nous aurons, pour la température produite dans le corps lorsque $\varphi(t)$ a la valeur (β),

(M) $\quad U' = \dfrac{ab}{\sqrt{a^2b^2+ab\sqrt{2nk}+nk}} A e^{-\frac{x}{a}\sqrt{\frac{nk}{2}}} \cos\left(nkt+\varepsilon-\frac{x}{a}\sqrt{\frac{nk}{2}}-v\right).$

Si l'expression (β) de $\varphi(t)$ représente la température de la surface du corps au lieu de la température extérieure, on aura U' en faisant $b=\infty$ dans la formule précédente, et il en résultera

(P) $\quad U' = A e^{-\frac{x}{a}\sqrt{\frac{nk}{2}}} \cos\left(nkt+\varepsilon-\frac{x}{a}\sqrt{\frac{nk}{2}}\right).$

Si $\varphi(t)$ a la valeur (α), U' est la somme d'un nombre infini de ces expressions.

Il faut remarquer que U' n'a pas ici tout à fait la même signification que dans les numéros précédents; en effet, sa valeur pour $t = 0$ n'est pas nulle. Mais, d'après ce que nous avons dit, au bout d'un temps très-considérable, la température dépendra très-peu de l'état initial, et la fonction U' considérée ici différera très-peu de la fonction U' des numéros précédents.

SUR LES TEMPÉRATURES DU GLOBE TERRESTRE.

105. Nous sommes loin de vouloir entrer dans tous les détails que comporte le sujet des températures terrestres; nous voulons seulement reproduire quelques résultats obtenus par Fourier et Poisson, surtout par le premier, et qu'il est très-aisé de déduire de ce qui précède (¹).

La chaleur de la Terre provient de trois causes :

1° La Terre participe à la température commune à l'espace céleste dans lequel le système solaire est plongé; cette température est celle qu'aurait cet espace, si l'action du Soleil était entièrement supprimée;

2° La Terre possède une chaleur d'origine qui lui reste de l'immense quantité qu'elle contenait lorsqu'elle était entièrement à l'état de fusion, et cette chaleur est encore excessivement grande à son intérieur;

3° La Terre est échauffée par le Soleil.

Chacune de ces causes peut être examinée séparément; car, d'après la théorie mathématique de la chaleur, leurs effets ou les températures qu'elles produisent se superposent.

La chaleur de l'espace céleste dans lequel se trouve la Terre n'a pas dû changer sensiblement depuis un temps immense; sans être obligé de supposer qu'elle se soit propagée jusqu'au centre de la Terre, du moins on ne peut refuser d'admettre qu'elle ne se soit communiquée bien au delà de toutes les couches accessibles; cette température serait, suivant Fourier, d'environ 40 degrés centigrades au-dessous de zéro;

(¹) *Voir*, pour les recherches de Fourier sur les températures du globe terrestre, *Mémoires de l'Académie des Sciences*, t. VII, 1827; *Annales de Chimie et de Physique*, t. XIII, 1820, et t. XXVII, 1824. — Pour les recherches de Poisson, sa *Théorie mathématique de la chaleur*.

depuis, elle a été estimée beaucoup plus basse par certains physiciens.

Nous avons ensuite à nous occuper de la chaleur d'origine de la Terre et de celle qui provient de l'action du Soleil. Pour étudier la première cause, il faudra regarder la Terre comme une sphère d'un très-grand rayon; mais, d'après ce qu'on a expliqué au n° 93, on ne peut regarder ce rayon comme infini. Au contraire, s'il s'agit d'inégalités de température provenant du Soleil, à étudier dans un lieu déterminé, il sera permis et beaucoup plus commode de remplacer la Terre au lieu considéré par un solide terminé par un plan infini.

Supposons que le temps écoulé depuis le refroidissement de la Terre qui s'effectue sur la chaleur d'origine soit assez grand pour que l'expression de la température V de cette chaleur d'origine se réduise maintenant à son premier terme. Alors cette température sera donnée à une distance x de la surface qui n'est pas très-grande par la formule (k) du n° 92, qui exprime le dernier refroidissement d'une sphère.

Si l'on pose

$$L = \frac{2\pi}{\rho^2} \int_0^\rho f(r) \sin \frac{\pi r}{\rho} dr,$$

on aura

$$v = \frac{L}{b}(1 + bx) e^{-\frac{\pi a^2 t}{\rho^2}},$$

ρ étant le rayon de la Terre, t le temps compté à partir d'une époque excessivement reculée, et l'on a de plus (n°^{s} 10 et 11)

$$a^2 = \frac{q}{c}, \quad b = \frac{\eta}{q},$$

q étant la conductibilité du terrain, c sa chaleur spécifique multipliée par sa densité, et η son pouvoir émissif.

La valeur de V peut aussi s'écrire

$$V = h + lx,$$

si l'on pose

(a) $$h = \frac{L}{b} e^{-\frac{\pi a^2 t}{\rho^2}}, \quad l = L e^{-\frac{\pi a^2 t}{\rho^2}};$$

d'où résulte

$$l = bh.$$

Pour $x=0$, V se réduit à h; h est donc la température dont la chaleur primitive de la Terre élève encore la surface; l représente l'accroissement de la température le long de la verticale pour l'unité de longueur.

Il résulte, en effet, des observations qu'à partir d'une certaine profondeur la température du sol devient fixe et s'accroît avec la profondeur; cet accroissement doit nécessairement varier avec la nature du terrain; mais, d'après ces observations, on peut admettre qu'il est en moyenne de 1 degré pour 30 mètres; prenons donc

$$l = 0°,033,$$

qui diffère peu de la valeur de cette quantité à Paris. Admettons pour b le nombre

$$b = 1,057$$

donné par Poisson pour Paris, en prenant le mètre pour l'unité de longueur et l'année pour l'unité de temps, et, puisque $l = bh$, on en conclura

$$h = 0°,031.$$

Donc, ainsi que Fourier l'a dit le premier, la chaleur intérieure de la Terre n'élève pas la température de la surface d'un trentième de degré.

Des formules (a) on peut conclure qu'il faudrait plus de mille millions de siècles pour que les valeurs de h et l se réduisissent à moitié.

Passons aux résultats produits par l'action du Soleil.

La Terre, depuis un temps immense, recevant toujours du Soleil la même chaleur, se trouve en quelque sorte arrivée à un état d'équilibre qui n'est plus que légèrement troublé par les vicissitudes des jours et des années.

On voit donc que l'influence du Soleil est : 1° d'accroître la température de chaque point de la Terre d'une quantité fixe, mais variable avec la position du point; 2° de produire des effets périodiques.

Examinons séparément ces deux phénomènes.

La première action du Soleil peut être regardée comme produite par une température extérieure ζ variable avec la longitude ψ et le complément de la latitude θ, mais indépendante du temps t. Alors, en posant,

comme au n° 94,
$$\zeta = Z_1 + Z_2 + \ldots + Z_n + \ldots,$$
et adoptant les mêmes notations, on a pour la température d'équilibre de la Terre, d'après le même numéro,
$$V = \Sigma Z_n \frac{1}{1 + \frac{n}{b\rho}} \frac{r^n}{\rho^n},$$
or il résulte de cette formule que la température peut varier beaucoup suivant une même verticale, mais que pour des valeurs de r peu différentes de ρ, et par suite à toutes les profondeurs accessibles, V ne variera pas d'une manière sensible.

Ainsi la première influence du Soleil est d'accroître la température de la Terre d'une quantité fixe et qui reste la même sur une même verticale à toutes les distances où l'on puisse pénétrer; par conséquent on ne peut confondre ses effets avec ceux de la chaleur d'origine; ce qui justifie la manière dont nous avons calculé l'influence de la chaleur centrale.

La température des lieux profonds, situés par exemple à 40 mètres au-dessous de la surface du sol, est fixe et ne varie qu'avec la profondeur pour un lieu déterminé; mais elle décroît lorsqu'on va de l'équateur vers les pôles. Il s'ensuit qu'à une profondeur de 40 mètres ou supérieure, le Soleil n'a plus qu'une seule action, qui est d'accroître la température d'une quantité fixe, mais qui diminue quand on s'avance vers les pôles.

Mais, outre cette action qui s'étend à toute la Terre, le Soleil a des effets périodiques qui ne se produisent qu'à une faible profondeur. L'un de ces effets, dont la période est l'année, se propage en moyenne jusqu'à 30 mètres; l'autre, dont la période est le jour, ne se propage guère au delà de 2 mètres. En général, la profondeur qu'il faut atteindre, pour qu'une variation de température cesse d'être sensible, est proportionnelle à la racine carrée de la période de cette variation.

Pour le démontrer, prenons l'expression trouvée au n° 104
$$U' = A e^{-\frac{x}{a}\sqrt{\frac{m}{2}}} \cos\left(mt - \frac{x}{a}\sqrt{\frac{m}{2}} + \varepsilon\right),$$

dont la période est $\omega = \frac{2\pi}{m}$; concevons une semblable variation u' de même intensité pour $x = 0$, mais de période différente $\omega' = \frac{2\pi}{p}$, nous aurons

$$u' = A e^{-\frac{x}{a}\sqrt{\frac{p}{2}}} \cos\left(pt - \frac{x}{a}\sqrt{\frac{p}{2}} + \epsilon'\right).$$

Supposons qu'une différence de température ne puisse plus être constatée par l'observation, lorsqu'elle a la valeur très-petite j. On aura, en désignant par x et x' les profondeurs auxquelles on cesse de constater les plus grandes valeurs de U' et u',

$$A e^{-\frac{x}{a}\sqrt{\frac{m}{2}}} = j, \quad A e^{-\frac{x}{a}\sqrt{\frac{p}{2}}} = j,$$

et, par suite,

$$x\sqrt{m} = x'\sqrt{p} \quad \text{ou} \quad \frac{x}{x'} = \sqrt{\frac{\omega}{\omega'}}.$$

On comprend donc que la variation diurne doit se propager à une profondeur beaucoup moindre que la variation annuelle.

Nous ne discuterons point ici l'influence de l'atmosphère et des mers sur les températures de la Terre; d'ailleurs il est clair que, lorsque nous nous sommes occupé des actions du Soleil, nous avons entendu parler de ces actions modifiées par la présence de l'atmosphère.

CHAPITRE VIII.

SUR L'ÉQUILIBRE DE TEMPÉRATURE DE L'ELLIPSOÏDE.

CALCUL DE ΔV.

106. Nous allons nous occuper de l'équilibre de température d'un ellipsoïde dont tous les points de la surface sont entretenus à des températures données. C'est Lamé qui a résolu cette question pour l'ellipsoïde de révolution et pour l'ellipsoïde à trois axes inégaux.

Le corps étant en équilibre de température, si l'on désigne par V la température d'un point quelconque du corps, on a l'équation $\Delta V = 0$, ou

$$\frac{d^2V}{dx^2} + \frac{d^2V}{dy^2} + \frac{d^2V}{dz^2} = 0,$$

si les axes de coordonnées sont rectangulaires. Si l'on prend des coordonnées curvilignes orthogonales, cette équation deviendra

$$\frac{d\left(\frac{h}{h_1 h_2}\frac{dV}{d\rho}\right)}{d\rho} + \frac{d\left(\frac{h_1}{h_2 h}\frac{dV}{d\rho_1}\right)}{d\rho_1} + \frac{d\left(\frac{h_2}{h h_1}\frac{dV}{d\rho_2}\right)}{d\rho_2} = 0,$$

et l'on obtiendra h, h_1, h_2 en transformant $dx^2 + dy^2 + dz^2$ en coordonnées curvilignes, et se rappelant que l'on a

$$dx^2 + dy^2 + dz^2 = \frac{1}{h^2}d\rho^2 + \frac{1}{h_1^2}d\rho_1^2 + \frac{1}{h_2^2}d\rho_2^2.$$

Dans la question qui nous occupe, les trois familles de surfaces que nous emploierons sont des surfaces du second ordre dont les sections principales ont les mêmes foyers que celles de l'ellipsoïde proposé. Ces surfaces auront pour équations

$$(1)\begin{cases} \dfrac{x^2}{\rho^2} + \dfrac{y^2}{\rho^2 - b^2} + \dfrac{z^2}{\rho^2 - c^2} = 1, \\ \dfrac{x^2}{\mu^2} + \dfrac{y^2}{\mu^2 - b^2} + \dfrac{z^2}{c^2 - \mu^2} = 1, \\ \dfrac{x^2}{\nu^2} - \dfrac{y^2}{b^2 - \nu^2} - \dfrac{z^2}{c^2 - \nu^2} = 1; \end{cases}$$

ρ, μ, ν sont des paramètres variables et remplacent ρ, ρ_1, ρ_2; on suppose

$$b < c, \quad \rho > c, \quad c > \mu > b, \quad \nu < b;$$

alors la première équation représente un ellipsoïde, la seconde un hyperboloïde à une nappe, et la troisième un hyperboloïde à deux nappes. Deux des foyers des sections principales sont situés sur l'axe des x à des distances du centre égales à b et c; le foyer de la section des yz est situé sur l'axe des y à une distance du centre égale à $\sqrt{c^2 - b^2}$.

Combinons les équations (1) par soustraction deux à deux, et nous aurons

$$(2)\begin{cases} \dfrac{x^2}{\rho^2 \mu^2} + \dfrac{y^2}{(\rho^2 - b^2)(\mu^2 - b^2)} + \dfrac{z^2}{(\rho^2 - c^2)(\mu^2 - c^2)} = 0, \\ \dfrac{x^2}{\mu^2 \nu^2} + \dfrac{y^2}{(\mu^2 - b^2)(\nu^2 - b^2)} + \dfrac{z^2}{(\mu^2 - c^2)(\nu^2 - c^2)} = 0, \\ \dfrac{x^2}{\nu^2 \rho^2} + \dfrac{y^2}{(\nu^2 - b^2)(\rho^2 - b^2)} + \dfrac{z^2}{(\nu^2 - c^2)(\rho^2 - c^2)} = 0; \end{cases}$$

ces équations prouvent que les plans tangents menés à deux de ces surfaces en un point de leur intersection sont perpendiculaires entre eux.

Un point quelconque de l'espace, au lieu d'être donné par ses trois coordonnées x, y, z, peut l'être par les trois paramètres ρ, μ, ν qui sont relatifs aux trois surfaces (1) passant par ce point et qui sont les trois coordonnées curvilignes.

Pour exprimer les coordonnées x, y, z au moyen des nouvelles ρ, μ, ν, il suffit de résoudre les équations (1) du premier degré par rapport à x^2, y^2, z^2. Pour les résoudre de la manière la plus commode, on observe avec Jacobi qu'elles expriment que l'expression

$$1 - \dfrac{x^2}{\sigma} - \dfrac{y^2}{\sigma - b^2} - \dfrac{z^2}{\sigma - c^2}$$

est nulle pour $\sigma = \rho^2$, μ^2 ou ν^2; on peut donc poser

$$1 - \frac{x^2}{\sigma} - \frac{y^2}{\sigma - b^2} - \frac{z^2}{\sigma - c^2} = \frac{(\sigma - \rho^2)(\sigma - \mu^2)(\sigma - \nu^2)}{\sigma(\sigma - b^2)(\sigma - c^2)},$$

en remarquant que les deux membres se réduisent à l'unité pour $\sigma = \infty$. Si nous décomposons le second membre en fractions simples, nous aurons le premier, et il en résulte

(3)
$$\begin{cases} x^2 = \dfrac{\rho^2 \mu^2 \nu^2}{b^2 c^2}, \\ y^2 = \dfrac{(\rho^2 - b^2)(\mu^2 - b^2)(\nu^2 - b^2)}{b^2(b^2 - c^2)}, \\ z^2 = \dfrac{(\rho^2 - c^2)(\mu^2 - c^2)(\nu^2 - c^2)}{c^2(c^2 - b^2)}. \end{cases}$$

Extrayons les racines carrées, en ayant le soin de n'écrire que des radicaux réels, et nous aurons

$$x = \frac{\rho \mu \nu}{bc},$$

$$y = \frac{\sqrt{\rho^2 - b^2}\sqrt{\mu^2 - b^2}\sqrt{b^2 - \nu^2}}{b\sqrt{c^2 - b^2}},$$

$$z = \frac{\sqrt{\rho^2 - c^2}\sqrt{c^2 - \mu^2}\sqrt{c^2 - \nu^2}}{c\sqrt{c^2 - b^2}}.$$

x ne peut s'annuler que par le facteur ν; y s'annule par le facteur $\sqrt{\mu^2 - b^2}$ ou $\sqrt{b^2 - \nu^2}$; z s'annule par le facteur $\sqrt{\rho^2 - c^2}$ ou par $\sqrt{c^2 - \mu^2}$, et il faut remarquer que ces radicaux changent de signe en passant par zéro.

Prenons les logarithmes des deux membres des équations (3), puis différentions, et nous aurons

(4)
$$\begin{cases} dx = \dfrac{x\rho}{\rho^2} d\rho + \dfrac{x\mu}{\mu^2} d\mu + \dfrac{x\nu}{\nu^2} d\nu, \\ dy = \dfrac{y\rho}{\rho^2 - b^2} d\rho + \dfrac{y\mu}{\mu^2 - b^2} d\mu + \dfrac{y\nu}{\nu^2 - b^2} d\nu, \\ dz = \dfrac{z\rho}{\rho^2 - c^2} d\rho + \dfrac{z\mu}{\mu^2 - c^2} d\mu + \dfrac{z\nu}{\nu^2 - c^2} d\nu. \end{cases}$$

Ajoutons les carrés des équations (4), en remarquant que les doubles produits des termes du second membre se détruisent d'après les équations (2), et nous aurons

$$dx^2 + dy^2 + dz^2 = \left[\frac{x^2}{\rho^4} + \frac{y^2}{(\rho^2 - b^2)^2} + \frac{z^2}{(\rho^2 - c^2)^2}\right] \rho^2 d\rho^2$$
$$+ \left[\frac{x^2}{\mu^4} + \frac{y^2}{(\mu^2 - b^2)^2} + \frac{z^2}{(\mu^2 - c^2)^2}\right] \mu^2 d\mu^2$$
$$+ \left[\frac{x^2}{\nu^4} + \frac{y^2}{(\nu^2 - b^2)^2} + \frac{z^2}{(\nu^2 - c^2)^2}\right] \nu^2 d\nu^2.$$

En remplaçant x^2, y^2, z^2 par les expressions (3), nous aurons

$$\frac{x^2}{\rho^4} + \frac{y^2}{(\rho^2 - b^2)^2} + \frac{z^2}{(\rho^2 - c^2)^2} = \frac{(\rho^2 - \mu^2)(\rho^2 - \nu^2)}{\rho^2(\rho^2 - b^2)(\rho^2 - c^2)};$$

et en faisant sur les lettres ρ, μ, ν une permutation circulaire, on obtient les deux autres équations

$$\frac{x^2}{\mu^4} + \frac{y^2}{(\mu^2 - b^2)^2} + \frac{z^2}{(\mu^2 - c^2)^2} = \frac{(\mu^2 - \nu^2)(\mu^2 - \rho^2)}{\mu^2(\mu^2 - b^2)(\mu^2 - c^2)},$$

$$\frac{x^2}{\nu^4} + \frac{y^2}{(\nu^2 - b^2)^2} + \frac{z^2}{(\nu^2 - c^2)^2} = \frac{(\nu^2 - \rho^2)(\nu^2 - \mu^2)}{\nu^2(\nu^2 - b^2)(\nu^2 - c^2)}.$$

Donc on a

$$(5) \quad \begin{cases} dx^2 + dy^2 + dz^2 = \dfrac{(\rho^2 - \mu^2)(\rho^2 - \nu^2)}{(\rho^2 - b^2)(\rho^2 - c^2)} d\rho^2 + \dfrac{(\mu^2 - \nu^2)(\mu^2 - \rho^2)}{(\mu^2 - b^2)(\mu^2 - c^2)} d\mu^2 \\ \qquad + \dfrac{(\nu^2 - \rho^2)(\nu^2 - \mu^2)}{(\nu^2 - b^2)(\nu^2 - c^2)} d\nu^2. \end{cases}$$

Les coefficients de $d\rho^2$, $d\mu^2$, $d\nu^2$ sont les expressions de $\dfrac{1}{h^2}$, $\dfrac{1}{h_1^2}$, $\dfrac{1}{h_2^2}$.

107. Mais nous savons que l'expression de ΔV prend une forme beaucoup plus simple quand on adopte pour coordonnées curvilignes, au lieu des paramètres ρ, μ, ν des trois familles de surfaces orthogonales, leurs paramètres thermométriques. Car, en désignant par α, β, γ ces paramètres thermométriques, et par h, h_1, h_2 les quantités analogues à h, h_1, h_2, c'est-à-dire

$$\sqrt{\left(\frac{d\alpha}{dx}\right)^2 + \left(\frac{d\alpha}{dy}\right)^2 + \left(\frac{d\alpha}{dz}\right)^2}, \ldots,$$

nous aurons, pour l'équation $\Delta V = 0$,

$$h^2 \frac{d^2V}{d\alpha^2} + h_1^2 \frac{d^2V}{d\beta^2} + h_2^2 \frac{d^2V}{d\gamma^2} = 0.$$

Ces paramètres thermométriques se déduisent des paramètres ν, μ, ρ par les formules (n° 22)

$$(6) \quad \begin{cases} \alpha = c \displaystyle\int_0^\nu \frac{d\nu}{\sqrt{(b^2 - \nu^2)(c^2 - \nu^2)}}, & \beta = c \displaystyle\int_b^\mu \frac{d\mu}{\sqrt{(\mu^2 - b^2)(c^2 - \mu^2)}}, \\ \gamma = c \displaystyle\int_c^\rho \frac{d\rho}{\sqrt{(\rho^2 - b^2)(\rho^2 - c^2)}} \end{cases}$$

Remplaçons dans l'équation (5) les différentielles de ces trois intégrales par $d\alpha$, $d\beta$, $d\gamma$, et nous aurons

$$dx^2 + dy^2 + dz^2 = (\rho^2 - \mu^2)(\rho^2 - \nu^2) \frac{d\gamma^2}{c^2} - (\mu^2 - \rho^2)(\mu^2 - \nu^2) \frac{d\beta^2}{c^2}$$
$$+ (\nu^2 - \rho^2)(\nu^2 - \mu^2) \frac{d\alpha^2}{c^2}.$$

On déduit de cette équation, en observant que les coefficients de $d\alpha^2$, $d\beta^2$, $d\gamma^2$ sont égaux à $\frac{1}{h^2}$, $\frac{1}{h_1^2}$, $\frac{1}{h_2^2}$,

$$h = \frac{c}{\sqrt{(\rho^2 - \nu^2)(\mu^2 - \nu^2)}}, \quad h_1 = \frac{c}{\sqrt{(\rho^2 - \mu^2)(\mu^2 - \nu^2)}}, \quad h_2 = \frac{c}{\sqrt{(\rho^2 - \mu^2)(\rho^2 - \nu^2)}};$$

puis on en conclut

$$\frac{h}{h_1 h_2} = \frac{1}{c}(\rho^2 - \mu^2), \quad \frac{h_1}{h_2 h} = -\frac{1}{c}(\nu^2 - \rho^2), \quad \frac{h_2}{h h_1} = \frac{1}{c}(\mu^2 - \nu^2),$$

expressions qui sont respectivement indépendantes de ν, μ, ρ ou de α, β, γ; ce qui prouve, d'après ce que nous avons vu au n° 25, que les trois familles de surfaces sont orthogonales et que α, β, γ sont les paramètres thermométriques de ces surfaces. L'équation $\Delta V = 0$ se réduit donc à l'équation remarquable de Lamé

$$(7) \quad (\rho^2 - \mu^2) \frac{d^2V}{d\alpha^2} - (\nu^2 - \rho^2) \frac{d^2V}{d\beta^2} + (\mu^2 - \nu^2) \frac{d^2V}{d\gamma^2} = 0,$$

dans laquelle ρ, μ, ν représentent les fonctions inverses de α, β, γ données par les formules (6).

L'ellipsoïde étant en équilibre de température, la température d'un quelconque de ses points satisfait à cette équation. De plus, tous les points de sa surface sont entretenus à des températures données; désignons par a la valeur de ρ pour l'ellipsoïde donné, on aura donc

$$V = F(\mu, \nu) \quad \text{pour} \quad \rho = a.$$

Telles sont les deux équations auxquelles il s'agit de satisfaire.

SYSTÈME DE COORDONNÉES APPLICABLE A TOUS LES CAS.

108. Avant d'aller plus loin, il importe de remarquer que ces formules ne sont plus applicables si l'ellipsoïde est de révolution. Il peut se présenter deux cas :

1° Si $b = c$, le plus grand axe est un axe de révolution, l'ellipsoïde est ovaire;

2° Si $b = 0$, le plus petit axe est un axe de révolution, l'ellipsoïde est planétaire.

μ étant compris entre b et c, si $b = c$, μ sera aussi égal à c; dans le second cas, b étant nul, ν le sera aussi, et l'on voit que les expressions (3) donnent des valeurs indéterminées de la forme $\frac{0}{0}$.

Pour obtenir des formules applicables à tous les cas, nous introduirons les deux angles φ et ψ du n° **23**, en posant

$$\nu = b \cos\psi, \quad \mu = \sqrt{c^2 \sin^2\varphi + b^2 \cos^2\varphi},$$

et, d'après ces formules, ν varie de zéro à b, ou plutôt de $-b$ à $+b$, et μ de b à c; ν et μ, par conséquent, varient entre les limites qui leur ont été assignées. On en conclura

$$\sqrt{b^2 - \nu^2} = b \sin\psi, \qquad \sqrt{\mu^2 - b^2} = \sqrt{c^2 - b^2} \sin\varphi,$$
$$\sqrt{c^2 - \mu^2} = \sqrt{c^2 - b^2} \cos\varphi, \qquad \sqrt{c^2 - \nu^2} = \sqrt{c^2 - b^2} \cos^2\psi;$$

on a ainsi, pour les expressions de x, y, z,

$$x = \frac{\rho \cos\psi}{c} \sqrt{c^2 \sin^2\varphi + b^2 \cos^2\varphi},$$
$$y = \sqrt{\rho^2 - b^2} \sin\psi \sin\varphi,$$
$$z = \sqrt{\rho^2 - c^2} \cos\varphi \frac{\sqrt{c^2 - b^2 \cos^2\psi}}{c}.$$

Ces formules sont applicables aux deux ellipsoïdes de révolution, et elles sont d'un usage commode; mais, dans le cas général, elles ont l'inconvénient de n'être plus symétriques, comme le sont les formules (3).

Si $b = c$, elles deviennent

(8) $\qquad x = \rho\cos\psi, \quad y = \sqrt{\rho^2 - c^2} \sin\psi \sin\varphi, \quad z = \sqrt{\rho^2 - c^2} \sin\psi \cos\varphi.$

Si $b = 0$, on a

(9) $\qquad x = \rho\cos\psi \sin\varphi, \quad y = \rho\sin\psi \sin\varphi, \quad z = \sqrt{\rho^2 - c^2} \cos\varphi.$

Par les formules (8) et (9), on ne fait qu'adopter pour l'ellipse dans les deux cas un même système de coordonnées qui est celui que nous avons employé au n° 57. En effet, si l'on fait $\varphi = 0$ dans les formules (8), et $\psi = 0$ dans les secondes, on a les coordonnées de l'ellipse méridienne

$$x = \rho\cos\psi, \quad z = \sqrt{\rho^2 - c^2} \sin\psi,$$
$$x = \rho\sin\varphi, \quad z = \sqrt{\rho^2 - c^2} \cos\varphi.$$

FORME DE LA SOLUTION SIMPLE.

109. Pour satisfaire à l'équation (7) et à la condition à la surface, nous chercherons d'abord un terme simple satisfaisant à l'équation (7); nous ferons la somme d'une infinité de ces termes multipliés chacun par une constante arbitraire, et nous déterminerons ces constantes de manière à remplir la condition à la surface.

Pour obtenir ce terme simple, nous essayerons de poser

$$U = NMR,$$

le facteur N ne contenant que α, M que β, R que γ. Substituons U à la place de V dans l'équation (7) et divisons par NMR, nous aurons

$$(10) \quad \frac{1}{N}\frac{d^2N}{d\alpha^2}(\rho^2-\mu^2) - \frac{1}{M}\frac{d^2M}{d\beta^2}(\nu^2-\rho^2) + \frac{1}{R}\frac{d^2R}{d\gamma^2}(\mu^2-\nu^2) = 0.$$

La fonction $\frac{1}{N}\frac{d^2N}{d\alpha^2}$ ne contient que α, $\frac{1}{M}\frac{d^2M}{d\beta^2}$ que β, $\frac{1}{R}\frac{d^2R}{d\gamma^2}$ que γ, et, en les multipliant par $\rho^2-\mu^2$, $-(\nu^2-\rho^2)$, $\mu^2-\nu^2$, puis faisant la somme, on a un résultat nul. Cela posé, remarquons que l'on a

$$(\rho^2-\mu^2) + (\nu^2-\rho^2) + (\mu^2-\nu^2) = 0,$$
$$(\rho^2-\mu^2)\nu^2 + (\nu^2-\rho^2)\mu^2 + (\mu^2-\nu^2)\rho^2 = 0.$$

Multiplions les termes de la première identité par une constante et les termes de la seconde par une autre constante, et ajoutons, nous aurons

$$(11) \quad (\rho^2-\mu^2)\left(h\frac{\nu^2}{c^2}-g\right) + (\nu^2-\rho^2)\left(h\frac{\mu^2}{c^2}-g\right) + (\mu^2-\nu^2)\left(h\frac{\rho^2}{c^2}-g\right) = 0,$$

h et g étant deux constantes arbitraires.

En comparant l'équation (10) avec l'identité (11), on voit qu'on vérifiera cette équation en posant

$$(12) \quad \begin{cases} \dfrac{d^2N}{d\alpha^2} = \left(h\dfrac{\nu^2}{c^2}-g\right)N, \\ \dfrac{d^2M}{d\beta^2} = \left(g - h\dfrac{\mu^2}{c^2}\right)M, \\ \dfrac{d^2R}{d\gamma^2} = \left(h\dfrac{\rho^2}{c^2}-g\right)R, \end{cases}$$

et nous n'avons plus qu'à considérer des équations différentielles ordinaires et à déterminer les deux constantes g et h.

Au lieu de α, β, γ, mettons dans ces équations ρ, μ, ν, nous aurons

$$c\frac{dN}{d\alpha} = \sqrt{b^2-\nu^2}\sqrt{c^2-\nu^2}\,\frac{dN}{d\nu},$$

$$c^2\frac{d^2N}{d\alpha^2} = \sqrt{b^2-\nu^2}\sqrt{c^2-\nu^2}\,\frac{d\left(\sqrt{b^2-\nu^2}\sqrt{c^2-\nu^2}\,\dfrac{dN}{d\nu}\right)}{d\nu}$$

$$= (b^2-\nu^2)(c^2-\nu^2)\frac{d^2N}{d\nu^2} + [2\nu^2-(b^2+c^2)\nu]\frac{dN}{d\nu},$$

et si l'on pose
$$b^4 + c^4 = p, \quad b^2 + c^2 = q,$$

on obtient la première des trois équations suivantes :

$$(\nu^4 - p\nu^2 + q)\frac{d^2 N}{d\nu^2} + (2\nu^3 - p\nu)\frac{dN}{d\nu} = (h\nu^2 - gc^2)N,$$

$$(\mu^4 - p\mu^2 + q)\frac{d^2 M}{d\mu^2} + (2\mu^3 - p\mu)\frac{dM}{d\mu} = (h\mu^2 - gc^2)M,$$

$$(\rho^4 - p\rho^2 + q)\frac{d^2 R}{d\rho^2} + (2\rho^3 - p\rho)\frac{dR}{d\rho} = (h\rho^2 - gc^2)R;$$

la seconde et la troisième se déduisent de même des deux dernières équations (12). Enfin h et g sont deux constantes qu'il s'agit de déterminer.

ELLIPSOÏDES DE RÉVOLUTION.

110. Nous allons d'abord nous occuper des deux ellipsoïdes de révolution. Nous commencerons par déterminer la solution simple et les deux quantités h et g qui y entrent.

Laissons d'abord b et c quelconques, et substituons aux variables μ et ν les angles φ et ψ considérés ci-dessus; nous avons

$$\mu = \sqrt{c^2 \sin^2\varphi + b^2 \cos^2\varphi}, \quad \nu = b\cos\psi.$$

Voyons ce que devient l'équation qui donne N et qui peut s'écrire

$$\sqrt{(b^2 - \nu^2)(c^2 - \nu^2)} \cdot \frac{d\left[\sqrt{(b^2 - \nu^2)(c^2 - \nu^2)}\,\dfrac{dN}{d\nu}\right]}{d\nu} - (h\nu^2 - gc^2)N = 0.$$

Or on a

$$\sqrt{(b^2 - \nu^2)(c^2 - \nu^2)}\,\frac{dN}{d\nu} = -\sqrt{c^2 - b^2\cos^2\psi}\,\frac{dN}{d\psi},$$

et l'équation précédente devient

$$(n) \quad (c^2 - b^2\cos^2\psi)\frac{d^2 N}{d\psi^2} + b^2\sin\psi\cos\psi\,\frac{dN}{d\psi} - (hb^2\cos\psi - gc^2)N = 0.$$

De même l'équation qui donne M peut s'écrire

$$\sqrt{(\mu^2-b^2)(c^2-\mu^2)} \cdot \frac{d\left[\sqrt{(\mu^2-b^2)(c^2-\mu^2)}\dfrac{dM}{d\mu}\right]}{d\mu} + (h\mu^2 - gc^2)M = 0.$$

Or on a

$$\sqrt{(\mu^2-b^2)(c^2-\mu^2)}\frac{dM}{d\mu} = +\sqrt{c^2-(c^2-b^2)\cos^2\varphi}\,\frac{dM}{d\varphi},$$

et l'on a l'équation

$$(m) \begin{cases} [c^2-(c^2-b^2)\cos^2\varphi]\dfrac{d^2M}{d\varphi^2} \\ + (c^2-b^2)\sin\varphi\cos\varphi\,\dfrac{dM}{d\varphi} - [h(c^2-b^2)\cos^2\varphi - (h-g)c^2]M = 0. \end{cases}$$

On doit remarquer l'analogie des deux équations (n) et (m); on passe de la première à la seconde par le changement de b^2 en $c^2 - b^2$.

Ellipsoïde ovaire. — Dans l'ellipsoïde ovaire, le plus grand axe est un axe de révolution, et l'on a $b = c$.

Les deux équations (n) et (m) deviennent donc

$$(1-\cos^2\psi)\frac{d^2N}{d\psi^2} + \sin\psi\cos\psi\,\frac{dN}{d\psi} - (h\cos^2\psi - g)N = 0,$$

$$\frac{d^2M}{d\varphi^2} + (h-g)M = 0.$$

Je pose $h - g = l^2$; alors nous avons

$$M = A\cos l\varphi + B\sin l\varphi,$$

et comme M doit rester le même quand on y remplace φ par $\varphi + 2\pi$, le nombre l est entier; on a donc

$$g = h - l^2,$$

l étant entier, et nous n'avons plus que la constante h à déterminer.

Posons encore $\cos\psi = q$, et l'équation qui donne N devient

$$(p) \qquad \frac{d\left[(1-q^2)\dfrac{dN}{dq}\right]}{dq} + \left(h - \frac{l^2}{1-q^2}\right)N = 0.$$

La constante h doit être déterminée de manière que N qui est fonction de ψ ait la période 2π, en sorte qu'elle ne change pas quand on y remplacera ψ par $\psi + 2\pi$. Or on arrive au résultat désiré en supposant

$$h = n(n+1),$$

n étant un entier positif et $> l$; car alors on pourra prendre pour N l'expression que nous avons donnée pour $\Theta_{n,l}$ dans la théorie de l'équilibre de température de la sphère. Ainsi nous avons

$$(q) \qquad N = (1-q^2)^{\frac{l}{2}} \left[q^{n-l} - \frac{(n-l)(n-l-1)}{2(2n-1)} q^{n-l-2} + \cdots \right].$$

L'équation à laquelle R satisfait devient, en y faisant $b = c$,

$$(\rho^2 - c^2)^2 \frac{d^2 R}{d\rho^2} + (2\rho^3 - 2c^2\rho) \frac{dR}{d\rho} - [n(n+1)(\rho^2 - c^2) + l^2 c^2] R = 0,$$

et peut se mettre sous la forme

$$\frac{d(c^2 - \rho^2)\frac{dR}{d\rho}}{d\rho} + \left[n(n+1) - \frac{l^2 c^2}{c^2 - \rho^2} \right] R = 0.$$

Elle se déduit de l'équation (p) par le changement de q en $\frac{\rho}{c}$. On ne peut en conclure immédiatement que l'expression de R se déduira de celle de N par le seul changement de q en $\frac{\rho}{c}$; car on n'a ainsi qu'une solution particulière de l'équation précédente; mais il est aisé de voir que l'autre solution particulière deviendrait infinie pour $\rho = c$, c'est-à-dire pour des points situés nécessairement à l'intérieur de l'ellipsoïde; donc R se réduit effectivement à la première solution, et l'on a

$$R = \left(1 - \frac{\rho^2}{c^2}\right)^{\frac{l}{2}} \left[\left(\frac{\rho}{c}\right)^{n-l} - \frac{(n-l)(n-l-1)}{2(2n-1)} \left(\frac{\rho}{c}\right)^{n-l-2} + \cdots \right].$$

Représentons cette dernière expression par $R_{n,l}(\rho)$, et l'expression (q) de N par $\Theta_{n,l}$; nous aurons une solution particulière en posant

$$U = \Theta_{n,l} R_{n,l}(\rho)(A \cos l\psi + B \sin l\psi).$$

On obtiendra la solution générale en faisant la somme d'une infinité de ces solutions particulières, et, comme on a fait au n° 85 pour la sphère, on pourra donner à la solution cette forme

$$V = \sum_{l=0}^{l=\infty}\left[\cos l\varphi \sum_{n=l}^{n=\infty} A_{n,l}\frac{R_{n,l}(\rho)}{R_{n,l}(a)}\Theta_{n,l} + \sin l\varphi \sum_{n=l}^{n=\infty} B_{n,l}\frac{R_{n,l}(\rho)}{R_{n,l}(a)}\Theta_{n,l}\right],$$

a étant la valeur du paramètre ρ sur l'ellipsoïde donné.

V étant une fonction donnée sur la surface $\rho = a$, que nous appellerons $F(\varphi, \psi)$, nous aurons l'équation

$$\sum_{l=0}^{l=\infty}\left(\cos l\varphi \sum_{n=l}^{n=\infty} A_{n,l}\Theta_{n,l} + \sin l\varphi \sum_{n=l}^{n=\infty} B_{n,l}\Theta_{n,l}\right) = F(\varphi, \psi);$$

c'est exactement la même condition qu'au n° 85, et les coefficients $A_{n,l}$, $B_{n,l}$ se détermineront de la même manière.

On peut encore grouper ensemble tous les termes dans lesquels le nombre n est le même, et l'on écrira ainsi la solution

$$V = \sum_{n=0}^{n=\infty}\sum_{l=0}^{l=n}\frac{R_{n,l}(\rho)}{R_{n,l}(a)}\Theta_{n,l}(A_{n,l}\cos l\varphi + B_{n,l}\sin l\varphi).$$

Alors la condition à la surface sera

$$\sum_{n=0}^{n=\infty}\sum_{l=0}^{l=n}\Theta_{n,l}(A_{n,l}\cos l\varphi + B_{n,l}\sin l\varphi) = F(\varphi, \psi).$$

Le second Σ représente une somme de termes qui est une fonction Y_n de Laplace, et qui peut être calculée d'après ce que nous avons vu au n° 84.

Ellipsoïde planétaire. — Dans l'ellipsoïde planétaire, le plus petit axe est un axe de révolution, et l'on a $b = 0$.

Le rôle des deux fonctions N et M s'échange dans la question précédente, et l'on a maintenant

$$\frac{d^2N}{d\psi^2} + gN = 0,$$

$$(1 - \cos^2\varphi)\frac{d^2M}{d\varphi^2} + \sin\varphi\cos\varphi\frac{dM}{d\varphi} - [h\cos^2\varphi - (h-g)]M = 0.$$

N est une fonction qui doit rester invariable quand on y change ψ en $\psi + 2\pi$; on en conclut que g est le carré d'un nombre entier l^2 et qu'on a

$$N = A\cos l\psi + B\sin l\psi.$$

Posons $\cos\varphi = u$; l'équation qui donne M devient

$$\frac{d\left[(1-u^2)\dfrac{dM}{du}\right]}{du} + \left(h - \frac{l^2}{1-u^2}\right)M = 0,$$

et nous avons, en faisant $h = n(n+1)$ et n entier, afin que M reste invariable quand on y remplacera φ par $\varphi + 2\pi$,

$$M = (1-u^2)^{\frac{l}{2}}\left[u^{n-l} - \frac{(n-l)(n-l-1)}{2(2n-1)}u^{n-l-2} \cdots\right].$$

L'équation du n° 109 à laquelle R satisfait devient, en y faisant $b = 0$,

$$(\rho^2 - c^2)\frac{d^2R}{d\rho^2} + (2\rho^2 - c^2)\rho\frac{dR}{d\rho} = (h\rho^2 - l^2c^2)R.$$

Faisons $\rho^2 - c^2 = \rho'^2$, et en prenant ρ' pour la variable indépendante dans l'équation précédente, nous aurons

$$(c^2 - \rho'^2)\frac{d^2R}{d\rho'^2} + 2(c^2 + \rho'^2)\rho'\frac{dR}{d\rho'} - [n(n+1)(\rho'^2 + c^2) - l^2c^2]R = 0.$$

On passe de l'équation qui donne R dans le numéro précédent à cette dernière en changeant ρ en ρ' et c^2 en $-c^2$. On aura donc pour la valeur de R actuelle

$$R = \left(1 - \frac{\rho'^2}{c^2}\right)^{\frac{l}{2}}\left[\left(\frac{\rho'}{c}\right)^{n-l} - \frac{(n-l)(n-l-1)}{2(2n-1)}\left(\frac{\rho'}{c}\right)^{n-l-2} + \cdots\right].$$

Représentons cette dernière expression par $R_{n,l}(\rho')$ et l'expression de M par $\Theta_{n,l}$, nous aurons une solution particulière en posant

$$U = \Theta_{n,l}R_{n,l}(\rho')(A\cos l\psi + B\sin l\psi);$$

on obtiendra ensuite la solution générale en faisant la somme d'une infinité de ces solutions, comme dans le cas précédent.

RÉFLEXIONS PRÉLIMINAIRES SUR LES QUANTITÉS μ, ν, ρ ET SUR LES COORDONNÉES α, β, γ.

111. Nous avons trouvé

$$x = c\int_0^\nu \frac{d\nu}{\sqrt{(b^2-\nu^2)(c^2-\nu^2)}} \quad \text{ou} \quad = \int_0^\nu \frac{d\frac{\nu}{b}}{\sqrt{\left(1-\frac{\nu^2}{b^2}\right)\left(1-\frac{b^2}{c^2}\frac{\nu^2}{b^2}\right)}}.$$

De cette formule on conclut, d'après les notations habituelles de la théorie des fonctions elliptiques,

$$\frac{\nu}{b} = \sin am\left(\alpha, \frac{b}{c}\right),$$

$\frac{b}{c}$ étant le module, et par suite

$$\sqrt{b^2-\nu^2} = b\cos am\left(\alpha, \frac{b}{c}\right), \quad \sqrt{c^2-\nu^2} = c\Delta am\left(\alpha, \frac{b}{c}\right).$$

Les deux premières de ces fonctions de α ont pour période 4ϖ, si l'on pose

$$\varpi = \int_0^b \frac{d\nu}{\sqrt{(b^2-\nu^2)(c^2-\nu^2)}};$$

la troisième a seulement 2ϖ pour période.

Divisons l'intervalle 4ϖ, dans lequel il suffit de faire varier α en quatre parties égales que nous appellerons *quadrants*.

ν est une fonction impaire de α; elle s'annule pour $\alpha = 0$, elle est positive et va constamment en croissant entre $\alpha = 0$ et $\alpha = \varpi$, c'est-à-dire dans le premier quadrant; elle est maximum pour $\alpha = \varpi$. Pour indiquer la marche de ν dans les trois autres quadrants, il suffit de dire que, pour $\alpha = \nu$, $2\varpi - \nu$, $2\varpi + \nu$, $4\varpi - \nu$, la fonction reprend les mêmes valeurs au signe près, en se comportant en cela dans le passage d'un quadrant à l'autre comme le sinus d'un arc de cercle.

$\sqrt{b^2-\nu^2}$ est une fonction paire de α; elle est maximum pour $\alpha = 0$, nulle pour $\alpha = \varpi$, et se comporte dans le passage d'un quadrant à l'autre comme le cosinus d'un arc de cercle.

Quant à $\sqrt{c^2 - \nu^2}$, il est toujours positif.

En second lieu, examinons μ, $\sqrt{\mu^2 - b^2}$, $\sqrt{c^2 - \mu^2}$. On a

$$\beta = c \int_b^\mu \frac{d\mu}{\sqrt{(\mu^2 - b^2)(c^2 - \mu^2)}}.$$

Posons

$$\sqrt{c^2 - \mu^2} = \sigma, \quad \sqrt{c^2 - b^2} = b',$$

et nous aurons

$$\sqrt{\mu^2 - b^2} = \sqrt{b'^2 - \sigma^2}, \quad \mu = c\sqrt{1 - \frac{b'^2}{c^2} \frac{\sigma^2}{b'^2}},$$

$$\frac{d\mu}{\sqrt{(\mu^2 - b^2)(c^2 - \mu^2)}} = \frac{-d\sigma}{\sqrt{(b'^2 - \sigma^2)(c^2 - \sigma^2)}}.$$

En intégrant la dernière équation, on aura

$$c \int_b^\mu \frac{d\mu}{\sqrt{(\mu^2 - b^2)(c^2 - \mu^2)}} + c \int_0^\sigma \frac{d\sigma}{\sqrt{(b'^2 - \sigma^2)(c^2 - \sigma^2)}} = \text{const.}$$

Pour déterminer la constante, on remarque que, pour $\mu = c$, on a

$$\sigma = 0,$$

et si l'on pose

$$\omega = c \int_b^c \frac{d\mu}{\sqrt{(\mu^2 - b^2)(c^2 - \mu^2)}} = c \int_0^{b'} \frac{d\sigma}{\sqrt{(b'^2 - \sigma^2)(c^2 - \sigma^2)}},$$

l'équation précédente devient

$$\omega - \beta = c \int_0^\sigma \frac{d\sigma}{\sqrt{(b'^2 - \sigma^2)(c^2 - \sigma^2)}}.$$

On tire de cette équation

$$\frac{\sigma}{b'} = \sin am\left(\omega - \beta, \frac{b'}{c}\right);$$

puis on en conclut

$$\sqrt{c^2 - \mu^2} = b' \sin am\left(\omega - \beta, \frac{b'}{c}\right), \quad \sqrt{\mu^2 - b^2} = b' \cos am\left(\omega - \beta, \frac{b'}{c}\right),$$

$$\mu = c \Delta am\left(\omega - \beta, \frac{b'}{c}\right).$$

On connaît immédiatement la marche de ces trois fonctions de β, dès qu'on connaît celle de $\sin am\beta$, $\cos am\beta$, $\Delta am\beta$. Les deux premières ont pour période 4ω, la troisième 2ω. La première et la troisième sont paires, la deuxième impaire.

En troisième lieu, considérons les fonctions ρ, $\sqrt{\rho^2 - b^2}$, $\sqrt{\rho^2 - c^2}$. On a

$$\gamma = c \int_c^\rho \frac{d\rho}{\sqrt{(\rho^2 - b^2)(\rho^2 - c^2)}}.$$

Posons $\rho = \dfrac{bc}{\tau}$, et nous aurons

$$\sqrt{\rho^2 - b^2} = b\frac{\sqrt{c^2 - \tau^2}}{\tau}, \quad \sqrt{\rho^2 - c^2} = c\frac{\sqrt{b^2 - \tau^2}}{\tau},$$

$$\frac{d\rho}{\sqrt{(\rho^2 - b^2)(\rho^2 - c^2)}} = \frac{-d\tau}{\sqrt{(b^2 - \tau^2)(c^2 - \tau^2)}}.$$

En intégrant cette équation, on a, ϖ étant la même constante que ci-dessus,

$$\gamma = \varpi - c \int_0^\tau \frac{d\tau}{\sqrt{(b^2 - \tau^2)(c^2 - \tau^2)}}.$$

On déduit de cette formule

$$\frac{\tau}{b} = \sin am\left(\varpi - \gamma, \frac{b}{c}\right),$$

et il en résulte, $\dfrac{b}{c}$ étant le module,

$$\rho = \frac{c}{\sin am(\varpi - \gamma)}, \quad \sqrt{\rho^2 - b^2} = \frac{c\Delta am(\varpi - \gamma)}{\sin am(\varpi - \gamma)},$$

$$\sqrt{\rho^2 - c^2} = \frac{c \cos am(\varpi - \gamma)}{\sin am(\varpi - \gamma)}.$$

Or, d'après des formules très-connues, on a

$$\sin am(\varpi - \gamma) = \frac{\cos am\gamma}{\Delta am\gamma}, \quad \cos am(\varpi - \gamma) = \sqrt{1 - \frac{b^2}{c^2}}\frac{\sin am\gamma}{\Delta am\gamma},$$

$$\Delta am(\varpi - \gamma) = \sqrt{1 - \frac{b^2}{c^2}}\cdot\frac{1}{\Delta am\gamma},$$

et il en résulte

$$\rho = \frac{c\,\Delta am\,\gamma}{\cos am\,\gamma}, \quad \sqrt{\rho^2 - b^2} = \frac{\sqrt{c^2 - b^2}}{\cos am\,\gamma},$$

$$\sqrt{\rho^2 - c^2} = \frac{\sqrt{c^2 - b^2}\,\sin am\,\gamma}{\cos am\,\gamma}.$$

Les deux premières de ces fonctions de γ ont pour période 4ϖ; la troisième a pour période 2ϖ. Ensuite ρ, $\sqrt{\rho^2 - b^2}$ sont des fonctions paires de γ, $\sqrt{\rho^2 - c^2}$ est une fonction impaire. Pour $\gamma = \pm\,\varpi$, $\cos am\,\gamma$ s'annule, et par suite ρ, $\sqrt{\rho^2 - b^2}$, $\sqrt{\rho^2 - c^2}$ deviennent infinis.

Si l'on fait varier γ de $-\varpi$ à $+\varpi$, les fonctions ρ et $\sqrt{\rho^2 - b^2}$ vont en décroissant jusqu'à $\gamma = 0$, puis elles reprennent les mêmes valeurs en sens inverse. Dans le même intervalle de $-\varpi$ à $+\varpi$, la fonction impaire $\sqrt{\rho^2 - c^2}$ va en croissant de $-\infty$ à $+\infty$.

Faisons varier γ de ϖ à 3ϖ, les trois fonctions auront les mêmes valeurs, mais avec des signes contraires, pour $\gamma = \varpi + t$ que pour $\gamma = \varpi - t$; ρ et $\sqrt{\rho^2 - b^2}$ seront donc négatifs de ϖ à 3ϖ.

112. Si, dans l'équation des ellipsoïdes homofocaux,

$$\frac{x^2}{\rho^2} + \frac{y^2}{\rho^2 - b^2} + \frac{z^2}{\rho^2 - c^2} = 1,$$

on fait diminuer ρ, l'ellipsoïde diminuera, et l'on aura la limite des plus petits ellipsoïdes, en donnant à ρ sa plus petite valeur c ou à γ la valeur zéro; alors z sera nul, et la surface de l'ellipsoïde se réduira à la surface de l'ellipse

$$\frac{x^2}{c^2} + \frac{y^2}{c^2 - b^2} = 1.$$

Ainsi $\gamma = 0$ représente la portion du plan des xy intérieure à cette ellipse. On voit de même que, pour $\mu = c$ ou $\beta = \varpi$, l'hyperboloïde à une nappe

$$\frac{x^2}{\mu^2} + \frac{y^2}{\mu^2 - b^2} - \frac{z^2}{c^2 - \mu^2} = 1$$

se réduit au reste du plan des xy.

Nous avons trouvé les formules (n° 108)

$$(m) \begin{cases} x = \rho \cos\psi \sqrt{\sin^2\varphi + \dfrac{b^2}{c^2}\cos^2\varphi}, \\ y = \sqrt{\rho^2 - b^2}\sin\psi \sin\varphi, \\ z = \sqrt{\rho^2 - c^2}\cos\varphi \sqrt{1 - \dfrac{b^2}{c^2}\cos^2\psi}. \end{cases}$$

Faisons varier ψ de 0 à π, nous aurons pour x toutes les valeurs positives ou négatives possibles. Faisons varier φ de $-\dfrac{\pi}{2}$ à $+\dfrac{\pi}{2}$, nous aurons aussi pour y toutes les valeurs possibles. Enfin, pour que z puisse être aussi bien négatif que positif, on supposera que $\sqrt{\rho^2 - c^2}$ change de signe pour $\rho = c$ ou $\gamma = 0$.

D'après la formule
$$\nu = b \cos\psi,$$
on voit que faire varier ψ de 0 à π revient à faire varier α de $-\varpi$ à $+\varpi$. D'après la formule
$$\sqrt{\mu^2 - b^2} = \sqrt{\sigma^2 - b^2}\sin\varphi,$$
quand φ croit de $-\dfrac{\pi}{2}$ à $+\dfrac{\pi}{2}$, β varie de $-\omega$ à $+\omega$. Puis, en faisant varier γ de $-\varpi$ à $+\varpi$, $\sqrt{\rho^2 - c^2}$ varie de $-\infty$ à $+\infty$.

On a donc enfin tous les points de l'espace en faisant varier α et γ entre $-\varpi$ et $+\varpi$, et β entre $-\omega$ et $+\omega$.

Faisons encore une remarque. Si l'on remplace le rapport $\dfrac{b}{c}$ par k, les formules (m) seront encore applicables au cas où b et c seront nuls; alors elles deviendront

$$x = \rho\cos\psi\sqrt{1 - (1 - k^2)\cos^2\varphi}, \quad y = \rho\sin\psi\sin\varphi, \quad z = \rho\cos\varphi\sqrt{1 - k^2\cos^2\psi},$$

et k pourra avoir une valeur quelconque plus petite que l'unité. Le système des ellipsoïdes homofocaux est remplacé par des sphères concentriques, les hyperboloïdes homofocaux à une nappe et à deux nappes par deux systèmes de cônes. D'ailleurs, en remettant dans les dernières formules les fonctions elliptiques, on a, en faisant $\sqrt{1-k^2}=k'$,

$$x = \rho \frac{\nu}{b}\frac{\mu}{c} = \rho \sin am(\alpha, k)\Delta am(\omega-\beta, k'),$$

$$y = \rho \sqrt{1-\frac{\nu^2}{b^2}}\frac{1}{k^2}\sqrt{\frac{\mu^2-b^2}{c^2}} = \rho \cos am(\alpha, k)\cos am(\omega-\beta, k'),$$

$$z = \rho \sqrt{1-\frac{\nu^2}{c^2}}\frac{1}{k'^2}\sqrt{1-\frac{\mu^2}{c^2}} = \rho \Delta am(\alpha, k) \sin am(\omega-\beta, k').$$

ELLIPSOÏDE A TROIS AXES INÉGAUX.

113. Nous allons maintenant examiner le cas général où les trois axes de l'ellipsoïde sont inégaux. Nous avons trouvé dans le n° 109 une solution simple de l'équation $\Delta V = 0$ et de la forme

$$U = NMR,$$

N, M, R étant respectivement fonctions de ν, μ, ρ ou de α, β, γ, et ces trois fonctions satisfont à des équations différentielles du second ordre qui renferment deux constantes h et g qu'il faut d'abord déterminer.

Dans les deux cas particuliers de l'ellipsoïde ovaire et de l'ellipsoïde planétaire, on a

$$h = n(n+1)$$

en prenant n entier; il y a donc lieu de se demander si h n'a pas encore la même valeur dans le cas général. Nous commencerons donc par établir ce point, et nous démontrerons en même temps, comme l'a reconnu M. Liouville, que la fonction

$$\Phi = MN$$

qui entre en facteur dans U est un Y_n ([1]).

Les fonctions N et M satisfont aux deux équations

$$\frac{d^2N}{d\alpha^2} = \left(h\frac{\nu^2}{c^2}-g\right)N,$$

$$\frac{d^2M}{d\beta^2} = \left(g-h\frac{\mu^2}{c^2}\right)M.$$

---

[1] *Journal de M. Liouville*, t. XI, p. 279 et 458; 1846.

En multipliant la première par M et la seconde par N, puis ajoutant, nous éliminerons la constante g, et nous aurons

(a) $$\frac{d^2\Phi}{d\mu^2} + \frac{d^2\Phi}{d\nu^2} + h(\mu^2 - \nu^2)\Phi = 0.$$

Si (x, y, z) est un point de la surface de l'ellipsoïde dont le paramètre est ρ, et si $(\mathrm{x, y, z})$ est le point correspondant de la sphère dont le rayon est l'unité, on a

$$x = \rho \mathrm{x}, \quad y = \sqrt{\rho^2 - b^2}\, \mathrm{y}, \quad z = \sqrt{\rho^2 - c^2}\, \mathrm{z},$$

et, en exprimant $\mathrm{x, y, z}$ en coordonnées polaires,

$$\mathrm{x} = \cos\psi \sin\varphi, \quad \mathrm{y} = \sin\psi \sin\varphi, \quad \mathrm{z} = \cos\varphi.$$

En comparant ces valeurs à celles de x, y, z exprimées en ρ, μ, ν (n° 106), on a

(b) $$\begin{cases} \dfrac{\mu\nu}{bc} = \cos\psi \sin\varphi, \\[4pt] \dfrac{\sqrt{\mu^2 - b^2}\sqrt{b^2 - \nu^2}}{b\sqrt{c^2 - b^2}} = \sin\psi \sin\varphi, \\[4pt] \dfrac{\sqrt{c^2 - \mu^2}\sqrt{c^2 - \nu^2}}{c\sqrt{c^2 - b^2}} = \cos\varphi, \end{cases}$$

dont la troisième rentre dans les deux premières.

En prenant pour variables φ et ψ au lieu de μ et ν, on transforme l'équation (a) en la suivante :

(c) $$\sin\varphi \frac{d\left(\sin\varphi \dfrac{d\Phi}{d\varphi}\right)}{d\varphi} + \frac{d^2\Phi}{d\psi^2} + h\sin^2\varphi \cdot \Phi = 0.$$

C'est l'équation qui donne les Y de Laplace si l'on prend $h = n(n+1)$ et n entier, et alors il existe une fonction entière de $\cos\varphi$, $\cos\psi \sin\varphi$, $\sin\psi \sin\varphi$ qui satisfait à cette équation. On prendra donc ici pour h la même valeur, afin que Φ reste invariable quand on fera varier φ et ψ de 2π.

M. Liouville a démontré que Φ est un Y_n en effectuant le calcul qui conduit de l'équation (a) à l'équation (c) d'après les formules (b); mais comme, même avec les artifices qu'il a employés, le calcul direct est assez compliqué, nous procéderons d'une autre manière.

Au lieu de passer immédiatement de l'ellipsoïde à la sphère, considérons d'abord un second ellipsoïde en employant les mêmes lettres que pour le premier, pour désigner les quantités qui s'y rapportent, mais en les accentuant. Alors, d'après les équations (b), on aura

$$\frac{\mu\nu}{bc} = \frac{\mu'\nu'}{b'c'}, \quad \frac{\sqrt{(\mu^2-b^2)(b^2-\nu^2)}}{b\sqrt{c^2-b^2}} = \frac{\sqrt{(\mu'^2-b'^2)(b'^2-\nu'^2)}}{b'\sqrt{c'^2-b'^2}},$$

et l'on aura aussi (n° 107)

$$\frac{c\,d\mu}{\sqrt{(\mu^2-b^2)(c^2-\mu^2)}} = d\beta, \quad \frac{c\,d\nu}{\sqrt{(b^2-\nu^2)(c^2-\nu^2)}} = d\alpha,$$

$$\frac{c'\,d\mu'}{\sqrt{(\mu'^2-b'^2)(c'^2-\mu'^2)}} = d\beta', \quad \frac{c'\,d\nu'}{\sqrt{(b'^2-\nu'^2)(c'^2-\nu'^2)}} = d\alpha'.$$

Maintenant supposons b' et c' proportionnels à b et c; si l'on imagine que b' et c' deviennent de plus en plus petits et tendent vers zéro, le second ellipsoïde tend vers la sphère et, jusqu'à la limite où b' et c' sont nuls, on peut supposer que l'on ait

$$\frac{b'}{b} = \frac{c'}{c}.$$

Désignons par j le rapport $\frac{b'}{b}$, et nous aurons

$$j = \frac{b'}{b} = \frac{c'}{c} = \frac{\sqrt{c'^2-b'^2}}{\sqrt{c^2-b^2}};$$

il en résultera

$$\mu\nu = \frac{1}{j^2}\mu'\nu', \quad \mu^2+\nu^2 = \frac{1}{j^2}(\mu'^2+\nu'^2),$$

et par suite

$$\mu = \frac{1}{j}\mu', \quad \nu = \frac{1}{j}\nu', \quad d\alpha' = d\alpha, \quad d\beta' = d\beta.$$

Donc, si l'on exprime Φ au moyen des variables μ' et ν' en la place des variables μ et ν, Φ satisfera à l'équation

$$\frac{d^2\Phi}{d\alpha'^2} + \frac{d^2\Phi}{d\beta'^2} + \frac{h}{c'^2}(\mu'^2 - \nu'^2)\Phi = 0.$$

D'après cela, nous allons chercher ce que devient l'équation (a) quand on y fait $b = 0$, $c = 0$.

Employons les transformations indiquées au n° 23, pour l'ellipsoïde planétaire; on a

$$\beta = c \int_b^\mu \frac{d\mu}{\sqrt{(\mu^2 - b^2)(c^2 - \mu^2)}}.$$

Posons

$$\boldsymbol{6} = c \int_\mu^c \frac{d\mu}{\sqrt{(\mu^2 - b^2)(c^2 - \mu^2)}}, \quad \mathrm{B} = c \int_b^c \frac{d\mu}{\sqrt{(\mu^2 - b^2)(c^2 - \mu^2)}},$$

et nous aurons

$$\beta = -\boldsymbol{6} + \mathrm{B}, \quad \frac{d^2\Phi}{d\beta^2} = \frac{d^2\Phi}{d\boldsymbol{6}^2}.$$

Puis pour $b = 0$, nous avons

$$\boldsymbol{6} = \log \cot \frac{\varphi}{2}, \quad \alpha = \frac{\pi}{2} - \psi,$$

et l'équation (a) se change en

$$\frac{d^2\Phi}{d\psi^2} + \sin\varphi \frac{d\left(\sin\varphi \frac{d\Phi}{d\varphi}\right)}{d\varphi} + h\sin^2\varphi \, \Phi = 0.$$

Cette équation ne renferme pas c; elle reste donc la même quand on y fait $c = 0$. Mais lorsque $c = 0$, comme on l'a dit au n° 23, ψ représente la longitude et φ le complément de la latitude d'un point de la sphère; donc la fonction Φ qui satisfait à l'équation (a) sera un Y_n si l'on prend $h = n(n+1)$ et n entier.

Nous avons vu que les fonctions Y_n renferment $2n + 1$ constantes arbitraires. Or nous verrons dans ce qui va suivre qu'à chaque valeur de n correspondent $2n + 1$ fonctions de la forme

$$U = NMR$$

qu'on peut affecter chacune d'un facteur constant, et si l'on y regarde la variable ρ comme constante, la somme de ces $2n + 1$ termes sera la fonction Y_n dans toute sa généralité.

DÉTERMINATION DE LA CONSTANTE g ET RÉSOLUTION DES ÉQUATIONS DIFFÉRENTIELLES QUI DONNENT N, M, R.

114. Si, dans les équations différentielles du second ordre auxquelles satisfont N, M, R, on fait $h = n(n+1)$, elles deviennent

$$(1) \begin{cases} (\nu^4 - p\nu^2 + q)\dfrac{d^2 N}{d\nu^2} + (2\nu^3 - p\nu)\dfrac{dN}{d\nu} - [n(n+1)\nu^2 - gc^2]N, \\[2mm] (\mu^4 - p\mu^2 + q)\dfrac{d^2 M}{d\mu^2} + (2\mu^3 - p\mu)\dfrac{dM}{d\mu} - [n(n+1)\mu^2 - gc^2]M, \\[2mm] (\rho^4 - p\rho^2 + q)\dfrac{d^2 R}{d\rho^2} + (2\rho^3 - p\rho)\dfrac{dR}{d\rho} - [n(n+1)\rho^2 - gc^2]R. \end{cases}$$

Nous avons supposé que l'on transformait les coordonnées μ et ν qui entrent dans la fonction MN en coordonnées φ et ψ de la sphère, et comme cette fonction doit rester invariable quand les angles φ et ψ augmentent de 2π, il en est résulté que h est de la forme $n(n+1)$, n étant entier. Mais cette condition nécessaire n'est pas suffisante, et pour que M et N aient les périodes voulues, il faut choisir convenablement la constante g.

D'après ce que nous avons dit (n° 111), ν est une fonction de α donnée par la formule

$$\frac{\nu}{b} = \sin am\left(\alpha, \frac{b}{c}\right);$$

cette fonction a pour période 4ϖ en posant

$$\varpi = c \int_0^b \frac{d\nu}{\sqrt{(b^2 - \nu^2)(c^2 - \nu^2)}}.$$

Si l'on imagine que β et γ restent constants et que l'on fasse croître α de 4ϖ, on reviendra au même point de l'espace. N doit donc rester invariable quand α s'accroît de 4ϖ.

La méthode vraiment analytique consisterait à déterminer la constante g qui entre dans N d'après cette condition. Mais nous nous contenterons de reproduire la méthode synthétique par laquelle M. Lamé a deviné le résultat. Nous démontrerons, *à posteriori*, sa justesse, en prouvant que la somme de toutes les solutions particulières obtenues pour V peut représenter la solution générale.

M. Lamé essaye de prendre pour N : 1° une fonction entière de v; 2° une telle fonction multipliée par $\sqrt{b^2-v^2}$; 3° une fonction entière multipliée par $\sqrt{c^2-v^2}$; 4° une fonction entière multipliée par $\sqrt{c^2-v^2}\sqrt{b^2-v^2}$. Ainsi il fait successivement les quatre suppositions suivantes :

1° $\quad N = v^n + k_1 v^{n-2} + k_2 v^{n-4} + \ldots,$

2° $\quad N = \sqrt{b^2-v^2}\,(v^{n-1} + k'_1 v^{n-3} + \ldots),$

3° $\quad N = \sqrt{c^2-v^2}\,(v^{n-1} + l_1 v^{n-3} + \ldots),$

4° $\quad N = \sqrt{b^2-v^2}\sqrt{c^2-v^2}\,(v^{n-2} + t_1 v^{n-4} + \ldots).$

M. Lamé trouve que toutes ces prévisions se réalisent. Il faut remarquer que, la première hypothèse ayant réussi, il était naturel d'essayer les trois autres; car N doit se former au moyen des quantités $\sqrt{b^2-v^2}$, et $\sqrt{c^2-v^2}$ comme avec la quantité v.

Ainsi, par exemple, si l'on pose $v' = \sqrt{b^2-v^2}$, on devait s'attendre à trouver une valeur de N de la forme

$$N = v'^n + t v'^{n-2} + \ldots.$$

Or, si n est impair, cette expression est de la forme admise dans la seconde hypothèse.

Première forme de N. — Substituons

(A) $\quad N = v^n + k_1 v^{n-2} + k_2 v^{n-4} + \ldots + k_s v^{n-2s} + \ldots$

dans la première des équations (1), et nous trouverons, en égalant à zéro le coefficient de v^{n-2s+2},

(2) $\quad 2s(2n+1-2s)k_s = [gc^2 - p(n-2s+2)^2]k_{s-1} + q(n-2s+4)(n-2s+3)k_{s-2}.$

On déduit de cette relation, en y faisant successivement $s = 1, 2, 3, \ldots$,

$2(2n-1)k_1 = gc^2 - pn^2,$

$4(2n-3)k_2 = [gc^2 - p(n-2)^2]k_1 + qn(n-1),$

$6(2n-5)k_3 = [gc^2 - p(n-4)^2]k_2 + q(n-2)(n-3)k_1,$

. . . .

D'après la première relation, k_1 est du premier degré par rapport à g; en remplaçant k_1 dans la seconde relation, on obtient k_2, qui est du second degré par rapport à g; et, en continuant ainsi, on voit que généralement k_s est du degré s par rapport à g.

Voyons si l'on peut limiter la série qui représente N. La relation (2) se réduit à ses deux premiers termes si

$$s = \frac{n+4}{2} \quad \text{ou} \quad s = \frac{n+3}{2},$$

et l'une de ces deux valeurs est bien entière : la première si n est pair, la seconde si n est impair. Si donc k_{s-1} est nul, k_s sera nul d'après l'équation (2); puis, d'après les équations semblables, k_{s+1}, k_{s+2},... seront également nuls.

Le dernier terme de N a pour coefficient k_{s-2}, et il est $k_{\frac{n}{2}}$ ou $k_{\frac{n-1}{2}}$, suivant que n est pair ou impair.

L'équation $k_{s-1} = 0$ est du degré $s-1$ en g. A chaque valeur de g correspond une valeur de N; donc on obtient

$$\frac{n+2}{2} \quad \text{ou} \quad \frac{n+1}{2}$$

expressions différentes pour N. Nous démontrerons d'ailleurs plus loin que les racines g sont toutes réelles.

Deuxième forme de N. — Nous aurions à substituer

(B) $\qquad N = \sqrt{b^2 - v^2}(v^{n-1} + k'_1 v^n + k'_2 v^{n-3} + \ldots)$

dans la première équation (1); mais il sera plus commode d'y faire

$$N = \sqrt{b^2 - v^2}\, N',$$

et N′ sera fourni par l'équation

$$(v^4 - pv^2 + q)\frac{d^2 N'}{dv^2} + [4v^3 - (p+2c^2)v]\frac{dN'}{dv}$$
$$+ [gc^2 - c^2 - (n-1)(n+2)v^2] N' = 0.$$

Substituons dans cette équation

(3) $$N' = v^{n-1} + k'_1 v^{n-3} + k'_2 v^{n-5} + \ldots;$$

puis égalons à zéro le coefficient de v^{n-2s+1}, et nous aurons

(4) $$\begin{cases} 2s(2n+1-2s)k'_s = [gc - p(n-2s-1)^2 - c^2(2n-4s+3)]k'_{s-1} \\ \qquad + g(n-2s+3)(n-2s+2)k'_{s-2}. \end{cases}$$

On pourra déduire de cette relation successivement $k'_1, k'_2, \ldots$ en fonction de g, et l'on verra comme ci-dessus que k'_s est du degré s en g. Voyons si l'on peut limiter la série (3). La relation (4) se réduit à ses deux premiers termes si l'on a

$$s = \frac{n+2}{2} \quad \text{ou} \quad s = \frac{n+3}{2};$$

la première valeur de s est entière si n est pair, la seconde si n est impair. Cette valeur de s étant prise, si k'_{s-1} est nul, k'_s sera nul d'après l'équation (4), et tous les coefficients qui suivent dans la série (3) sont également nuls.

Le dernier terme de N' a pour coefficient k'_{s-1}, et il est $k'_{\frac{n}{2}} v$ ou $k'_{\frac{n+1}{2}}$, suivant que n est pair ou impair.

L'équation $k'_{s-1} = 0$ est du degré $s-1$ en g. A chaque valeur de g correspond une valeur de N; donc on a

$$\frac{n}{2} \quad \text{ou} \quad \frac{n+1}{2}$$

expressions de N de la seconde forme.

Troisième forme de N. — Cette troisième forme est

(C) $$N = \sqrt{c^2 - v^2}(v^{n-1} + l_1 v^{n-3} + l_2 v^{n-5} + \ldots).$$

Le calcul est identique au précédent, sauf l'échange des deux lettres b et c. On arrive donc encore à cette conclusion qu'il existe

$$\frac{n}{2} \quad \text{ou} \quad \frac{n+1}{2}$$

expressions de N de la troisième forme.

Quatrième forme de N. — Passons à la quatrième forme

(D) $$N = \sqrt{b^2-v^2}\sqrt{c^2-v^2}\,T$$

avec

(5) $$T = v^{n-2} + t_1 v^{n-4} + t_2 v^{n-6} + \ldots$$

En portant dans la première équation (1), on a

$$(v^4 - pv^2 + q)\frac{d^2T}{dv^2} + (6v^3 - 3pv)\frac{dT}{dv} + [gv^3 - p - (n-2)(n+3)v^2]T = 0.$$

Substituons dans cette équation, à la place de T, la série ci-dessus, et égalant à zéro le coefficient de v^{n-2s}, nous aurons

(6) $$\begin{cases} 2s(2n+1-2s)t_s = -[gv^2 - p - (n-2s)(n-2s+3)]t_{s-1} \\ \qquad + q(n-2s+2)(n-2s+1)\,t_{s-2}; \end{cases}$$

d'où l'on conclut comme ci-dessus que t_s est du degré s par rapport à g.

Essayons encore de limiter cette série. La relation (6) se réduit à ses deux premiers termes si l'on fait

$$s = \frac{n+2}{2} \quad \text{ou} \quad s = \frac{n+1}{2},$$

suivant que n est pair ou impair. Après avoir adopté cette valeur de s, si nous faisons $t_{s-1}=0$, tous les coefficients suivants $t_s, t_{s+1},\ldots$ seront aussi nuls.

Le dernier terme de T a pour coefficient t_{s-2}, et il est $t_{\frac{n-2}{2}}$ ou $t_{\frac{n-3}{2}}v$, suivant que n est pair ou impair.

L'équation $t_{s-1}=0$ fournit $s-1$ racines g, et par conséquent il existe

$$\frac{n}{2} \quad \text{ou} \quad \frac{n-1}{2}$$

expressions de N de la quatrième forme.

115. En définitive, quand n est un nombre pair, le nombre des expressions trouvées pour N est égal à la somme des nombres

$$\frac{n+2}{2},\ \frac{n}{2},\ \frac{n}{2},\ \frac{n}{2};$$

quand n est un nombre impair, le nombre de ces expressions est la somme de

$$\frac{n-1}{2}, \frac{n+1}{2}, \frac{n+1}{2}, \frac{n-1}{2};$$

dans les deux cas il est égal à $2n+1$, comme nous l'avions annoncé à la fin du n° 113.

Chaque fonction N se réduisant à un polynôme entier et rationnel par rapport à ν, $\sqrt{b^2-\nu^2}$, $\sqrt{c^2-\nu^2}$, il est évident que, considérée comme fonction de α, elle a 4ϖ pour période comme ces trois fonctions. Mais, d'après les considérations développées au n° 68 sur la membrane elliptique, il n'en eût plus été de même si l'on eût supposé les quatre séries (A), (B), (C), (D) prolongées indéfiniment.

Faisons encore quelques remarques sur les expressions N.

Pour $\nu = 0$ ou pour $\alpha = 0$, toutes les fonctions N sont nulles ou maxima; car on vérifie aisément ce qui suit :

Si n est pair, la première et la quatrième expression sont maxima pour $\alpha = 0$; si n est impair, elles sont nulles.

Si n est pair, la deuxième et la troisième expression sont nulles pour $\alpha = 0$; si n est impair, elles sont maxima.

Si l'on pose $\nu' = \sqrt{b^2-\nu^2}$, on a quatre formes de N exprimées en ν', semblables aux quatre formes exprimées en ν. Donc toutes les fonctions N sont nulles ou maxima pour $\nu' = 0$, c'est-à-dire pour $\nu = b$ ou encore pour $\alpha = \varpi$.

Enfin on voit facilement que, entre $\alpha = 0$ et $\alpha = \varpi$, entre ϖ et 2ϖ, entre 2ϖ et 3ϖ, et entre 3ϖ et 4ϖ, la fonction N prend les mêmes valeurs au signe près.

SUR LA FONCTION M ET SUR LA FONCTION R.

116. La valeur trouvée pour la constante g doit être portée dans les trois équations (1) qui donnent N, M et R. En changeant dans l'expression de N la variable ν en μ, on aura l'expression de M qui doit accompagner N dans

$$U = NMR;$$

en effet, M sera alors un polynôme entier et rationnel des trois fonctions de β désignées par μ, $\sqrt{\mu^2 - b^2}$, $\sqrt{c^2 - \mu^2}$, et qui ont pour période

$$4c \int_b^c \frac{d\mu}{\sqrt{(\mu^2 - b^2)(c^2 - \mu^2)}};$$

donc la fonction U aura aussi la même période. Cette condition était indispensable, car lorsque β s'accroît de cette quantité, α et ρ restant les mêmes, le point représenté par ces trois coordonnées ne change pas, et U lui-même ne doit pas changer.

Quant à la valeur de R, elle n'est pas assujettie *à priori* à une condition de périodicité. En effet, les quantités ρ, $\sqrt{\rho^2 - b^2}$, $\sqrt{\rho^2 - c^2}$, considérées comme fonctions de γ, ont 4ϖ pour période (n° 111); mais, pour $\gamma = -\varpi$ et $\gamma = +\varpi$, ces trois fonctions sont infinies, et il suffit de faire varier γ entre $-\varpi$ et $+\varpi$ pour obtenir tous les points de l'espace.

Lorsqu'on connaît la solution d'une équation différentielle linéaire du second ordre, il est facile d'obtenir une seconde solution et par suite la solution générale. La valeur de R satisfait (n° 109) à l'équation

$$\frac{d^2 R}{d\gamma^2} = \left[n(n+1)\frac{\rho^2}{c^2} - g \right] R.$$

Représentons seulement par R la valeur déduite de l'expression de N par le changement de ν en ρ. Désignons par S une seconde solution, nous aurons

$$\frac{d^2 S}{d\gamma^2} = \left[n(n+1)\frac{\rho^2}{c^2} - g \right] S.$$

On tire de là

$$R \frac{d^2 S}{d\gamma^2} - S \frac{d^2 R}{d\gamma^2} = 0,$$

et

$$R \frac{dS}{d\gamma} - S \frac{dR}{d\gamma} = C,$$

C étant une constante. Divisant par R^2 et intégrant, nous avons

$$S = CR \int \frac{d\gamma}{R^2},$$

ou

$$S = CR \int^? \frac{d\rho}{R^? \sqrt{(\rho^2 - b^2)(\rho^2 - c^2)}},$$

C étant une constante. D'après cela, si nous posons

$$T = \int_\rho^{\infty} \frac{d\rho}{R^? \sqrt{(\rho^2 - b^2)(\rho^2 - c^2)}},$$

nous avons pour la fonction $U = NMR$ les quatre formes suivantes :

$$(\nu^n + k_1\nu^{n-1} + \ldots)(\mu^n + k_1\mu^{n-2} + \ldots)(\rho^n + k_1\rho^{n-2} + \ldots)(1 + CT),$$

$$\sqrt{b^2 - \nu^2}\sqrt{\mu^2 - b^2}\sqrt{\rho^2 - b^2}(\nu^{n-1} + k'_1\nu^{n-3} + \ldots)(\mu^{n-1} + k'_1\mu^{n-3} + \ldots)(\rho^{n-1} + \ldots)(1 + CT),$$

$$\sqrt{c^2 - \nu^2}\sqrt{c^2 - \mu^2}\sqrt{\rho^2 - c^2}(\nu^{n-1} + l_1\nu^{n-3} + \ldots)(\mu^{n-1} + l_1\mu^{n-3} + \ldots)(\rho^{n-1} + \ldots)(1 + CT),$$

$$\sqrt{b^2 - \nu^2}\sqrt{c^2 - \nu^2}\sqrt{\mu^2 - b^2}\sqrt{c^2 - \mu^2}\sqrt{\rho^2 - b^2}\sqrt{\rho^2 - c^2}$$
$$\times (\nu^{n-2} + l_1\nu^{n-4} + \ldots)(\mu^{n-2} + l_1\mu^{n-4} + \ldots)(\rho^{n-2} + l_1\rho^{n-4} + \ldots)(1 + CT).$$

Je vais maintenant démontrer que S ou T ne doit pas entrer dans les expressions précédentes, ou, ce qui revient au même, qu'il faut y faire $C = 0$.

Remarquons d'abord que $\gamma = 0$ représente la limite des plus petits ellipsoïdes homofocaux, c'est-à-dire tous les points intérieurs à l'ellipse située dans le plan des x, y qui a pour équation

$$(a) \qquad \frac{x^2}{c^2} + \frac{y^2}{c^2 - b^2} = 1.$$

Or la valeur de U doit différer très-peu pour deux points symétriques par rapport à la surface de l'ellipse (a) et qui en sont très-rapprochés. On passe d'un point à l'autre en changeant simplement γ en $-\gamma$. Or, par ce changement, $\sqrt{\rho^2 - c^2}$ change de signe, et par suite aussi l'intégrale T; car tous les éléments de cette intégrale changent de signe. Donc les valeurs de cette intégrale sont très-différentes pour des valeurs de γ égales à $+\varepsilon$ et $-\varepsilon$, ε étant très-petit; donc cette intégrale ne doit pas se trouver dans U.

Si, au lieu de rechercher la température d'équilibre de l'ellipsoïde, on cherchait le potentiel de cet ellipsoïde par rapport à un point extérieur, ce potentiel, que nous appellerons aussi V, satisfera à la même équation aux différences partielles que la température; on pourra former la solution simple U de la même manière; mais le troisième facteur de U se réduira à S au lieu de R, comme l'a remarqué M. Liouville (*voir* son *Journal*, 1846, t. XI, p. 222).

En effet, le potentiel V et la fonction U ne sont plus assujettis à varier d'une manière continue quand le point traverse la surface de l'ellipse (*a*); mais ils doivent s'annuler pour un point situé à l'infini ou pour $\rho = \infty$.

117. La solution
$$U = NMR$$
est un polynôme entier et rationnel par rapport à x, y, z. Si d'abord N est de la forme $f(\nu^2)$, on a

(*b*) $$U = f(\nu^2) f(\mu^2) f(\rho^2),$$

qui est une fonction symétrique et entière de ν^2, μ^2, ρ^2 et du degré $\frac{n}{2}$ par rapport à chacune de ces quantités. Or ν^2, μ^2, ρ^2 sont les racines en σ de l'équation
$$\frac{x^2}{\sigma} + \frac{y^2}{\sigma - b^2} + \frac{z^2}{\sigma - c^2} = 1$$
ou
$$\sigma^3 - (x^2 + y^2 + z^2 + b^2 + c^2)\sigma^2 + [(b^2+c^2)x^2 + c^2 y^2 + b^2 z^2 + b^2 c^2]\sigma - b^2 c^2 x^2 = 0.$$

Donc, d'après un théorème connu, U s'exprimera rationnellement au moyen des coefficients de cette équation et sera du degré $\frac{n}{2}$ en x^2, y^2, z^2, ou du degré n en x, y, z.

Dans tous les cas, U est une fonction telle que (*b*), multipliée par un, deux ou les trois produits
$$\nu\mu\rho, \quad \sqrt{b^2 - \nu^2}\sqrt{\mu^2 - b^2}\sqrt{\rho^2 - b^2}, \quad \sqrt{c^2 - \nu^2}\sqrt{c^2 - \mu^2}\sqrt{\rho^2 - c^2},$$
qui sont égaux à x, y, z multipliés par des facteurs constants, et par conséquent U sera toujours une fonction du degré n en x, y, z.

CONDITION A LA SURFACE.

118. Il est aisé de reconnaitre que l'on peut satisfaire à l'équation

$$V = F(\mu, \nu)$$

sur la surface de l'ellipsoïde, en prenant pour V une somme de toutes les solutions trouvées, et c'est ce qui prouvera que cette somme représente la solution générale.

Réunissons tous les termes qui dépendent du même nombre n et qui sont au nombre de $2n+1$; leur somme forme un Y_n dans toute sa généralité (n° 115); puis, en faisant la somme du nombre infini de toutes les solutions, nous pourrons écrire

$$V = Y_0 + Y_1 + Y_2 + \ldots + Y_n + \ldots ;$$

mais chaque fonction Y_n dépend de la quantité ρ. Désignons par A la valeur de ρ sur l'ellipsoïde donné, et nommons Y'_n ce que devient Y_n quand on y fait $\rho = A$; nous aurons

$$Y'_0 + Y'_1 + Y'_2 + \ldots + Y'_n + \ldots = F(\mu, \nu).$$

Exprimons, dans le second membre, μ, ν au moyen de φ, ψ, d'après les formules (b) du n° 113 et nous aurons Y'_n par une méthode connue (n° 84); puis ensuite on pourra calculer les $2n+1$ coefficients qui y sont renfermés. La solution sera alors déterminée.

Mais on peut calculer les coefficients de la série d'une manière plus commode.

La partie de l'ellipsoïde située au-dessus du plan des xy est donnée par $\gamma = +\gamma_0$, et la partie située au-dessous de ce plan par $\gamma = -\gamma_0$.

En faisant la somme de toutes les solutions simples, on aura

$$(c) \qquad V = \sum_{n=0}^{n=\infty} \sum K_{n,g} NMR,$$

$K_{n,g}$ étant une constante et le second signe sommatoire se rapportant aux différents termes qui dépendent du même nombre entier n et de valeurs de g différentes.

$V = \text{NMR}$ a quatre formes différentes (n° 116); les deux premières ne renferment pas $\sqrt{\rho^2 - c^2}$ en facteur, les deux autres le renferment.

Représentons les deux premières par NMR, les deux autres par $\mathcal{NMR}$; les deux formes NMR ne changent pas avec le signe de γ, les deux formes $\mathcal{NMR}$ s'annulent à cause du facteur $\sqrt{\rho^2 - c^2}$ pour $\rho = c$ ou pour $\gamma = 0$, et changent de signe avec γ. Écrivons donc

$$V = \sum_{n=0}^{n=\infty} \sum_g K_{n,g} \text{NMR} + \sum_{n=0}^{n=\infty} \sum_g \mathcal{K}_{n,g} \mathcal{NMR},$$

$\mathcal{K}$ désignant, comme K, un coefficient constant.

La condition à la surface peut se dédoubler en les deux suivantes :

$$V = \mathcal{F}(\alpha, \beta) \quad \text{pour} \quad \gamma = \gamma_0,$$
$$V = \mathcal{F}_1(\alpha, \beta) \quad \text{pour} \quad \gamma = -\gamma_0.$$

Remplaçons, dans ces deux formules, V par la double série ci-dessus; puis, ajoutant et retranchant les deux équations obtenues, nous aurons, après avoir posé

$$\frac{\mathcal{F}(\alpha,\beta) + \mathcal{F}_1(\alpha,\beta)}{2} = f(\alpha, \beta), \quad \frac{\mathcal{F}(\alpha,\beta) - \mathcal{F}_1(\alpha,\beta)}{2} = f_1(\alpha,\beta),$$

les deux équations

$$(d) \qquad \sum_{n=0}^{n} \sum_g K_{n,g} R(\gamma_0) \text{NM} = f(\alpha, \beta),$$

$$(e) \qquad \sum_{n=0}^{n} \sum_g \mathcal{K}_{n,g} R(\gamma_0) \mathcal{NM} = f_1(\alpha, \beta).$$

A cause de la complète analogie de ces deux équations, il nous suffira de déterminer les coefficients de la première.

DÉTERMINATION DES COEFFICIENTS.

119. Désignons par N et N' deux des fonctions N, et par M et M' deux des fonctions M, nous aurons les deux égalités

$$\left(N\frac{dN'}{d\alpha} - N'\frac{dN}{d\alpha}\right)_0^{2n} = 0, \quad \left(M\frac{dM'}{d\beta} - M'\frac{dM}{d\beta}\right)_0^{2n} = 0,$$

la première ayant lieu parce que N et N' sont deux fonctions de α, qui ont 4ϖ pour période; la seconde, parce que M et M' sont deux fonctions de β, qui ont $4\omega'$ pour période.

On pourrait se servir de ces deux égalités pour la recherche que l'on se propose; mais nous préférons lui en substituer deux autres. Divisons les fonctions N en deux espèces : la première renfermant toutes celles qui s'annulent pour $\alpha = 0$ ou $\nu = 0$, et, d'après les quatre formes de N (n° 116), qui sont impaires en α; la seconde renfermant toutes celles qui sont maxima pour $\alpha = 0$, et par suite paires en α.

Ces fonctions présentent le même caractère distinctif pour $\alpha = 2\varpi$ que pour $\alpha = 0$. Donc, si N et N' sont de même espèce, on a

$$(f) \qquad \left(N\frac{dN'}{d\alpha} - N'\frac{dN}{d\alpha}\right)_0^{2\varpi} = 0.$$

Posons $\mu' = \sqrt{\mu^2 - b^2}$, et de même que les fonctions M exprimées en μ sont de quatre formes différentes, en les exprimant en μ', on a les quatre formes analogues

$$\mu'^n + k_1 \mu'^{n-2} + \ldots,$$
$$\sqrt{\mu'^2 + b^2}\,(\mu'^{n-1} + s_1 \mu'^{n-3} + \ldots),$$
$$\sqrt{c^2 - b^2 - \mu'^2}\,(\mu'^{n-1} + t_1 \mu'^{n-3} + \ldots),$$
$$\sqrt{\mu'^2 + b^2}\sqrt{c^2 - b^2 - \mu'^2}\,(\mu'^{n-2} + p_1 \mu'^{n-4} + \ldots),$$

et les fonctions M sont de deux espèces : 1° celles qui s'annulent pour $\mu' = 0$, ou pour $\beta = 0$ et $\beta = 2\omega$, et qui sont impaires en β; 2° celles qui sont maxima pour $\beta = 0$ et $\beta = 2\omega$, et qui sont paires en β. Alors si M et M' sont de même espèce, on a

(g) $$\left(M \frac{dM'}{d\beta} - M' \frac{dM}{d\beta}\right)_0^{2\omega} = 0.$$

D'après cela, les fonctions MN peuvent être partagées en quatre genres $N_1 M_1$, $N_2 M_2$, $N_3 M_3$, $N_4 M_4$, selon que

1°	N est pair	en α,	M pair	en β,
2°	N est pair	en α,	M impair	en β,
3°	N est impair	en α,	M pair	en β,
4°	N est impair	en α,	M impair	en β.

Décomposons la fonction $f(\alpha, \beta)$ en quatre parties semblables, et posons

$$f(\alpha, \beta) = f_1 + f_2 + f_3 + f_4,$$

f_1 étant pair en α et β; f_2 pair en α, impair en β; f_3 impair en α, pair en β; f_4 impair en α et en β. Nous pourrons alors décomposer l'équation (d) en les quatre suivantes :

(h) $$\sum_{n=0}^{n=\infty}\sum K R_1(\gamma_0) N_1 M_1 = f_1, \quad \sum_{n=0}^{n=\infty}\sum K R_2(\gamma_0) N_2 M_2 = f_2, \ldots$$

120. Nous allons maintenant traiter une quelconque de ces quatre équations.

Deux fonctions associées N et M satisfont (n° 109) aux deux équations

$$\frac{d^2 N}{d\alpha^2} = \left[n(n+1)\frac{\nu^2}{c^2} - g\right] N,$$

$$\frac{d^2 M}{d\beta^2} = \left[g - n(n+1)\frac{\mu^2}{c^2}\right] M.$$

Soient n' et g' deux autres valeurs de n et g, et désignons par N', M' les fonctions N, M correspondantes. Nous aurons aussi

$$\frac{d^2 N'}{d\alpha^2} = \left[n'(n'+1)\frac{\nu^2}{c^2} - g'\right] N',$$

$$\frac{d^2 M'}{d\beta^2} = \left[g' - n'(n'+1)\frac{\mu^2}{c^2}\right] M'.$$

En combinant ces deux équations avec les deux précédentes, on a

$$N \frac{d^2 N'}{d\alpha^2} - N' \frac{d^2 N}{d\alpha^2} = [n'(n'+1) - n(n+1)] \frac{v^2}{c^2} NN' - (g'-g) NN',$$

$$M \frac{d^2 M'}{d\beta^2} - M' \frac{d^2 M}{d\beta^2} = (g'-g) MM' - [n'(n'+1) - n(n+1)] \frac{\mu^2}{c^2} MM'.$$

Supposons que N' et M' soient de même espèce que N et M, et multiplions ces deux équations respectivement par $d\alpha$, $d\beta$, et intégrons depuis $\alpha = 0$ jusqu'à 2ϖ, et depuis $\beta = 0$ jusqu'à 2ω. Les premiers membres, dont les intégrales sont $N \frac{dN'}{d\alpha} - N' \frac{dN}{d\alpha}$ et $M \frac{dM'}{d\beta} - M' \frac{dM}{d\beta}$ s'annulent aux deux limites, d'après les équations (f) et (g), et il reste

$$(k) \begin{cases} [n'(n'+1) - n(n+1)] \int_0^{2\varpi} NN' v^2 d\alpha = (g'-g) c^2 \int_0^{2\varpi} NN' d\alpha, \\ (g'-g) \int_0^{2\omega} MM' d\beta = [n'(n'+1) - n(n+1)] \int_0^{2\omega} MM' \frac{\mu^2}{c^2} d\beta. \end{cases}$$

Multiplions ces deux équations membre à membre, et divisons par $[n'(n'+1) - n(n+1)](g'-g)$, et nous aurons

$$(l) \qquad \int_0^{2\omega} \int_0^{2\varpi} MM' NN' (\mu^2 - \nu^2) d\alpha d\beta = 0.$$

Le facteur supprimé suppose que n' est différent de n, et g' de g; mais il est aisé de conclure des formules (k) que l'égalité (l) a encore lieu quand l'un des nombres n', g' est égal à n ou g.

D'après cela, si l'on multiplie une des équations (h) par un des facteurs NM des termes du premier membre et par $(\mu^2 - \nu^2) d\alpha d\beta$, puis qu'on intègre depuis $\alpha = 0$ jusqu'à 2ϖ, et depuis $\beta = 0$ jusqu'à 2ω, tous les termes de la série du premier membre s'en iront, sauf un dont le coefficient se trouvera ainsi déterminé. Si l'on pose généralement

$$\int_0^{2\omega} \int_0^{2\varpi} M^2 N^2 (\mu^2 - \nu^2) d\alpha d\beta = J,$$

ou aura, si l'on n'écrit pas les indices, pour un coefficient K quelconque d'une des équations (h),

$$K = \frac{1}{R(\gamma_0)} J \int_0^{2\omega} \int_0^{2\varpi} MN(\mu^2 - \nu^2) f \, d\alpha \, d\beta.$$

Nous allons montrer, d'après Lamé, comment on calculera l'intégrale J, qui se trouve dans l'expression de K.

Calcul de la quantité J.

121. L'intégrale double J est la quadruple de

$$\int_0^\omega \int_0^\varpi M^2 N^2 (\mu^2 - \nu^2) \, d\alpha \, d\beta,$$

ou de

(α) $$\int_0^\varpi N^2 d\alpha . \int_0^\omega M^2 \mu^2 \, d\beta - \int_0^\varpi N^2 \nu^2 \, d\alpha . \int_0^\omega M^2 \, d\beta.$$

M et N sont des polynômes identiques, l'un en μ, l'autre en ν, et leurs carrés sont des polynômes en μ^2 et ν^2. Nous avons (n° 107)

(a) $$c \frac{d\mu}{d\beta} = \sqrt{(\mu^2 - b^2)(c^2 - \mu^2)}, \quad c \frac{d\nu}{d\alpha} = \sqrt{(b^2 - \nu^2)(c^2 - \nu^2)},$$

et en différentiant ces formules, nous obtenons

(b) $$c^2 \frac{d^2\mu}{d\beta^2} = 2\mu^3 - (b^2 + c^2)\mu, \quad c^2 \frac{d^2\nu}{d\alpha^2} = 2\nu^3 - (b^2 + c^2)\nu.$$

i étant un nombre entier positif quelconque, multiplions la première équation (b) par $\mu^{2i+1} d\beta$ et intégrons de 0 à ω; nous aurons

(c) $$c^2 \int_0^\omega \mu^{2i+1} \frac{d^2\mu}{d\beta^2} d\beta = -2 \int_0^\omega \mu^{2i+3} d\beta + (c^2 - b^2) \int_0^\omega \mu^{2i+1} d\beta.$$

Par l'intégration par parties, le premier membre devient

(d) $$c^2 \left(\mu^{2i+1} \frac{d\mu}{d\beta} \right)_0^\omega - (2i+1) c^2 \int_0^\omega \mu^{2i} \left(\frac{d\mu}{d\beta} \right)^2 d\beta.$$

Pour $\beta = 0$ on a $\mu = b$, et pour $\beta = \omega$ on a $\mu = c$; donc, d'après (a), $\frac{d\mu}{d\beta}$ s'annule à ces deux limites, et le premier terme de (d) est nul.

D'après la première équation (a), on a
$$c^2\left(\frac{d\mu}{d\beta}\right)^2 = -\mu^4 + (b^2+c^2)\mu^2 - b^2c^2;$$

substituons cette expression dans (d), et mettons (d) pour le premier membre dans l'équation (c), nous aurons, en faisant $b = ck$,
$$(2i+3)\int_0^\omega \mu^{2i+4}\,d\beta - (2i+2)c^2(1+k^2)\int_0^\omega \mu^{2i+2}\,d\beta - (2i+1)c^4k^2\int_0^\omega \mu^{2i}\,d\beta.$$

En traitant la seconde équation (b) comme on vient de traiter la première, on trouvera de même
$$(2i+3)\int_0^\varpi \nu^{2i+4}\,d\alpha = (2i+2)c^2(1+k^2)\int_0^\varpi \nu^{2i+2}\,d\alpha - (2i+1)c^4k^2\int_0^\varpi \nu^{2i}\,d\alpha.$$

Posons
$$\int_0^\varpi \nu^2\,d\alpha = u, \quad \int_0^\omega \mu^2\,d\beta = v;$$

en faisant $i = 0$ dans les formules précédentes, nous aurons
$$\int_0^\omega \mu^4\,d\beta = \frac{2}{3}c^2(1+k^2)v - c^4k^2\omega,$$
$$\int_0^\varpi \nu^4\,d\alpha = \frac{2}{3}c^2(1+k^2)u - c^4k^2\varpi.$$

Faisons ensuite dans les deux mêmes formules successivement $i = 1, 2, 3, \ldots$ en substituant dans les seconds membres les valeurs des intégrales précédemment obtenues, et nous obtenons, quel que soit le nombre entier j,

(e)
$$\int_0^\omega \mu^{2j}\,d\beta = Pc^2v - Qc^4\omega,$$
$$\int_0^\varpi \nu^{2j}\,d\alpha = Pc^2u - Qc^4\varpi,$$

P et Q étant des fonctions entières du nombre k^2.

$\int_0^\omega M^2 d\beta$ est la somme de fonctions telles que (e); donc on pourra poser la première des deux équations

$$\int_0^\omega M^2 d\beta = Ge^2v - He^2\varpi,$$

$$\int_0^\varpi N^2 d\alpha = Ge^2u - He^2\varpi,$$

G et H étant des fonctions entières de k^2 et des coefficients de M, et la seconde s'ensuit immédiatement. On pourra de même poser

$$\int_0^\omega M^2\mu^2 d\beta = G'e^2v - H'e^2\varpi,$$

$$\int_0^\varpi N^2\nu^2 d\alpha = G'e^2u - H'e^2\varpi.$$

Substituons les valeurs des quatre dernières intégrales dans l'expression de (α); nous aurons

$$J = 4(GH' - G'H)e^6(\varpi v - \varpi u),$$

et ensuite

$$\frac{\varpi v - \varpi u}{e^4} = \int_0^\omega \int_0^\varpi \frac{\mu^2 - \nu^2}{e^2} d\alpha d\beta.$$

Pour calculer la valeur de cette intégrale, on remarque que, d'après ce qui a été expliqué au n° 112, les expressions $\frac{\mu}{e}$ et $\frac{\nu}{e}$ sont encore admissibles lorsqu'on y fait $c = 0$ et qu'on prend $\frac{b}{c}$ égal à un rapport fini k; alors les ellipsoïdes se changent en sphères concentriques, et les surfaces orthogonales des deux autres systèmes sont des cônes qui tracent sur cette sphère des courbes orthogonales.

Les éléments de ces courbes rectangulaires sont (n° 107) :

$$ds = \sqrt{\rho^2 - \nu^2}\frac{\sqrt{\mu^2 - \nu^2}}{e} d\alpha, \quad ds_1 = \sqrt{\rho^2 - \mu^2}\frac{\sqrt{\mu^2 - \nu^2}}{e} d\beta.$$

Si l'on fait $c = 0$ et qu'on suppose k constant, les expressions de $\frac{\mu}{e}$ et de $\frac{\nu}{e}$ ne changent pas d'après le n° 112 cité; comme μ et ν s'annulent d'ailleurs, les éléments d'arcs ds, ds_1 deviennent pour la sphère

$$ds = \rho \frac{\sqrt{\mu^2 - \nu^2}}{c} d\alpha, \quad ds_1 = \rho \frac{\sqrt{\mu^2 - \nu^2}}{c} d\beta;$$

donc la double expression

$$\frac{\mu^2 - \nu^2}{c^2} d\alpha\, d\beta = \frac{ds\, ds_1}{\rho^2}$$

représente un élément de la surface d'une sphère dont le rayon est l'unité; l'intégrale

$$\int_0^\omega \int_0^a \frac{\mu^2 - \nu^2}{c^2} d\alpha\, d\beta$$

est le huitième de la surface de cette sphère, et par conséquent est égale à $\frac{\pi}{2}$. On a donc enfin

$$J = 2(GH' - G'H) c^4 \pi,$$

G, G', H, H' étant des fonctions entières de k^2 et des coefficients de la fonction M.

Réalité des racines g.

On démontre la réalité des racines g obtenues au n° 114 selon la méthode indiquée au n° 54 de la membrane circulaire et en se servant de la formule (l), (n° 120).

Supposons qu'une des racines de l'équation algébrique en g soit imaginaire et égale à $a + b\sqrt{-1}$, cette équation aura aussi pour racine $a - b\sqrt{-1}$. Désignons par $N_1 + N_2\sqrt{-1}$, $M_1 + M_2\sqrt{-1}$ les valeurs de N et M pour $g = a + b\sqrt{-1}$; les valeurs de N et M pour $g = a - b\sqrt{-1}$ seront $N_1 - N_2\sqrt{-1}$, $M_1 - M_2\sqrt{-1}$. On aurait donc, d'après la formule (l),

$$\int_0^{2\omega} \int_0^{2\varpi} (M_1^2 + M_2^2)(N_1^2 + N_2^2)(\mu^2 - \nu^2) d\alpha\, d\beta = 0,$$

tandis que tous les éléments de l'intégrale sont positifs, puisque μ est plus grand et ν plus petit que b, et par suite $\mu^2 - \nu^2$ positif.

REMARQUES SUR LA SPHÈRE.

122. Considérons l'expression

$$\sum_{n=0}^{n=\infty} \sum K_{n,g} NM,$$

dans laquelle $K_{n,g}$ est une constante et où le second Σ se rapporte aux $2n+1$ valeurs de g qui dépendent d'une même valeur de n. Ce second Σ représente un Y_n dans toute sa généralité. Or la température d'équilibre de la sphère est donnée par

$$(p) \qquad Y_0 + Y_1 \frac{r}{\rho} + \cdots + Y_n \left(\frac{r}{\rho}\right)^n + \cdots,$$

r étant la distance du point au centre et ρ étant le rayon de la sphère. On voit donc que l'on peut représenter la température de la sphère par la formule (p), en y remplaçant Y_n par $\Sigma K_{n,g} NM$.

CHAPITRE IX.

SUR LE REFROIDISSEMENT D'UN ELLIPSOÏDE PLANÉTAIRE.

ÉQUATIONS DIFFÉRENTIELLES POUR UN ELLIPSOÏDE QUELCONQUE.

123. Considérons d'abord un ellipsoïde quelconque et reprenons les coordonnées et les notations adoptées dans l'équilibre de température de l'ellipsoïde.

La température de ce corps est donnée par l'équation

$$(1) \qquad a^2 \Delta V = \frac{dV}{dt};$$

substituons aux coordonnées x, y, z les coordonnées ρ, μ, ν ou γ, β, α données par les formules des n°ˢ 106 et 107 :

$$x = \frac{\rho \mu \nu}{bc},$$

$$y = \frac{\sqrt{\rho^2 - b^2} \sqrt{\mu^2 - b^2} \sqrt{b^2 - \nu^2}}{b \sqrt{c^2 - b^2}},$$

$$z = \frac{\sqrt{\rho^2 - c^2} \sqrt{c^2 - \mu^2} \sqrt{c^2 - \nu^2}}{c \sqrt{c^2 - b^2}};$$

$$\alpha = c \int_0^\nu \frac{d\nu}{\sqrt{(b^2 - \nu^2)(c^2 - \nu^2)}},$$

$$\beta = c \int_b^\mu \frac{d\mu}{\sqrt{(\mu^2 - b^2)(c^2 - \mu^2)}},$$

$$\gamma = c \int_c^\rho \frac{d\rho}{\sqrt{(\rho^2 - b^2)(\rho^2 - c^2)}},$$

et nous aurons, au lieu de l'équation (1),

$$(\rho^2-\mu^2)\frac{d^2V}{d\alpha^2} - (\nu^2-\rho^2)\frac{d^2V}{d\beta^2} + (\mu^2-\nu^2)\frac{d^2V}{d\gamma^2}$$

$$= -\frac{1}{a^2c^2}(\rho^2-\mu^2)(\nu^2-\rho^2)(\mu^2-\nu^2)\frac{dV}{dt}.$$

Pour obtenir une solution simple, posons

$$V = U e^{-\sigma^2 a^2 t},$$

σ étant une constante et U étant indépendant de t; nous aurons

$$(\rho^2-\mu^2)\frac{d^2U}{d\alpha^2} - (\nu^2-\rho^2)\frac{d^2U}{d\beta^2} + (\mu^2-\nu^2)\frac{d^2U}{d\gamma^2} = \frac{\sigma^2}{c^2}(\rho^2-\mu^2)(\nu^2-\rho^2)(\mu^2-\nu^2)U.$$

Essayons de poser, comme au n° 109, $U = NMR$, N, M, R étant respectivement fonctions de ν, μ, ρ ou de α, β, γ, et l'équation précédente donnera

(2) $\begin{cases} \dfrac{1}{N}\dfrac{d^2N}{d\alpha^2}(\rho^2-\mu^2) - \dfrac{1}{M}\dfrac{d^2M}{d\beta^2}(\nu^2-\rho^2) + \dfrac{1}{R}\dfrac{d^2R}{d\gamma^2}(\mu^2-\nu^2) \\ = \dfrac{\sigma^2}{c^2}(\rho^2-\mu^2)(\nu^2-\rho^2)(\mu^2-\nu^2). \end{cases}$

On a identiquement

$$(\rho^2-\mu^2) + (\nu^2-\rho^2) + (\mu^2-\nu^2) = 0,$$
$$(\rho^2-\mu^2)\nu^2 + (\nu^2-\rho^2)\mu^2 + (\mu^2-\nu^2)\rho^2 = 0,$$
$$(\rho^2-\mu^2)\nu^4 + (\nu^2-\rho^2)\mu^4 + (\mu^2-\nu^2)\rho^4 = -(\rho^2-\mu^2)(\nu^2-\rho^2)(\mu^2-\nu^2),$$

et il en résulte qu'on satisfait à l'équation (2) en posant

$$\frac{1}{N}\frac{d^2N}{d\alpha^2} = -\frac{\sigma^2}{c^2}\nu^4 + h\frac{\nu^2}{c^2} - g,$$

$$-\frac{1}{M}\frac{d^2M}{d\beta^2} = -\frac{\sigma^2}{c^2}\mu^4 + h\frac{\mu^2}{c^2} - g,$$

$$\frac{1}{R}\frac{d^2R}{d\gamma^2} = -\frac{\sigma^2}{c^2}\rho^4 + h\frac{\rho^2}{c^2} - g,$$

en prenant pour h et g deux constantes, et ces trois équations différentielles ordinaires peuvent s'écrire

$$(v^2-b^2)(v^2-c^2)\frac{d^2N}{dv^2} + [2v^3-(b^2+c^2)v]\frac{dN}{dv} = (-\sigma^2 v^4 - hv^2 - gc^2)N,$$

$$(\mu^2-b^2)(\mu^2-c^2)\frac{d^2M}{d\mu^2} + [2\mu^3-(b^2+c^2)\mu]\frac{dM}{d\mu} = (-\sigma^2\mu^4 - h\mu^2 - gc^2)M,$$

$$(\rho^2-b^2)(\rho^2-c^2)\frac{d^2R}{d\rho^2} + [2\rho^3-(b^2+c^2)\rho]\frac{dR}{d\rho} = (-\sigma^2\rho^4 - h\rho^2 - gc^2)R;$$

h et g sont deux constantes à déterminer, et c'est même cette détermination qui fait la principale difficulté de la question. Mais, dans ce qui va suivre, nous nous bornerons à considérer l'ellipsoïde planétaire.

ÉQUATIONS DIFFÉRENTIELLES POUR L'ELLIPSOÏDE PLANÉTAIRE.

124. Si l'ellipsoïde est planétaire, tous les ellipsoïdes homofocaux

$$\frac{x^2}{\rho^2} + \frac{y^2}{\rho^2-b^2} + \frac{z^2}{\rho^2-c^2} = 1$$

sont de révolution autour de l'axe des z, et l'on a $b=0$.

En faisant, comme au n° 108,

$$\mu = \sqrt{c^2\sin^2\varphi + b^2\cos^2\varphi}, \quad v = b\cos\psi,$$

nous obtiendrons

$$x = \rho\cos\psi\sin\varphi, \quad y = \rho\sin\psi\sin\varphi, \quad z = \sqrt{\rho^2-c^2}\cos\varphi,$$

et nous aurons, pour les deux équations qui donnent M et N,

$$[c^2-(c^2-b^2)\cos^2\varphi]\frac{d^2M}{d\varphi^2} + (c^2-b^2)\sin\varphi\cos\varphi\frac{dM}{d\varphi}$$
$$-[h(c^2-b^2)\cos^2\varphi-(h-g)c^2+\sigma^2(c^2\sin^2\varphi+b^2\cos^2\varphi)^2]M = 0,$$

$$(c^2-b^2\cos^2\psi)\frac{d^2N}{d\psi^2} + b^2\sin\psi\cos\psi\frac{dN}{d\psi} - (hb^2\cos^2\psi-gc^2-\sigma^2 b^4\cos^4\psi)N = 0.$$

Pour $b = 0$, ces deux équations deviennent

$$(1 - \cos^2\varphi)\frac{d^2M}{d\varphi^2} + \sin\varphi\cos\varphi\frac{dM}{d\varphi} - [h\cos^2\varphi - (h-g) - \tau^2 c^2 \sin^2\varphi]M = 0,$$

$$\frac{d^2N}{d\psi^2} + gN = 0;$$

comme N doit être une fonction de ψ qui reste invariable quand on y change ψ en $\psi + 2\pi$, on a $g = l^2$, l étant entier, et

$$N = C\sin l\psi + C'\cos l\psi.$$

Posons $\cos\varphi = u$, et l'équation qui donne M deviendra

$$(a)\quad \frac{d\left[(1-u^2)\dfrac{dM}{du}\right]}{du} - \left[h - \frac{l^2}{1-u^2} - \tau^2 c^2(1-u^2)\right]M = 0.$$

Posons aussi $\rho^2 = r^2 - c^2$, et l'équation en R devient

$$\frac{d\left[(c^2-r^2)\dfrac{dR}{dr}\right]}{dr} - \left[h - \frac{l^2 c^2}{c^2-r^2} - \tau^2(r^2-c^2)\right]R = 0;$$

on passe de l'équation précédente à celle-ci par le changement de u en $\frac{r}{c}\sqrt{-1}$.

Si l'on suppose que la surface de l'ellipsoïde rayonne dans un milieu dont la température est constante et prise pour zéro, et qu'on désigne par dn l'élément de normale à la surface, on a

$$\frac{dV}{dn} + bV = 0$$

pour l'équation à la surface, et, d'après le n° 106, on a

$$dn = \frac{d\rho}{h}, \quad \frac{1}{h} = \frac{\sqrt{(\rho^2-\mu^2)(\rho^2-\nu^2)}}{\sqrt{(\rho^2-b^2)(\rho^2-c^2)}} = \frac{\sqrt{\rho^2-c^2\sin^2\varphi}}{\sqrt{\rho^2-c^2}}.$$

il en résulte pour l'équation à la surface

$$\frac{\sqrt{\rho^2-c^2}}{\sqrt{\rho^2-c^2\sin^2\varphi}}\frac{dV}{d\rho} + bV = 0$$

ou

$$-\frac{\sqrt{r^2+c^2}}{\sqrt{r^2-c^2\cos^2\varphi}}\frac{dV}{dr}+bV=0.$$

Si c est très-petit, cette équation se réduira sensiblement à

$$\frac{dV}{dr}+bV=0,$$

et pour la solution simple elle se réduira à

$$\frac{dR}{dr}+bR=0,$$

et déterminera la valeur de la constante σ.

Dans le cas où l'ellipsoïde serait très-grand, la valeur r_0 de r à la surface serait très-grande; posons $r\sigma=j$, l'équation à la surface devient

$$\frac{\sqrt{r_0^2+c^2}}{\sqrt{r_0^2+c^2\cos^2\varphi}}\frac{j}{r_0}\frac{dV}{dj}+bV=0,$$

et elle se réduit sensiblement à $V=0$.

Dans ce qui va suivre, nous supposerons ou que toute la surface soit entretenue à la même température zéro, ou que l'excentricité du méridien de l'ellipsoïde soit très-petite; c'est seulement alors qu'on pourra poser pour la solution simple $U=NMR$. Dans le cas général, on serait obligé de prendre U de la forme $NF(\rho,\varphi)$, et $F(\rho,\varphi)$ ne serait plus le produit d'une fonction de ρ par une fonction de φ; on pourrait la déterminer par une méthode semblable à celle que j'ai exposée dans mon *Mémoire sur le mouvement de la température dans le corps compris entre deux cylindres de révolution* (*Journal de M. Liouville*, t. XIV, 2ᵉ série); mais cette méthode conduirait à des calculs extrêmement compliqués.

SUR LA DÉTERMINATION DE LA CONSTANTE h ET DE LA FONCTION M.

125. La solution simple est de la forme

(c) $\qquad\qquad V=NMRe^{-a^2t}.$

Lorsqu'on fait $c=0$ dans l'équation (a), elle se rapporte à la sphère, et alors h se réduit à l'expression $n(n+1)$ dans laquelle n est un nombre entier; donc, si l'on pose

$$\sigma^2 c^2 = \varepsilon,$$

et qu'on développe h suivant les puissances ascendantes de ε, le premier terme de la série sera égal à $n(n+1)$. D'ailleurs, comme nous venons de le dire, on a

$$N = C \sin l\psi + C' \cos l\psi,$$

l étant un nombre entier, et, comme dans le cas de la sphère, l a pour valeur un des nombres $0, 1, 2, \ldots, n$.

Il est facile de comprendre que la solution (c) doit être fonction des coordonnées d'un point du corps, et par suite que NM est fonction de u, $\sin\psi\sqrt{1-u^2}, \cos\psi\sqrt{1-u^2}$; donc, puisque $\sin l\psi$ et $\cos l\psi$, qui entrent dans N, sont des fonctions homogènes du degré l de $\sin\psi$ et $\cos\psi$, la fonction M est de la forme

$$M = (1-u^2)^{\frac{l}{2}} T,$$

T n'étant ni nul ni infini pour $u = 1$.

Dans l'équation (a), faisons

$$M = M_0 + M_1 \varepsilon + M_2 \varepsilon^2 + M_3 \varepsilon^3 + \ldots,$$
$$h = h_0 + h_1 \varepsilon + h_2 \varepsilon^2 + \ldots,$$

$M_0, M_1, \ldots$ étant des fonctions, et $h_0, h_1, \ldots$ étant des constantes qui ne renferment pas ε; alors l'équation (a) se décompose en un nombre infini d'équations

$$\frac{d\left[(1-u^2)\frac{dM_0}{du}\right]}{du} + \left(h_0 - \frac{l^2}{1-u^2}\right) M_0 = 0,$$

$$\frac{d\left[(1-u^2)\frac{dM_1}{du}\right]}{du} + \left(h_0 - \frac{l^2}{1-u^2}\right) M_1 + (h_1 - 1 + u^2) M_0 = 0,$$

$$\frac{d\left[(1-u^2)\frac{dM_2}{du}\right]}{du} + \left(h_0 - \frac{l^2}{1-u^2}\right) M_2 + (h_1 - 1 + u^2) M_1 + h_2 M_0 = 0,$$

$$\ldots\ldots\ldots\ldots\ldots\ldots\ldots\ldots\ldots\ldots\ldots\ldots\ldots\ldots$$

La quantité h doit être déterminée de manière que M soit une fonction périodique de φ et dont la période soit 2π, ou, ce qui revient au même, on doit choisir $h_0, h_1, h_2,\ldots$ successivement, de manière que les fonctions $M_0, M_1,\ldots$ soient des fonctions ayant 2π pour période. On pourrait déterminer directement $h_0, h_1,\ldots$ (¹), et c'est à quoi l'on serait obligé dans d'autres occasions semblables; mais il est évident que M_0, $M_1, M_2,\ldots$ satisferont à la condition exigée, si, en développant le facteur T de M en la série

$$T = T_0 + T_1 \varepsilon + T_2 \varepsilon^2 + \ldots,$$

on peut obtenir pour $T_0, T_1, T_2,\ldots$ des polynômes entiers et rationnels; or les fonctions $M_0, M_1, M_2,\ldots$ jouissent en effet de la propriété remarquable d'être les produits de $(1-u^2)^{\frac{l}{2}}$ par des polynômes entiers et rationnels.

Le premier terme h_0 de la série qui donne h est égal à $n(n+1)$; la valeur de M_0 est aussi connue : elle est égale, comme on sait, à

$$M_0 = (1-u^2)^{\frac{l}{2}}\left[u^{n-l} - \frac{(n-l)(n-l-1)}{2(2n-1)}u^{n-l-2} \right.$$
$$\left. + \frac{(n-l)(n-l-1)(n-l-2)(n-l-3)}{2 \cdot 4 (2n-1)(2n-3)}u^{n-l-4} - \ldots\right];$$

il nous suffit ici de remarquer que M_0 est égal à $(1-u^2)^{\frac{l}{2}}$ multiplié par un polynôme entier du degré $n-l$, et nous en conclurons, comme on va voir, que $M_1, M_2,\ldots$ sont les produits du même facteur $(1-u^2)^{\frac{l}{2}}$ par

---

(¹) En exprimant que M a la période 2π, on trouve la formule

$$\int_0^1 M^2 \left(\frac{dh}{d\varepsilon} - 1 - u^2\right) du = 0,$$

dont on tire les équations

$$h_1 \int_0^1 M_0^2 du = \int_0^1 M_0^2(1-u^2)du, \quad h_2\int_0^1 M_0^2 du = \int_0^1 M_0 M_1(-h_1 + 1 - u^2)du,\ldots;$$

de la première de ces équations on tire h_1, on le porte dans l'équation en M_1, et l'on détermine la valeur de M_1, qu'on porte dans l'équation qui donne h_2; et ainsi de suite.

un polynôme entier et rationnel, si l'on choisit convenablement h_1, h_2,... (¹). Mais, avant d'aborder la solution générale, considérons un cas particulier.

EXEMPLE D'UN CALCUL D'UNE VALEUR DE M.

126. Supposons $n = 1$; alors l a les valeurs zéro ou 1. Considérons les équations

$$\frac{d\left[(1-u^2)\frac{dM_1}{du}\right]}{du} + \left(2 - \frac{l^2}{1-u^2}\right)M_1 + (h_1 - 1 + u^2)M_0 = 0,$$

$$\frac{d\left[(1-u^2)\frac{dM_2}{du}\right]}{du} + \left(2 - \frac{l^2}{1-u^2}\right)M_2 + (h_1 - 1 + u^2)M_1 + h_2 M_0 = 0.$$

1° Soit $l = 0$; on a $M_0 = u$. Posons

$$M_1 = au^3 + bu,$$

et substituons dans l'équation en M_1, nous aurons

$$(-10a + 1)u^3 + (6a + h_1 - 1)u = 0,$$

et par suite

$$a = \frac{1}{10}, \quad h_1 = \frac{2}{5}.$$

b est arbitraire, comme cela peut se voir *à priori*; en effet, si l'on multiplie l'expression $M_0 + M_1\varepsilon + M_2\varepsilon^2 + \ldots$ par $1 + \Lambda_1\varepsilon + \Lambda_2\varepsilon^2 + \ldots$, quelles que soient les constantes $\Lambda_1, \Lambda_2, \ldots$, l'expression obtenue pourra encore représenter M; mais le coefficient ci-dessus change ainsi d'une manière arbitraire. Faisons $b = 0$, et nous aurons

$$M_1 = \frac{1}{10}u^3.$$

(¹) On doit remarquer l'analogie de cette méthode avec celle que nous avons adoptée dans la théorie de la membrane elliptique (n° 60).

Posons
$$M_2 = cu^3 + du^2 + eu,$$
et nous aurons
$$\left(-28c + \frac{1}{10}\right)u^3 + \left(20c - 10d - \frac{3}{50}\right)u^2 + (6d + h_2)u = 0;$$
par suite,
$$c = \frac{1}{280}, \quad d = \frac{1}{875}, \quad h_2 = -\frac{6}{875}.$$

e est arbitraire; prenons-le égal à zéro, et nous aurons
$$M_2 = \frac{1}{280}u^3 + \frac{1}{875}u^2.$$

2° Soit $l = 1$; on a $M_0 = (1-u^2)^{\frac{1}{2}}$. Posons
$$M_1 = (1-u^2)^{\frac{1}{2}}(au^2 + b)$$
et nous trouverons par la substitution
$$a = \frac{1}{10}, \quad h_1 = \frac{4}{5}, \quad b \text{ arbitraire}.$$

Supposons $b = 0$, et posons
$$M_2 = (1-u^2)^{\frac{1}{2}}(cu^4 + du^2 + e),$$
nous trouverons encore facilement par la substitution, en faisant $e = 0$,
$$c = \frac{1}{280}, \quad d = \frac{8}{3500}, \quad h_2 = -\frac{8}{1750}.$$

DÉMONSTRATION DU CAS GÉNÉRAL.

127. Quel que soit n, on peut déterminer $h_1, h_2, h_3, \ldots$, de manière que $M_1, M_2, \ldots$ soient des fonctions de φ à période 2π, et alors, si l'on pose
$$M_0 = (1-u^2)^{\frac{l}{2}}T_0, \quad M_1 = (1-u^2)^{\frac{l}{2}}T_1, \ldots,$$
$T_0, T_1, T_2, \ldots$ sont des polynômes entiers et rationnels dont le degré va en croissant de deux unités d'un polynôme au suivant.

Désignons par i un nombre entier quelconque; pour démontrer cette proposition dans toute sa généralité, il suffit de considérer l'équation qui donne M_i, de supposer que $M_0, M_1, \ldots, M_{i-1}$ aient la forme indiquée, et de prouver que M_i peut aussi être de cette forme, si l'on choisit convenablement h_i; c'est ce que nous allons faire.

M_i est donné par l'équation

(d) $\left\{ \begin{array}{l} \dfrac{d\left[(1-u^2)\dfrac{dM_i}{du}\right]}{du} + \left[n(n+1) - \dfrac{l^2}{1-u^2}\right]M_i \\ + (h_1 - l + u^2)M_{i-1} + h_2 M_{i-2} + \ldots + h_i M_0 = 0. \end{array} \right.$

Supposons que l'on ait

$$M_0 = (1-u^2)^{\frac{l}{2}} P_0, \quad M_1 = (1-u^2)^{\frac{l}{2}} P_1, \ldots, \quad M_{i-1} = (1-u^2)^{\frac{l}{2}} P_{i-1},$$

P_0 étant un polynôme entier du degré $n-l$, P_1 du degré $n-l+2, \ldots$, P_{i-1} du degré $n-l+2(i-1)$.

Quoique P_0 soit un polynôme que nous connaissons, posons

$$P_0 = a_0 u^{n-l} + a_1 u^{n-l-2} + a_2 u^{n-l-4} + \ldots$$

et aussi

$$M_i = (1-u^2)^{\frac{l}{2}} P_i,$$
$$P_i = b_0 u^{n-l+2i} + b_1 u^{n-l+2i-2} + \ldots;$$

substituons dans les deux premiers termes de (d) et dans le dernier

$$\dfrac{d\left[(1-u^2)\dfrac{dM_i}{du}\right]}{du} + \left[n(n+1) - \dfrac{l^2}{1-u^2}\right]M_i + h_i M_0,$$

et divisons par $(1-u^2)^{\frac{l}{2}}$; nous aurons

(e) $\left\{ \begin{array}{l} [n(n+1) - l(l+1)](b_0 u^{n-l+2i} + b_1 u^{n-l+2i-2} + b_2 u^{n-l+2i-4} + \ldots) \\ - 2(l+1)[(n-l+2i)b_0 u^{n-l+2i} + (n-l+2i-2)b_1 u^{n-l+2i-2} + \ldots \\ \qquad\qquad + (n-l+2i-2k)b_k u^{n-l+2i-2k} + \ldots] \\ + (1-u^2)[(n-l+2i)(n-l+2i-1)b_0 u^{n-l+2i-2} \\ \qquad\qquad + (n-l+2i-2)(n-l+2i-3)b_1 u^{n-l+2i-4} + \ldots] \\ + h_i(a_0 u^{n-l} + a_1 u^{n-l-2} + a_2 u^{n-l-4} + \ldots). \end{array} \right.$

En divisant par $(1-u^2)^{\frac{l}{2}}$ tous les termes restants de l'équation (d)

$$(h_1-1+u^2)M_{l-1}+h_2 M_{l-2}+\ldots+h_{l-1}M_1,$$

on aura un polynôme de la forme

(f) $\qquad G_0 u^{n-l+n}+G_1 u^{n-l+n-2}+G_2 u^{n-l+2n-4}+\ldots,$

dans lequel les coefficients G_0, G_1, G_2,... doivent être considérés comme connus.

La somme des termes (e) et (f) est nulle, quelle que soit u. Le terme dont le degré est $n-l+2i-2k$ donnera donc

$[n(n-1)-l(l-1)-2(l+1)(n-l+2i-2k)-(n-l+2i-2k)(n-l+2i-2k-1)]b_k$
$+(n-l+2i-2k-2)(n-l+2i-2k-3)b_{k-1}+(a_{k-i}h_i)+G_k=0.$

Nous mettons le terme $a_{k-i}h_i$ entre parenthèses, afin de rappeler que, si $k<i$, ce terme doit être supprimé. Si l'on simplifie le coefficient de b_k, cette équation devient

(g) $\begin{cases} 2(k-i)(2n+2i-2k+1)b_k \\ +(n-l+2i-2k-2)(n-l+2i-2k-3)b_{k-1}+(a_{k-i}h_i)+G_k=0.\end{cases}$

Donc le coefficient de b_k ne s'annule que pour une seule valeur de k, $k=i$. Faisons successivement $k=0, 1, 2, \ldots$, nous aurons les équations

$-2i(2n+2i-1)b_0+G_0=0,$
$2(1-i)(2n+2i-1)b_1+(n-l+2i-4)(n-l+2i-5)b_0+G_1=0,$
$\ldots\ldots\ldots\ldots\ldots\ldots\ldots\ldots\ldots\ldots\ldots\ldots\ldots$

La première donnera b_0, la seconde b_1, et ainsi de suite jusqu'à b_{i-1}; l'équation de rang $i+1$ ne donnera pas b_i, parce que le premier terme de cette équation s'annule; mais elle renfermera h_i et elle servira à le déterminer.

J'écris la première des équations suivantes, que j'obtiens en faisant $k=i+1$ dans l'équation (g); elle est

(h) $\qquad 2(2n-1)b_{i+1}+(n-l-4)(n-l-5)b_i+a_1 h_i+G_{i+1}=0.$

Pour obtenir la dernière de ces équations, distinguons le cas où $n-l$ est pair et le cas où il est impair. Si $n-l$ est pair, le dernier terme de P_0 est $a_{\frac{n-l}{2}}$, et le dernier terme de P_i est $b_{\frac{n-l}{2}+i}$; on en conclut que la dernière équation se déduit de la formule (g) en faisant $k = \frac{n-l}{2} + i$ et qu'elle est

(l) $[n(n+1)-l(l+1)]b_{\frac{n-l}{2}+i} + 6 b_{\frac{n-l}{2}+i-1} + h_i a_{\frac{n-l}{2}} + G_{\frac{n-l}{2}+i} = 0.$

Nous pourrons faire $b_{\frac{n-l}{2}+i} = 0$; la dernière équation (l) donnera $b_{\frac{n-l}{2}+i-1}$, la précédente donnera $b_{\frac{n-l}{2}+i-2}$, et en remontant on arrivera à l'équation (h) qui donnera b_l. Tous les coefficients de P_i seront donc déterminés ainsi que h_i.

Si $n-l$ est impair, le dernier terme de P_0 est $a_{\frac{n-l-1}{2}} u$, et le dernier terme de P_i est $b_{\frac{n-l-1}{2}+i} u$; on trouve de plus facilement que la dernière équation est

(l') $[n(n+1)-(l+1)(l+2)]b_{\frac{n-l-1}{2}+i} + 2 b_{\frac{n-l-1}{2}+i-1} + h_i a_{\frac{n-l-1}{2}} + G_{\frac{n-l-1}{2}+i} = 0.$

Nous pourrons faire $b_{\frac{n-l-1}{2}+i} = 0$, l'équation (l') donnera $b_{\frac{n-l-1}{2}+i-1}$, la précédente donnera $b_{\frac{n-l-1}{2}+i-2}$, et en remontant successivement on arrivera encore à l'équation (h) qui donnera b_l. Ainsi tous les coefficients $b_0, b_1, \ldots$ sont déterminés ainsi que h_i, et le théorème est démontré.

DÉVELOPPEMENT DE M POUR LES PREMIÈRES VALEURS DE n.

128. Pour $n = 0$, l est égal à zéro, et l'on a

$$h_0 = 0, \quad h_1 = \frac{2}{3}, \quad h_2 = \frac{-2}{135}, \quad h_3 = \frac{-4}{8505},$$

$$M = 1 + \frac{u^2}{6}\varepsilon + \left(\frac{1}{120}u^4 + \frac{1}{135}u^2\right)\varepsilon^2 + \left(\frac{1}{5040}u^6 + \frac{1}{1890}u^4 + \frac{2}{8505}u^2\right)\varepsilon^3 + \ldots$$

— 279 —

Pour $n = 1$, $l = 0$, on a
$$h_0 = 2, \quad h_1 = -\frac{2}{5}, \quad h_2 = \frac{-6}{875},$$
$$M = u - \frac{u^3}{10}\varepsilon - \left(\frac{1}{280}u^4 - \frac{1}{875}u^3\right)\varepsilon^2 + \ldots$$

Pour $n = 1$, $l = 1$, on a
$$h_0 = 2, \quad h_1 = -\frac{4}{5}, \quad h_2 = \frac{-4}{875},$$
$$M = (1-u^2)^{\frac{1}{2}} - \frac{1}{10}u^2(1-u^2)^{\frac{1}{2}}\varepsilon + \left(-\frac{1}{280}u^4 - \frac{2}{875}u^2\right)(1-u^2)^{\frac{1}{2}}\varepsilon^2 + \ldots$$

Pour $n = 2$, $l = 0$, on a
$$h_0 = 6, \quad h_1 = -\frac{10}{21}, \quad h_2 = \frac{94}{9261},$$
$$M = u^2 - \frac{1}{3} + \left(\frac{1}{14}u^4 - \frac{11}{126}u^2\right)\varepsilon + \left(\frac{1}{504}u^6 - \frac{115}{24696}u^4 - \frac{47}{27783}u^2\right)\varepsilon^2 + \ldots$$

Pour $n = 2$, $l = 1$, on a
$$h_0 = 6, \quad h_1 = -\frac{4}{7}, \quad h_2 = -\frac{4}{1029},$$
$$M = u(1-u^2)^{\frac{1}{2}} + \frac{1}{14}u^3(1-u^2)^{\frac{1}{2}}\varepsilon + \left(\frac{1}{504}u^5 - \frac{2}{3087}u^3\right)(1-u^2)^{\frac{1}{2}}\varepsilon^2 + \ldots$$

Pour $n = 2$, $l = 2$, on a
$$h_0 = 6, \quad h_1 = -\frac{6}{7}, \quad h_2 = \frac{-2}{1029},$$
$$M = 1 - u^2 + \frac{1}{14}u^2(1-u^2)\varepsilon + \left(\frac{1}{504}u^4 - \frac{1}{1029}u^2\right)(1-u^2)\varepsilon^2 + \ldots$$

SUR L'ÉQUATION QUI DONNE R.

129. R est donné par l'équation

(B) $\quad \dfrac{d\left[(c^2+r^2)\dfrac{dR}{dr}\right]}{dr} - \left[h - \dfrac{l^2c^2}{c^2+r^2} - \sigma^2(c^2+r^2)\right]R = 0.$

qui se déduit de l'équation en M par le changement de u en $\frac{r}{c}\sqrt{-1}$; il semble donc d'abord qu'on puisse déduire R de M par ce changement; la formule qu'on obtiendrait ainsi pourrait bien être admise pour des valeurs de r plus petites que c; mais elle ne saurait être d'aucune utilité pour un ellipsoïde peu aplati.

Posons dans l'équation (B)

$$R = R_0 + R_1 c^2 + R_2 c^4 + \ldots,$$
$$h = h_0 + h_1 \sigma^2 c^2 + h_2 \sigma^4 c^4 + \ldots,$$

$h_0, h_1, \ldots$ étant des quantités qui ont été précédemment déterminées en même temps que la fonction M. En égalant à zéro les coefficients de $c^0, c^2, c^4, \ldots$, on a pour déterminer $R_0, R_1, R_2, \ldots$ les équations suivantes :

$$\frac{d\left(r^2 \frac{dR_0}{dr}\right)}{dr} - [n(n+1) - \sigma^2 r^2] R_0 = 0,$$

$$\frac{d\left(r^2 \frac{dR_1}{dr}\right)}{dr} - [n(n+1) - \sigma^2 r^2] R_1 - \frac{d^2 R_0}{dr^2} - \left[(1-h_1)\sigma^2 + \frac{h}{r^2}\right] R_0 = 0,$$

et généralement

$$(C)\ \begin{cases} \dfrac{d\left(r^2 \frac{dR_i}{dr}\right)}{dr} - [n(n+1) - \sigma^2 r^2] R_i - \dfrac{d^2 R_{i-1}}{dr^2} - \left[(1-h_1)\sigma^2 + \dfrac{h}{r^2}\right] R_{i-1} \\ - \left(h_2 \sigma^4 + \dfrac{h}{r^4}\right) R_{i-2} - \left(h_3 \sigma^6 - \dfrac{h}{r^6}\right) R_{i-3} + \ldots + \left[-h_i \sigma^{2i} + (-1)^{i+1} \dfrac{h}{r^{2i}}\right] R_0 = 0. \end{cases}$$

La première de ces équations donne R_0, qui est la valeur de R dans le cas de la sphère; l'intégrale générale de cette équation a été donnée par Legendre sous forme finie; mais il est très-remarquable que toutes les équations différentielles précédentes peuvent s'intégrer aussi sous forme finie.

La valeur de R_0 (n° 88) est la suivante

$$R_0 = \left[\frac{1}{r\sigma} - \frac{(n-1)n(n-1)(n-2)}{2^2.1.2}\frac{1}{r^3\sigma^3}\right.$$
$$\left. + \frac{(n-3)(n-2)\ldots(n-4)}{2^4.1.2.3.4}\frac{1}{r^5\sigma^5} - \ldots\right]\sin(\sigma r + f)$$
$$- \left[\frac{n(n-1)}{2}\frac{1}{r^2\sigma^2} - \frac{(n-2)(n-1)\ldots(n+3)}{2^3.1.2.3}\frac{1}{r^4\sigma^4}\right.$$
$$\left. + \frac{(n-4)\ldots(n+5)}{2^5.1.2.3.4.5}\frac{1}{r^6\sigma^6} - \ldots\right]\cos(\sigma r + f),$$

et pour que cette expression reste finie pour $r = 0$, il faut prendre f égal à zéro ou $\frac{\pi}{2}$, suivant que n est pair ou impair. On reconnaît aisément, d'après cela, que, quel que soit le nombre entier n, on peut écrire, pour la solution qui reste finie pour $r = 0$,

$$R_0 = (a_0 r^{-n} + a_1 r^{-n+2} + a_2 r^{-n+4} + \ldots)\cos(\sigma r)$$
$$+ (c_0 r^{-n-1} + c_1 r^{-n+1} + c_2 r^{-n+3} + \ldots)\sin(\sigma r),$$

les polynômes entre parenthèses devant être arrêtés à un terme constant ou à un terme en r^{-1}.

Nous allons prouver que toutes les valeurs de $R_1, R_2, \ldots$ sont comprises dans la formule générale

(D) $\begin{cases} R_i = (p_0 r^{-n-2i} + p_1 r^{-n-2i+2} + p_2 r^{-n-2i+4} + \ldots)\cos(\sigma r) \\ + (q_0 r^{-n-2i-1} + q_1 r^{-n-2i+1} + q_2 r^{-n-2i+3} + \ldots)\sin(\sigma r), \end{cases}$

dans laquelle les polynômes entre parenthèses sont arrêtés comme dans R_0. Supposons que $R_0, R_1, \ldots, R_{i-1}$ soient renfermés dans la forme (D), où l'on fait $i = 0, 1, 2, \ldots, i-1$, et démontrons que R_i est aussi de cette forme. h_i est une quantité connue; mais il nous sera plus commode de l'ajouter aux coefficients indéterminés $p_0, p_1, \ldots, q_0, q_1, \ldots$, et de prouver ensuite que la valeur obtenue pour h_i est celle qui a été trouvée dans la détermination de M_i.

Partageons les termes de l'équation (C) en deux parties, l'une composée de

(E) $$\frac{d\left(r^2 \frac{dR_i}{dr}\right)}{dr} - [n(n+1) - \sigma^2 r^2] R_i = h_i \sigma^{2i} R_0,$$

l'autre renfermant les termes restants. D'après la forme de $R_0, R_1, \ldots, R_{i-1}$ dont les coefficients sont censés connus, il s'ensuit que la seconde partie est de la forme de (D); représentons-la par

(F) $$\begin{cases} (H_0 r^{-n-2i} + H_1 r^{-n-2i+2} + \ldots) \cos(\sigma r) \\ + (L_0 r^{-n-2i-1} + L_1 r^{-n-2i+1} + \ldots) \sin(\sigma r), \end{cases}$$

$H_0, L_0, H_1, L_1, \ldots$ étant des nombres connus.

Portons l'expression (D) dans (E), et formons les coefficients de $r^{-n-2i}, r^{-n-2i+2}, \ldots, r^{-n-2i+2k}$, qui, ajoutés à ceux de l'expression (F), donneront une somme nulle, d'après l'équation (C). Alors, après des réductions que nous ne développons pas, on trouve

(1) $\quad [(n+2i)(n+2i-1) - n(n+1)] p_0 - 2(n+2i) \sigma q_0 + H_0 = 0,$

(2) $\quad [(n+2i-2)(n+2i-3) - n(n+1)] p_1 - 2(n+2i-2) \sigma q_1 + H_1 = 0,$

. . . .

$(k+1)\quad \begin{cases} [(n+2i-2k)(n+2i-2k-1) - n(n+1)] p_k \\ \quad - 2(n+2i-2k) \sigma q_k + H_k - (h_i \sigma^{2i} a_{k-i}) = 0. \end{cases}$

Dans la $(k+1)^{\text{ième}}$ équation, le dernier terme ne doit être conservé qu'autant que k est $> i$, et c'est pour le rappeler que nous l'avons placé entre parenthèses.

Les coefficients de $\cos(\sigma r)$, multipliés par $r^{-n-2i-1}, r^{-n-2i+1}, \ldots, r^{-n-2i+2k-1}$, donnent de même les équations

(1') $\quad [(n+2i)(n+2i+1) - n(n+1)] q_0 - L_0 = 0,$

(2') $\quad [(n+2i-2)(n+2i-1) - n(n+1)] q_1 + 2(n+2i-1) \sigma p_0 + L_1 = 0,$

. . . .

$(k+1')\quad \begin{cases} [(n+2i-2k)(n+2i-2k+1) - n(n+1)] q_k \\ \quad + 2(n+2i-2k+1) \sigma p_{k-1} + L_k - (h_i \sigma^{2i} c_{k-i}) = 0, \end{cases}$

et le dernier terme ne doit être pris qu'autant que k est $> i$.

L'équation (1') déterminera q_0, (1) donnera p_0, (2') donnera q_1, (2) p_1

et ainsi de suite jusqu'à p_{i-1}. Mais l'équation de rang $(i+1)$, dans le second groupe, ne renfermera pas q_i, et ce sera la première qui renfermera h_i; donc elle ne déterminera pas p_i, mais h_i. Cette équation est la suivante

$$2(n+1)\sigma p_{i-1} - h_i \sigma^{2i} c_0 + L_i = 0.$$

Considérons les équations suivantes; on les obtiendra en faisant : 1° $k = i$ dans l'équation générale du premier groupe; 2° $k = i+1$ dans celle du second groupe; 3° $k = i+1$ dans celle du premier groupe, etc., et l'on aura

(a) $\quad -2np_i - 2n\sigma q_i + H_i - h_i \sigma^{2i} a_0 = 0,$

(b) $\quad -(4n+2)q_{i+1} - 2(n-1)\sigma p_i + L_{i+1} - h_i \sigma^{2i} c_1 = 0,$

(c) $\quad -6(n-1)p_{i+1} - 2(n-2)\sigma q_{i+1} + H_{i+1} - h_i \sigma^{2i} a_1 = 0,$

. . . .

Si, par exemple, n est impair, les deux dernières équations sont

(f) $\quad -n(n+1) p_{\frac{n-1}{2}+i} - 2\sigma q_{\frac{n-1}{2}+i} + H_{\frac{n-1}{2}+i} - h_i \sigma^{2i} a_{\frac{n-1}{2}} = 0,$

(g) $\quad [2 - n(n+1)]q_{\frac{n-1}{2}+i} + 4\sigma p_{\frac{n-3}{2}+i} + L_{\frac{n-1}{2}+i} - h_i \sigma^{2i} c_{\frac{n-1}{2}} = 0.$

On supposera nulle l'une des deux quantités $p_{\frac{n-1}{2}+i}$, $q_{\frac{n-1}{2}+i}$, l'équation (f) déterminera l'autre, l'équation (g) donnera $p_{\frac{n-3}{2}+i}$. On remontera ensuite la série des équations, pour déterminer successivement $q_{\frac{n-3}{2}+i}$, $p_{\frac{n-5}{2}+i}$, ...; on arrivera enfin à l'équation (b) qui donnera p_i, et à l'équation (a) qui donnera q_i.

Ainsi toutes les équations sont compatibles, et R_i a la forme (D), comme il fallait le démontrer.

RÉFLEXIONS SUR LA SOLUTION PRÉCÉDENTE.

130. Il faut maintenant prouver que la valeur que nous venons de calculer pour h_i est bien la même que celle que nous avons obtenue précédemment en calculant M_i. A cet effet, remarquons que la constante

$$h = h_0 + h_1 \sigma^2 c^2 + h_2 \sigma^4 c^4 + \ldots$$

a été obtenue d'abord d'après cette condition que M soit une fonction de φ, ayant 2π pour période. Dans la fonction R calculée par la méthode précédente, changeons r en $cu\sqrt{-1}$, nous aurons une fonction qui satisfera à l'équation en M, et que nous désignerons par S; en désignant par S_i la fonction en laquelle se change R_i, on aura

$$S = S_0 + S_1 c^2 + S_2 c^4 + \ldots;$$

or il est évident, d'après la forme finie de $S_0, S_1, \ldots$, que ces fonctions de $u = \cos\varphi$ restent invariables quand on y change φ en $\varphi + 2\pi$; donc S, considéré comme fonction de φ, a aussi 2π pour période, et se confond avec la fonction M calculée ci-dessus, quoiqu'elle ne soit pas développée de la même manière. Donc les quantités $h_0, h_1, h_2, \ldots$ obtenues en calculant R sont les mêmes que celles que nous avons obtenues en calculant M.

Malgré les puissances de $\frac{1}{r}$ qui se trouvent dans la forme finie de R_0, nous savons que R_0 n'est pas infini pour $r = 0$. Il y a plus; si l'on imagine la fonction R_0 développée suivant les puissances ascendantes de r, son premier terme renfermera r^n en facteur, et il est facile de reconnaître que, si l'on suppose $R_1, R_2, \ldots$ développés de la même manière, les premiers termes de $R_1, R_2, \ldots$ seront successivement des degrés $n - 2$, $n - 4, \ldots$, jusqu'à ce qu'on arrive au degré 0 ou 1; mais, à partir de là, les premiers termes de toutes les fonctions R suivantes sont du degré 0 ou 1, suivant que n est pair ou impair.

Si nous voulons obtenir la solution générale de l'équation différentielle (B), il suffit de remplacer, dans la solution que nous venons d'obtenir pour R, $\cos(\sigma r)$ et $\sin(\sigma r)$ par $\cos(\sigma r + g)$ et $\sin(\sigma r + g)$, g étant une constante arbitraire, et la solution générale de l'équation (B) qu'on obtiendra ainsi sera celle que l'on devra adopter si, au lieu de considérer un ellipsoïde plein, on s'occupe du corps renfermé entre deux ellipsoïdes homofocaux.

DÉVELOPPEMENT DE R POUR LES PREMIÈRES VALEURS DE n.

131. Pour $n = 0$, on a

$$R = R_0 + c^2 R_1 + c^4 R_2 + \ldots$$

avec

$$R_0 = \frac{\sin(\sigma r)}{\sigma r}, \quad R_1 = -\frac{1}{3 r^2 \sigma} \sin(\sigma r) - \frac{1}{3 r^3} \cos(\sigma r),$$

$$R_2 = \left(-\frac{8\sigma}{135} \frac{1}{r^3} + \frac{1}{5\sigma} \frac{1}{r^5} \right) \sin(\sigma r) + \left(-\frac{7}{135} \frac{1}{r^2} - \frac{1}{5} \frac{1}{r^4} \right) \cos(\sigma r),$$

$$R_3 = \left(\frac{4\sigma^3}{1701} \frac{1}{r^2} - \frac{16\sigma}{315} \frac{1}{r^4} - \frac{1}{7\sigma} \frac{1}{r^6} \right) \sin(\sigma r)$$

$$- \left(\frac{2\sigma^2}{8505} \frac{1}{r^3} - \frac{7}{315} \frac{1}{r^5} + \frac{1}{7} \frac{1}{r^6} \right) \cos(\sigma r).$$

Pour $n = 1$, $l = 0$, on a

$$R_0 = \frac{1}{\sigma r^2} \cos(\sigma r) - \frac{1}{\sigma^2 r^3} \sin(\sigma r),$$

$$R_1 = -\frac{3}{5\sigma} \frac{1}{r^2} \cos(\sigma r) + \left(-\frac{1}{5} \frac{1}{r^3} + \frac{3}{5\sigma^2} \frac{1}{r^4} \right) \sin(\sigma r),$$

$$R_2 = \left(-\frac{16}{875} \frac{\sigma}{r^3} + \frac{3}{7\sigma} \frac{1}{r^5} \right) \cos(\sigma r) - \left(\frac{3}{875} \frac{\sigma^2}{r^2} + \frac{141}{875} \frac{1}{r^4} - \frac{3}{7\sigma^2} \frac{1}{r^6} \right) \sin(\sigma r).$$

Pour $n = 1$, $l = 1$, la valeur de R_0 est la même que la précédente, et l'on a

$$R_1 = -\frac{7}{10\sigma} \frac{1}{r^2} \cos(\sigma r) + \left(-\frac{2}{5} \frac{1}{r^3} + \frac{7}{10\sigma^2} \frac{1}{r^4} \right) \sin(\sigma r),$$

$$R_2 = \left(-\frac{69}{875} \sigma \frac{1}{r^3} - \frac{157}{2800} \frac{1}{r^5} \right) \cos(\sigma r)$$

$$- \left(\frac{2\sigma^2}{875} \frac{1}{r^2} + \frac{269}{875} \frac{1}{r^4} - \frac{157}{2800 \sigma^2} \frac{1}{r^6} \right) \sin(\sigma r).$$

Pour $n = 2$, on a

$$R_0 = \left(\frac{1}{\sigma} \frac{1}{r} - \frac{3}{\sigma^3} \frac{1}{r^3} \right) \sin(\sigma r) + \frac{3}{\sigma^2} \frac{1}{r^2} \cos(\sigma r),$$

$$R_1 = (a r^{-1} + b r^{-3} + c r^{-5}) \sin(\sigma r) + (d r^{-2} + f r^{-4}) \cos(\sigma r),$$

$$R_2 = (g r^{-1} + m r^{-3} + n r^{-5} + t r^{-7}) \sin(\sigma r) + (p r^{-2} + q r^{-4} + s r^{-6}) \cos(\sigma r).$$

1° En prenant, si $l = 0$,

$$a = \frac{-5\sigma}{63}, \quad b = \frac{-6}{7\sigma}, \quad c = \frac{18}{7\sigma^3}, \quad f = \frac{-18}{7\sigma^2}, \quad d = 0,$$

$$g = \frac{74}{3^2.7^3}, \quad m = \frac{11\sigma}{7^3}, \quad n = \frac{261}{7^3\sigma}, \quad l = -\frac{15}{7\sigma},$$

$$p = 0, \quad q = -\frac{16}{7^3}, \quad s = \frac{15}{7\sigma^2};$$

2° Si $l = 1$,

$$a = \frac{-2\sigma}{21}, \quad b = \frac{-13}{14\sigma}, \quad c = \frac{39}{14\sigma^3}, \quad f = \frac{-39}{14\sigma^2}, \quad d = 0,$$

$$g = \frac{10}{3.7^3}, \quad m = \frac{52}{3.7^3}\sigma, \quad n = \frac{2377}{14^3\sigma}, \quad l = -\frac{139}{56\sigma^3},$$

$$p = 0, \quad q = -\frac{40}{3.7^3}, \quad s = \frac{139}{56\sigma^2};$$

3° Si $l = 2$,

$$a = -\frac{\sigma}{7}, \quad b = \frac{-8}{7\sigma}, \quad c = \frac{24}{7\sigma^3}, \quad f = \frac{-24}{7\sigma^2}, \quad d = 0,$$

$$g = \frac{64}{3^2.7^3}, \quad m = \frac{25}{7^3}\sigma, \quad n = \frac{415}{7^3\sigma}, \quad l = \frac{-25}{7\sigma^2},$$

$$p = 0, \quad q = \frac{-20}{3.7^3}, \quad s = \frac{25}{7\sigma^2};$$

ÉTAT FINAL DE TEMPÉRATURE DE L'ELLIPSOÏDE.

132. Dans ce qui précède, nous venons de montrer comment on devra déterminer la solution simple. Cette solution dépend d'un nombre entier n, ensuite d'un nombre l susceptible des valeurs $0, 1, 2, \ldots, n$; enfin, à chaque système de valeurs pris pour n et l correspondent une infinité de valeurs de σ, déterminées par l'équation à la surface.

Groupons ensemble toutes les solutions qui dépendent de $n = 0$, en les rangeant suivant l'ordre de grandeur croissante des quantités σ; groupons de même toutes les solutions qui dépendent de $n = 1$, et ainsi de suite; enfin faisons la somme de tous ces groupes de solutions, nous aurons ainsi la formule générale qui exprimera le refroidissement d'un ellipsoïde donné; on déterminerait ensuite les coefficients d'après l'état initial de l'ellipsoïde, suivant une méthode qui a été trop de fois employée pour qu'il soit utile de la répéter.

Si le temps qui s'est écoulé depuis l'état initial donné est assez considérable, la solution se réduira sensiblement aux termes qui dépendent des plus petites valeurs de σ, et pourra même se réduire à un seul terme au bout d'un temps très-grand. Il faut donc examiner comment on pourra reconnaître les plus petites valeurs de σ.

Écrivons l'équation qui donne R

(A) $\qquad \dfrac{\left[(c^2+r^2)\dfrac{dR}{dr}\right]}{dr} + \left[-h + \dfrac{l^2 c^2}{c^2+r^2} + \sigma^2(r^2+c^2)\right]R = 0;$

on a, relativement à cette équation, les propriétés suivantes : h, dont le développement est

$$n(n+1) + h_1 \sigma^2 c^2 + h_2 \sigma^4 c^4 + \ldots,$$

dépend non-seulement de n, mais aussi de l, et croît avec ces deux nombres, et la racine σ de l'équation à la surface

$$R = 0 \quad \text{ou} \quad \dfrac{dR}{dr} + bR = 0,$$

qui a lieu pour $r = r_0$, croît à la fois avec n et avec l; donc la plus petite des racines σ correspond à $n = 0$. Mais il n'est pas facile, comme dans l'exemple du n° 48, de voir que le coefficient de R dans l'équation (A) décroît avec n et l, et les propriétés précédentes sont, au contraire, très-difficiles à démontrer. Contentons-nous, pour l'application qui va suivre, de remarquer que, quand c est très-petit, la plus petite racine σ correspond à $n = 0$, comme dans le cas où c est nul.

Au bout d'un temps très-grand, la solution se réduit donc au terme simple pour lequel n est nul et qui correspond à la plus petite valeur de σ; nous le représenterons par

$$U = CMR e^{-\sigma^2 q^2 t},$$

C étant une constante, et nous aurons, en faisant $u = \cos\varphi$ (n°^{s} 128 et 131),

$$M = 1 + \dfrac{u^2}{6}\sigma^2 c^2 + \left(\dfrac{1}{120}u^4 + \dfrac{1}{135}u^2\right)\sigma^4 c^4 + \ldots,$$

$$R = \dfrac{\sin(\sigma r)}{r} + c^2\left[-\dfrac{1}{3r^3}\sin(\sigma r) + \dfrac{\sigma}{3r^2}\cos(\sigma r)\right] + \ldots.$$

CAS OU L'ELLIPSOÏDE EST TRÈS-GRAND ET PEU APLATI.

133. L'équation à la surface est

$$\frac{dU}{dn} + bU = 0 \quad \text{pour} \quad r = r_0,$$

r_0 étant la valeur de r à la surface. Si l'ellipsoïde est très-grand, le premier terme de cette équation sera très-petit en comparaison du second, et comme c est très-petit l'erreur relative commise sur ce premier terme sera elle-même très-petite, si on le remplace par $\frac{dU}{dr}$. On peut donc remplacer cette équation par

(B) $$\frac{dR}{dr} + bR = 0,$$

qui déterminera la valeur de σ. Cette équation peut être réduite, dans une première approximation, à

$$\frac{\sin \sigma r_0}{r_0} = 0;$$

la plus petite racine positive est égale à $\frac{\pi}{r_0}$. Il faut faire deux corrections à cette racine : l'une provenant de ce qu'on a négligé la première partie de l'équation (B), l'autre de ce qu'on a supposé $c = 0$. La première correction est facile à calculer, et d'ailleurs elle a été déterminée (n° 92), elle est $-\frac{\pi}{br_0^2}$; ainsi, après cette correction, nous aurons

$$\sigma = \frac{\pi}{r_0} - \frac{\pi}{br_0^2}.$$

Pour faire la seconde correction due à l'excentricité, posons

$$\sigma r_0 = \pi + f,$$

en regardant f comme très-petit, et substituons dans l'équation (n° 132)

(C) $\qquad \dfrac{\sin(\sigma r_0)}{r_0} + c^2 \left[-\dfrac{1}{3 r_0^2} \sin(\sigma r_0) + \dfrac{\sigma}{3 r_0^2} \cos(\sigma r_0) \right] = 0,$

nous aurons

$$f = -\dfrac{c^2 \pi}{3 r_0^2};$$

ainsi nous obtenons

$$\sigma = \dfrac{\pi}{r_0} \left(1 - \dfrac{1}{b r_0} \cdot \dfrac{1}{3} \dfrac{c^2}{r_0^2} \right).$$

Portons cette valeur de σ dans l'expression de R, en y faisant $r = r_0$, c'est-à-dire dans le premier membre de l'équation (C), et nous aurons

$$\mathrm{R} = \dfrac{\pi}{b r_0^2} - \dfrac{c^2 \pi}{3 b r_0^4};$$

donc la température à la surface est donnée par la formule

$$\mathrm{C} \left(\dfrac{\pi}{b r_0^2} - \dfrac{c^2 \pi}{3 b r_0^4} \right) \left(1 + \dfrac{c^2}{r_0^2} \dfrac{\pi^2}{6} \cos^2 \varphi \right) e^{-a^2 t},$$

si l'on se rappelle que $u = \cos \varphi$, et la valeur de M au numéro précédent.

L'expression qui donne l'accroissement de température, quand on s'enfonce de 1 mètre suivant la normale, est

$$g = -\mathrm{CM} \dfrac{d\mathrm{R}}{dn} e^{-a^2 t},$$

dn étant l'élément de la normale à la surface de l'ellipsoïde.

Or on a

$$\dfrac{d\mathrm{R}}{dn} = \dfrac{d\mathrm{R}}{dr} \left(1 + \dfrac{c^2}{r^2} \right)^{\frac{1}{2}} \left(1 + \dfrac{c^2}{r^2} \cos^2 \varphi \right)^{-\frac{1}{2}} = \dfrac{d\mathrm{R}}{dr} \left(1 + \dfrac{1}{2} \dfrac{c^2}{r^2} \sin^2 \varphi \right),$$

$$\mathrm{M} = 1 + \dfrac{\cos^2 \varphi}{6} \sigma^2 c^2 = 1 + \dfrac{\cos^2 \varphi}{6} \pi^2 \dfrac{c^2}{r_0^2}.$$

Il en résulte

$$g = -\mathrm{C} \dfrac{\pi}{r_0^2} \left(1 - \dfrac{5 c^2}{3 r_0^2} \right) \left(1 + \dfrac{c^2 \pi^2}{6 r_0^2} - \dfrac{c^2}{r_0^2} \dfrac{\pi^2 - 3}{6} \sin^2 \varphi \right) e^{-a^2 t}.$$

Si l'on désigne par G la valeur de g pour $\varphi = \frac{\pi}{2}$, c'est-à-dire à l'équateur, on aura

$$\frac{g}{G} = 1 + \frac{c^2}{r^4} \frac{\pi^2 - 3}{6} \cos^2\varphi.$$

Toutes ces formules peuvent être appliquées au globe terrestre ; mais son aplatissement qui est de $\frac{1}{300}$ ou le rapport $\frac{c^2}{r^4} = \frac{1}{150}$ sont de trop petites quantités pour qu'elles modifient sensiblement les résultats obtenus en négligeant l'excentricité du méridien.

FIN.

TABLE DES MATIÈRES.

CHAPITRE I.
EMPLOI DES SÉRIES TRIGONOMÉTRIQUES.

	Pages
Corde vibrante..	1
Intégration de son équation par les fonctions arbitraires.................	1
Intégration de la même équation au moyen d'une série trigonométrique.........	11
Exemple d'un mode de vibration d'une corde...............................	19
Sur la chaleur des corps solides..	22
Définitions relatives à la théorie de la chaleur...........................	22
Équation aux différences partielles qui régit la température d'un corps et équation à la surface..	23
Premier problème résolu par Fourier dans la théorie de la chaleur............	25
Représentation d'une fonction arbitraire par une série trigonométrique.........	33

CHAPITRE II.
DES SURFACES ISOTHERMES ET DES COORDONNÉES CURVILIGNES.

Surfaces isothermes...	37
Caractères généraux...	37
Isothermie des cylindres homofocaux du second degré......................	42
Isothermie des surfaces homofocales du second degré......................	46
Cas où les surfaces sont de révolution....................................	50
De l'emploi des coordonnées curvilignes...................................	53
Considérations générales...	53
Transformation de l'expression ΔV en coordonnées curvilignes...........	56
Expression de ΔV quand deux des familles de surfaces orthogonales sont des familles de cylindres isothermes......................................	60
Équations qui caractérisent les cylindres isothermes........................	61
Application de ce qui précède aux cylindres homofocaux du second ordre.....	63
Sur l'écoulement des liquides dans les tubes de très-petits diamètres..........	66

CHAPITRE III.

ÉQUILIBRE DE TEMPÉRATURE DES CYLINDRES INDÉFINIS.

	Pages.
Solution générale	70
Cas d'un cylindre prismatique	70
Cas d'un corps cylindrique terminé par une ou deux surfaces	74
Système de cylindres isothermes	78
Équilibre de température de corps cylindriques dérivés de deux familles de cylindres circulaires orthogonales entre elles	79
Formule de Fourier	85
Équilibre de température dans des cylindres lemniscatiques	87
Éclaircissement d'une difficulté singulière qui se présente dans certaines intégrations de la Physique mathématique	91

CHAPITRE IV.

DES ÉQUATIONS DIFFÉRENTIELLES LINÉAIRES DU SECOND ORDRE.

Théorie générale	97
Applications	104
Théorèmes	108

CHAPITRE V.

MOUVEMENT VIBRATOIRE DES MEMBRANES ET TEMPÉRATURE DES CYLINDRES.

Du mouvement vibratoire des membranes	112
Membrane circulaire	113
Membrane renfermée entre deux arcs de cercles concentriques et deux rayons	119
Refroidissement d'un cylindre indéfini dont la surface est entretenue à zéro	120
Théorie de la membrane de forme elliptique	122
Détermination d'une constante R qui entre dans la solution simple, et calcul des facteurs qui composent cette solution	126 et 133
Sur la nature des lignes nodales	140
Nouvelles manières de calculer les facteurs de la solution simple	141 et 144
Des lignes nodales elliptiques	146
Mouvement vibratoire le plus général de la membrane elliptique	152
De la température des cylindres	158
Équilibre de température dans un cylindre de longueur finie	158
Refroidissement d'un cylindre elliptique	162
Distribution de la chaleur dans un cylindre de révolution	165

CHAPITRE VI.

DISTRIBUTION DE LA TEMPÉRATURE DANS UNE SPHÈRE.

	Pages.
Équilibre de température de la sphère..	169
Théorème de Poisson...	175
Propriétés des fonctions Y_n de Laplace...	179
Seconde forme donnée à la solution du problème de l'équilibre de température de la sphère......	181
Mouvement de la chaleur dans une sphère..	184
Détermination des coefficients de la solution...................................	189
Cas examiné d'abord par Fourier, où la température ne varie qu'avec la distance au centre de la sphère..	191
Termes principaux de la série qui donne la température......................	192
Sphère dont les différentes parties de la surface rayonnent dans des milieux de températures différentes..	197

CHAPITRE VII.

DISTRIBUTION DE LA CHALEUR DANS UN MILIEU INDÉFINI ET TEMPÉRATURES DU GLOBE TERRESTRE.

Propagation de la chaleur dans une barre infinie.............................	202
Propagation de la chaleur dans un milieu indéfini dans tous les sens.....	206
Refroidissement d'un corps infini dont la température ne varie qu'avec une direction.	208
Application du problème précédent à la Terre..................................	218
Sur les températures du globe terrestre...	221

CHAPITRE VIII.

SUR L'ÉQUILIBRE DE TEMPÉRATURE DE L'ELLIPSOÏDE.

Calcul de ΔV en coordonnées qui conviennent à ce corps................	226
Système de coordonnées tiré de l'ellipsoïde et applicable dans tous les cas.....	231
Forme de la solution simple..	232
Ellipsoïdes de révolution..	234
Réflexions préliminaires sur les coordonnées elliptiques.....................	239
Ellipsoïde à trois axes inégaux...	244
Détermination des facteurs de la solution simple.................... 248 et	253
Condition à la surface...	257
Détermination des coefficients de la solution générale.......................	259
Forme qu'on peut donner à la solution lorsque l'ellipsoïde se réduit à une sphère.....	266

CHAPITRE IX.

SUR LE REFROIDISSEMENT D'UN ELLIPSOÏDE PLANÉTAIRE.

Équations différentielles pour un ellipsoïde quelconque.................................	267
Équations différentielles pour l'ellipsoïde planétaire.................................	269
Détermination d'une constante h qui s'introduit dans la solution simple, et détermination d'un facteur M de cette solution qui doit être une fonction périodique d'un angle φ.................................	271
Forme générale de la fonction M.................................	275
Développement de M pour les premières valeurs d'un nombre entier n dont il dépend.	278
Calcul d'un autre facteur R de la solution simple.................................	279
Réflexions sur la solution simple obtenue.................................	283
Calcul de R pour les premières valeurs du nombre entier n.................................	285
État final de température de l'ellipsoïde.................................	286
Cas où l'ellipsoïde est très-grand et peu aplati.................................	288

FIN DE LA TABLE DES MATIÈRES.

PARIS. — IMPRIMERIE DE GAUTHIER-VILLARS, SUCCESSEUR DE MALLET-BACHELIER,
Quai des Augustins, 55.

www.ingramcontent.com/pod-product-compliance
Lightning Source LLC
Chambersburg PA
CBHW071418150426
43191CB00008B/958